煤层气勘探开发理论技术与实践系列丛书
国家科技重大专项大型油气田及煤层气开发专题 2016ZX05043-003-004 资助
教育部、财政部首批特色专业建设(TS2307)教材

煤与煤层气钻井工艺

MEI YU MEICENGQI ZUANJING GONGYI

乌效鸣　王荣璟　林朋皓　王生维　编著

中国地质大学出版社
ZHONGGUO DIZHI DAXUE CHUBANSHE

图书在版编目(CIP)数据

煤与煤层气钻井工艺/乌效鸣等编著．—武汉：中国地质大学出版社，2019.3
（煤层气勘探开发理论技术与实践系列丛书）

ISBN 978-7-5625-4490-6

Ⅰ.①煤…
Ⅱ.①乌…
Ⅲ.①煤层-地下气化煤气-钻井工程
Ⅳ.①P618.11

中国版本图书馆CIP数据核字(2019)第042480号

煤与煤层气钻井工艺		乌效鸣　王荣璟　林朋皓　王生维　编著
责任编辑：陈　琪	策划编辑：毕克成	责任校对：周　旭
出版发行：中国地质大学出版社（武汉市洪山区鲁磨路388号）		邮政编码：430074
电　　话：(027)67883511	传真：67883580	E-mail:cbb@cug.edu.cn
经　　销：全国新华书店		http://cugp.cug.edu.cn
开本：787毫米×1092毫米　1/16		字数：455千字　印张：17.75
版次：2019年3月第1版		印次：2019年3月第1次印刷
印刷：武汉珞南印务有限公司		印数：1—1000册
ISBN 978-7-5625-4490-6		定价：48.00元

如有印装质量问题请与印刷厂联系调换

前言

煤与煤层气钻井工程是矿产和能源勘探、开发的关键手段,对国家经济建设具有现实和潜在的重要意义。将前期钻探与后期钻采紧密结合,是煤与煤层气开发的专业特性之所需。吸纳地质岩心钻探与石油天然气钻井的工艺技术,针对煤系探、采工程的地下环境,形成适于自身条件的一整套钻井工艺技术,是十分必要的。

本书首先述及该领域钻井工程必须依据的煤系地层及岩性情况;继而阐述钻井设备、井身结构、钻进方法、钻头与钻具以及提高勘查准确性的煤岩心采取技术;接着论述钻进规程参数、井底动力、控斜定向、钻井泥浆、护壁堵漏等高效和安全钻井技术环节;最后介绍固井、特色完井以及为增进煤层气产量而施行的压裂强化等技术措施。

作为相对独立的钻井工艺门类,或作为与上游煤地质及与下游煤(及煤层气)开采的结合读物,本书可供相关专业的工程技术与管理人员参阅,也可作为本专业大学生或研究生的教材或参考书。全书共九章,乌效鸣编写第一、五、七章及第三、四、八、九章的部分内容;王荣璟编写第二、六章及第三、四、八、九章的部分内容;林朋皓编写第八章的第三节和第九章的第一节,并对全书的图件进行排版修正;王生维对本书大部分内容进行了校改。因编著者水平所限,书中难免有偏误与不足之处,恳请读者指正。

编著者

2018 年 10 月于武汉

目 录

第一章 绪 论 …………………………………………………………………… (1)
第二章 储层岩性及地质条件 …………………………………………………… (12)
　第一节 煤质煤阶与煤层气藏 ……………………………………………… (12)
　第二节 煤及围岩的物理力学性质 ………………………………………… (15)
　第三节 煤的地质构造与地下水 …………………………………………… (17)
　第四节 地层压力体系 ……………………………………………………… (22)
第三章 钻井设备与钻杆柱 …………………………………………………… (28)
　第一节 立轴式钻机 ………………………………………………………… (28)
　第二节 转盘式钻机 ………………………………………………………… (34)
　第三节 移动回转器式钻机 ………………………………………………… (36)
　第四节 泵送、搅拌与固控系统 …………………………………………… (42)
　第五节 钻杆柱 ……………………………………………………………… (48)
第四章 钻头与钻进规程参数 ………………………………………………… (53)
　第一节 取心钻进与全面钻进 ……………………………………………… (53)
　第二节 硬质合金钻进 ……………………………………………………… (54)
　第三节 金刚石钻进 ………………………………………………………… (73)
　第四节 复合片钻进 ………………………………………………………… (97)
　第五节 牙轮钻进 …………………………………………………………… (105)
　第六节 钢粒钻进 …………………………………………………………… (115)
　第七节 翼片式全面钻头 …………………………………………………… (118)
　第八节 井底冲击、旋转与喷射动力 ……………………………………… (122)
第五章 钻井液与井眼稳定 …………………………………………………… (129)
　第一节 钻井液的功用、类型与循环 ……………………………………… (129)

第二节　复杂地层井眼稳定分析 ………………………………………… (134)
　　第三节　井身结构设计及套管 …………………………………………… (140)
　　第四节　泥浆性能与处理剂 ……………………………………………… (145)
　　第五节　常用钻井液配方设计 …………………………………………… (153)
　　第六节　煤层气储层保护完井液 ………………………………………… (162)

第六章　煤岩心采取与录井测井 ……………………………………………… (171)
　　第一节　煤田钻探质量指标 ……………………………………………… (171)
　　第二节　煤岩心的卡断与提取 …………………………………………… (174)
　　第三节　多种保护煤岩心的钻具 ………………………………………… (176)
　　第四节　绳索取心钻进 …………………………………………………… (184)
　　第五节　录井与测井概述 ………………………………………………… (192)

第七章　井斜控制与定向钻进 ………………………………………………… (197)
　　第一节　井斜参数与钻孔轨迹 …………………………………………… (197)
　　第二节　钻进防斜技术 …………………………………………………… (201)
　　第三节　定向钻进及分支井 ……………………………………………… (206)
　　第四节　偏心楔、连续造斜器与斜掌钻头 ……………………………… (211)
　　第五节　螺杆与涡轮钻具造斜 …………………………………………… (215)

第八章　护壁堵漏与固井 ……………………………………………………… (220)
　　第一节　水泥浆材特性及应用 …………………………………………… (220)
　　第二节　固井工序与质量检测 …………………………………………… (228)
　　第三节　封孔与架桥封隔 ………………………………………………… (231)
　　第四节　化学浆材封堵固壁 ……………………………………………… (236)
　　第五节　随钻堵漏泥浆 …………………………………………………… (243)

第九章　完井与增产措施 ……………………………………………………… (249)
　　第一节　完井方式 ………………………………………………………… (249)
　　第二节　酸化处理 ………………………………………………………… (258)
　　第三节　煤层气井压裂增产 ……………………………………………… (263)
　　第四节　裸眼洞穴完井 …………………………………………………… (271)

主要参考文献 …………………………………………………………………… (276)

第一章 绪 论

煤与煤层气作为共存的地下宝藏是人类生活和生产的重要能源,是推动我国国民经济发展的广袤的物质基础。钻探与钻井作业是开发煤与煤层气的重要工作手段。围绕煤炭开采与煤层气开发总目标,向地下施行的钻进活动可分为钻探工程和钻井工程两大类别。钻探工程以探查煤矿与煤层气的储存情况为先行目标;钻井工程则以采收煤层气及部分固体煤为后续目标。这与其他行业(如石油天然气、地下水与地热、可溶性矿产资源开发等)中钻进工作的探、采两类工程的划分相类似。探、采结合的紧密性有时也体现为钻探与采井在同一孔(井)位中分步实施。

钻探工程与钻井工程都要使用相应的钻进设备、工具、仪器和材料,都要以所钻区域的地质、水文、环境等作为工程设计的客观依据,都要科学合理地控制钻进作业规程和参数,都要优质、安全、高效、低耗、环保地组织生产。在这些共性工作的基础上,两种钻进工程又有着各自不同的工艺要求、不同的设施构成、不同的技术环节和不同的理论及计算方法。分析并综合作业目的和施工环境,可以将涵盖煤及煤层气钻探工程与钻井工程的主要应用领域归为煤田勘查取心钻探、地面始钻煤层气井和地下煤矿巷道钻进三大类。

钻探与钻井的历史悠久。公元前约 250 年,四川自贡就用凿井方法来开采地下盐卤;到了宋代,发展出直径约为 200mm 的卓筒井,井架装有近代雏形的天车,钻深达 200m;凿成于清道光十五年的桑海井则是全球第一口超千米井。近半个世纪以来,中国的钻井与钻探工程发展更为显著。19 世纪中叶开始,俄国、美国、德国、日本等国的钻井技术也有了迅猛的发展,目前世界最深(12 262m)的钻探井是苏联人在克拉半岛上钻成的。针对煤与煤层气的各种钻进工程,则是在人类对煤炭开采与瓦斯防治等活动中积累了经验和教训,认识了钻探与钻井工程的重要性及必要性之后运用和发展起来的。

一、煤田勘探取心钻进

煤田勘探取心钻进是为探明煤炭资源及地质情况或为其他目的所进行的钻探工程。寻找地下煤矿资源并评价其储量,有一整套从找煤、普查到详查、精查的勘探过程。煤田普查与勘探的技术手段有机地组成于遥感地质调查、地质填图、坑探工程、钻探工程和地球物理勘探等。其中,钻探工程是煤田勘查常用的勘探手段,占整个勘探区大部分工作量,是获得煤田实物性地质资料的主要手段。

钻探是利用机械转动带动钻具向地下钻进,形成直径小而深度大的圆孔(称为钻孔),

通过钻具从孔内取出岩心、煤心进行观测和分析,从而获得各种完整、全面、可靠的实物地质资料和数据(图1-1),再经过线网多钻孔的岩心编录,绘制地下煤矿的分布剖面,评价矿床,计算储量,对勘探区进行含煤地层、煤层、煤质及地质构造等方面的研究,形成煤田勘探成果的重要组成部分。

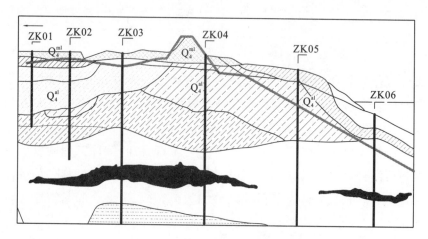

图1-1 煤田勘查取心钻探示意图

为了能够有效地进行煤矿参数的测试与分析,要求煤田钻探取出煤心的直径不小于48mm,这就要求钻头(和岩心管)的内空直径必须大于或等于该值。加上钻头的环形壁厚(一般大于或等于10mm),于是就规定了钻头外直径为75mm或95mm。根据施工深度不同,钻探可以分为浅孔和深孔。浅孔一般深几十米到100m不等,可用汽车钻或手动旋转进行施工;深孔一般深在100m以上(可深达数千米),使用机械旋转岩心钻机施工。

根据钻进方式的不同,钻探可分为直孔和定向斜孔两种。直孔是指垂直向地下钻进的钻孔,适用于地层倾角小于60°的地区,直孔钻探技术比较简单,地质勘探过程中绝大多数属于直孔;定向斜孔是以一定的方位角和倾斜角向地面斜下方钻进的钻孔,适用于地层倾角大于60°的地区,斜孔倾斜方向应尽量垂直地层走向,并与地层倾向相对,钻孔与铅垂线交角以小于25°为宜。

显然,煤田地质钻探对煤岩取心的可靠性和钻进轨迹的准确性有着严格的要求,这是该类工程质量的最主要反映,由此决定了各种取心技术和保直与定向钻进技术在此的关键作用。与此同时,煤田地质钻探还有水文观测、孔深校正、封孔、随钻数据报表记录等其他质量要求。由于煤岩及其上部可能钻遇的各种各样地层性状的复杂性,钻头材质与钻头结构设计、钻具动力方式选择、钻进液配方与护壁堵漏技术等又成为煤田钻探安全和高效钻进中的重要技术环节。

我国煤炭钻探工程最早可追溯至1903年使用英国蒸汽机进行煤矿老窑钻探施工。1897年和1919年,英国、意大利、美国先后运来钻机,在河南、河北、云南进行钻探。1919年,华北龙烟铁矿股份有限公司曾自制钻机,用铁砂钻探。1931—1945年,日本在我国华北、东北以及南方若干省进行钻探施工,最多时开动钻机上百台。民国时期,我国旧政府地质调查所先后在10多个省组织进行过煤矿以及铁、磷、铜、锡等矿种的钻探施工。在这种背景下,20世纪上半叶,中国开始了第一代机械岩心钻探工程。

1946年,我国地质专家谢家荣率领应用日本利根RL-150型钻机,在安徽淮南八公山煤田布孔,独立进行隐伏煤矿体的钻探勘查。1947年,我国向美国长年公司订购9台金刚石钻机,进行了钻探施工。20世纪初至1949年,全国累计钻探进尺17余万米,各矿山、各部门留下的钻机总数达100多台。

中华人民共和国成立后,煤炭地质勘探工作得到了飞速发展,先后在29个省区建立了100多个勘探队,年开动钻机近千台或更多。至1995年,累计完成钻探工作量7 408.87万m,探明煤炭储量超过10 000亿t,钻月效率由刚解放时的87m提高到400余米,煤心采取率由35.7%提高到90%以上。

半个多世纪以来,全国各地的钻探科学技术进步是煤炭地质勘探工作取得大发展的第一生产力。这些技术进步一方面体现在金刚石超硬钻头、多结构多材质复合钻头和高保心采煤钻具的研发和煤岩心的绳索取心、空气泡沫循环、气动和液动潜孔锤、保直与受控定向、复杂地层钻井液配方及可靠护壁堵漏等技术的成功研究与应用;另一方面在引进吸收国外先进技术的基础上,大力度自主研制钻探设备,并引入计算机、微电子技术,为煤田勘查提供了适于中国国情的钻探机械。

20世纪80年代开始,绳索取心金刚石钻进工艺逐步应用于煤田钻探。绳索取心技术革命性地缩短了提下钻具的耗时,大大提高了钻探施工效率。同期,对硬质合金取心钻头改进,研制出铸造锯齿形贴镶、三刮刀、排状合金和装配式等40多种不同类型的钻头,显著扩大了钻进适应范围;对天然、人造、聚晶、复合片等类型的金刚石钻头进行了研制应用,攻克了坚硬岩层钻不动的难题,有实例表明其钻进平均时效达1.56m/h,平均寿命205.20m。

20世纪90年代,煤田钻探施工采用空气泡沫钻进工艺,解决了干旱缺水地区、裂隙和溶洞发育岩体、老窑空巷等严重漏失地层的生产技术难题;空气潜孔锤反循环中心连续取样(CSR)潜孔锤钻进工艺取得进展;气动潜孔锤钻进工艺在玄武岩、细粒砾岩等坚硬岩层进行钻进,较常规工法时效提高17倍,钻月效率提高23倍;液动冲击回转钻进工艺针对煤田勘探施工中较深地层的强研磨性坚硬岩石,研制出MTK-91阀式正作用和MSC-75射流式冲击器及其配套钻头和生产工艺,与回转钻进比较,其机械钻速提高25%以上,材料消耗大幅度下降,孔斜率降低。

在钻进轨迹准确性上,针对南方一些地区煤层赋存构造复杂的情况,常规钻进工艺无法满足地质设计要求,煤田勘探开发应用了受控定向钻进技术,所采用的造斜机具主要为螺杆定向和MLZ-89连续造斜器两种。通过该项技术的应用,很好地解决了部分省份在陡直地层找煤勘探中的技术难题,中靶率高,特、甲级孔率达到80%以上,完全满足地质设计要求,取得了良好的社会效益和经济效益。

针对松散、破碎、膨胀、瓦斯量大的煤层，一些单位先后研制了 SMQ、DMD、DQX 等多种类型的取煤器，它们单动性能好，内管为半合管自锁，可以合理调整钻井液在钻头部位的分流参数，卡簧或爪卡簧卡心。在采心操作工艺方面突破了过去的轻压慢转小水量，而是采取尽快使煤心钻入容纳管的方法，减少磨损和冲蚀，提高煤心采取率和完整度。

为保证安全快速钻进，针对煤系地层水敏性强、孔壁稳定性差的特点，许多单位先后研配和推广了多种性能优良的泥浆处理剂和泥浆，较好地解决了钻孔护壁问题，如早期的煤碱剂、钙处理泥浆，后来的双聚泥浆、人工钠土、田菁粉、ST-1 防塌剂等，还大力推广应用低固相、无固相钻井液，采用 191、高吸水树脂、水泥等材料进行护壁堵漏。通过建立三级泥浆管理体系及制度，极大地提高了泥浆管理水平，有效地降低了钻孔事故率，实现了安全生产。

钻井参数监测系统的研制与应用，标志着煤田钻探技术工作在计算机、微电子技术方面的深入应用有了重大突破。与国内外同类钻参仪相比，该系统具有小型化程度高，监测功能多（钻压、钻速、泵量等 10 个钻进参数），观察、操作便捷，可靠性强等特点，系统总体技术性能居国内领先水平，部分主要性能达到国际先进水平。该项目的研究应用成功，为定量监测、人机结合、优化设计、科学打钻的模式提供了现代化的技术手段。

再看钻探装备的不断更新。新中国成立初期，为了解决钻探设备紧缺的问题，我国从苏联引进了大量成套的 KA-2M-300 型、KAM-500 型和 5-3 型（千米）手把式钻机。之后又陆续成套引进了一些结构、性能较为先进的液压给进立轴式钻机，如：1957 年瑞典克芮留斯公司的 HX-60 型液压钻机；1958 年苏联 ЗИФ-650 型液压立轴钻机；1974 年瑞典鲍格曼鲍尔公司的托拉姆 2×20 型元塔全液压钻机；1979 年日本利根公司的 TXL-IE 型钻机；1983 年法国福拉科公司的 RH-28 型车装全液压水文钻机；1984 年美国英格索兰公司 RO-300 型车装钻机等。这些钻机的引进无疑为钻机研制及钻探工艺的开发提供了很好的借鉴。

根据我国煤田勘探的需要和特点，煤田地质系统陆续建立了若干钻探设备专业制造厂，不少省地质局也建立了机修厂。从 20 世纪 60 年代中期开始，我国自行设计、制造的钻探设备已开始取代进口设备，旧式手把钻机逐步被淘汰。石家庄煤机厂等厂家先后研制出 TXU-700 型、THJ-1500 型、TK 系列等液压立轴式岩心钻机和 JTS 系列水井钻机。TK 系列岩心钻机具有扭矩大、变速范围广、液压给进、自动夹持等特点，深尺钻机装有水刹车，使升降钻具作业可靠省力，基本满足煤炭钻探进行绳索取心、金刚石钻进、冲击回转钻进等工艺的综合需要。同时，煤田钻探还部分使用国内地质、冶金等系统的岩心钻机，如 XY 等类型。至 20 世纪 80 年代，煤炭地质系统的岩心钻机、泥浆泵、钻塔等设备已形成系列，最大钻深可达 3000m 以上，钻探设备基本实现国产化，并开始有一定量的出口。

20 世纪 70 年代开始使用自行研制的 NBH-250/60、NBH350/80 型号的三缸单作用定量泵。从 20 世纪 80 年代开始，又生产有变量装置的 NBB-200/40、NBB-250/60 型号的三缸单作用往复泵,该系列水泵具有良好的工作特性和较高的安全系数,有效减少了故障时间和现场维修工作量。河北省煤田地质局研制的 JSN、SJB 等型号除砂器,提高了钻井液净化工作的机械化程度,有效地保证了钻井液的性能指标。野外钻机搬迁工作基本上配备了液压随车吊等设备,节省了搬迁时间。由宁夏煤田地质局研制的 M 型高度可调钻塔深孔作业平台,将钻塔、钻机、泥浆泵全部安装在一个可起落的作业平台上,可整体运输。钻塔为 3 层可伸缩式两脚门型,平台和钻塔起落由液压控制。由安徽省煤田地质局与中国矿业大学合作研制的 ZT-A 型两脚轻便钻塔,具有重量轻、操作安全、分段组合、地面安装拆卸、整体起落等特点。钻场基本上实现了升降钻具工序的机械化,普遍使用了拧管机、塔上无人提引器、摆管器等,有效地降低了工人的劳动强度。

河南省煤田地质局以现有设备为基础积极进行完善、配套、改造,深入开展丛式井钻井技术的研究与开发,形成独具煤田特色的丛式井施工工艺。丛式井施工钻机从 1997 年的 1 台发展到 2002 年的 11 台,钻月效率从 1997 年的 900m 提高到 2001 年的 2800m,钻井施工产值从 1997 年的 60 多万元提高到 2001 年的 2660 万元。丛式井的产值比例由 2000 年的 10% 上升到 2001 年的 54%,近 3 年间完成井组 42 组,成井 148 口,取得了良好的经济效益和社会效益。

二、煤层气地面钻井

1. 世界煤层气开发概况

煤层气(coal bed methane,简称 CBM)在煤矿行业中又称为瓦斯,是一种赋存在煤层中的以甲烷为主的混合气体(CH_4、重烃、CO_2、N_2 等),是在煤化作用过程中逐渐形成的。长期以来,瓦斯一直被作为煤矿生产的一种灾害物源,但由于对煤层气可燃烧能量的感知,人类在不断探索使其"变废为宝""变害为利"的途径。例如 19 世纪后期,英国的威尔士就开始进行从煤层中抽排瓦斯的试验,将甲烷通过管道抽排到地面进行利用。直到 20 世纪 70 年代美国在圣胡安和黑勇士盆地进行的煤层气钻井大型开发试验的成功,才有力揭示了这一新型洁净能源的潜在经济效益和广阔前景。

世界上目前发现有 74 个国家蕴藏着煤炭资源,同时也赋存着煤层气资源。根据国际能源机构估计,全球陆上煤田深于 2000m 的煤层气资源量约为 260 万亿 m^3,是常规天然气探明储量的两倍多。其中,俄罗斯、加拿大、中国、美国等国均超过 10 万亿 m^3。40 余年来,鉴于新兴能源、减灾和环保 3 方面的重大意义,从事煤层气勘探开发与科研活动的国家和地区与日俱增,现已有数十个,实现了从"瓦斯灾害"到"优质能源"的认识转变。其中,美国已成功地施行从"井下抽放"到"地面开发"的技术革新,大力推动了煤层气钻井数量的增加,使美国煤层气产量自 1983 年到 1995 年的 12 年间从 1.7 亿 m^3 猛增到 250 亿 m^3,实现了上规模的煤层气产业化。

澳大利亚的煤炭资源量为 1.7 万亿 t,煤层平均含气量为 0.8~16.8m^3/t,其煤层气勘探始于 1976 年。20 世纪末以来,该国广泛应用水平钻孔、高压水射流改选、斜交钻孔和地面采空区垂直钻孔抽放等技术,使 1998 年煤层气产量只有 0.56 亿 m^3 的状况,一跃为 2006 年钻井 1100 口,产量达 18 亿 m^3 的商业化开发模式。

据估计,加拿大 17 个盆地和含煤区煤层气资源量为 17.9 万亿～76 万亿 m^3。加拿大煤层气开发起步比较晚,1987—2001 年,仅有 250 口煤层气生产井。2000 年以来,加拿大开展了一系列技术研究工作,多分支水平井、连续油管压裂等技术取得了重大进展,降低了煤层气开采成本。到 2006 年,煤层气钻井累计超过 6500 口,产量达 55 亿 m^3。加拿大规划到 2020 年煤层气产量达到 280 亿～390 亿 m^3,将占其天然气总产量的 15% 左右,形成与美国规模相近的煤层气产业。

煤炭储量居世界第 2 位的俄罗斯仅 2002 年就开采煤炭 2.8 亿 t,但煤层气也被大量排入大气,因而俄罗斯煤田正尝试对煤层气进行回收利用。俄罗斯专家认为,利用煤层气发电有广阔前景,并且还可用于工业生产或居民采暖,也可用作汽车燃料。据了解,目前别洛沃煤矿每分钟可以压缩 5～6 m^3 从矿井中抽出的煤层气并利用它发电。由于从矿井回收煤层气的成本只有煤开采成本的 30%～35%,煤层气所发电力的价格比煤电价格要低得多。俄罗斯各煤矿今后将会更加重视使用煤层气的回收技术以控制本国温室气体的排放。

按照英国《企业投资管理办法》,开采煤层气可以享受税收优惠政策,即投资者的投资可以通过减免所得税或资本红利税而得以回收。波兰给予从事石油、天然气以及煤层气勘探的企业 10 年免税政策,吸引了大量的国内外投资者。德国是仅次于英国的欧洲第二大天然气消耗国,其天然气主要依赖进口。德国新能源法确定了煤层气为一种重要洁净能源,2000 年颁发了一项可再生能源优先权法案,既考虑了环保,满足 2010 年温室气体减排 21% 的要求,又把煤层气作为可再生能源,保证可靠的能源供应。

2. 煤层气地面钻井工程概述

钻煤层气生产井是从地面开钻向着地下煤层钻进,钻遇煤层结束后进行固井和完井,形成能够长期采收地下煤层气的井,其目的在于建立地下煤层气到地面的排采通道。煤层气生产井有时也可以直接在前期勘探井中补充续作扩孔、成井等工序来完成,因此也构成了探采结合井。

最基本的煤层气生产井是简单直井,为了提高钻采深部煤层气的效率,还常常采用斜井、大位移水平井、丛式井、多分支井、对接井等井型(图 1-2),它们的共同目的是提高在煤层中的钻遇率从而加长产气区域。对较浅的近水平分布的煤层,则采用快速钻垂直群井来汇采煤层气。

主要与煤层气生产井配套用来提高产气量的强化措施是水力压裂。它是向钻成的井眼内注入高压流体(压裂液)并限制其在预定位置压开煤层,使裂缝扩展(煤层中往往是多裂缝或裂缝网);随即借助于携砂液的注入形成长达十几米到一百多米的煤层夹砂导流裂缝。这样,在比原井眼面积大得多的压裂缝壁面上,所产出的甲烷气体能大量汇流到井眼而被排采至地面。现在,水力压裂不仅用在直井也开始用于水平井;不仅有垂直井的多分

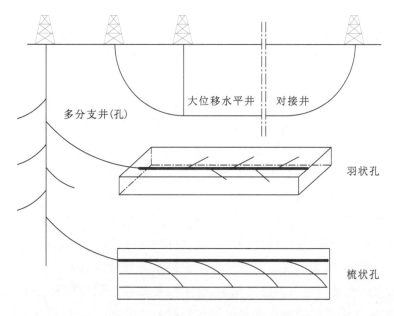

图 1-2 煤层气地面钻井井型图

层压裂也开始有水平井的多分段压裂,这样可以更大程度地提高生产井的产气效率。

煤层气井的其他增产强化措施还有裸眼洞穴完井、排水降压、注水驱气、酸化解堵等多种工艺方法。

煤层气生产井的钻井工程需要钻机、动力、钻塔、泥浆泵、配浆与固控等地面设备;需要钻头、钻杆、钻铤、定向仪等井下钻具;需要钻井液、护壁堵漏材料、固井水泥浆材和套管;需要配套各种专用工具和事故处理工具。与常规石油钻井和地质钻探相比,煤层气生产井的钻井作业有以下主要不同之处。

(1)兼顾目前我国煤层气赋存深度和较佳排采可行性,地面煤层气井的钻井深度一般为 300~1500m,这与大量地质勘探孔深相当而浅于一般的石油天然气井深。

(2)井眼口径上,出于排采产气目标等需求,煤层气生产井的井眼直径比前期勘探孔的直径要大,多沿用常规石油终孔井径 216mm。

(3)煤层气井区别于勘探孔的一个重要特点是往往需要多设一层生产套管,井身结构上必须做出专门设计,且须具备井口采气与防喷设施。

(4)设备规模方面,煤层气井钻机介于石油钻机与地勘钻机之间。例如,常采用 ZJ3 以浅石油钻机、中型以上水文钻机、大型的煤田或地勘钻机及其钻塔与泥浆泵等。

(5)煤层气地层主要为煤、砂岩、泥页岩及部分碳酸盐岩等。岩石硬度虽然不高,但井壁失稳问题较普遍。有时,上部地层也会钻遇十分坚硬的岩石(如侵入的岩浆岩等)。

(6)钻煤层气生产井一般不用取心,但储层保护、固井、完井则是必须进行的作业程序。这些方面与煤炭勘探钻孔有明显不同。

3. 我国煤层气钻井开发前景

我国是世界上第一大产煤国,煤炭资源量巨大,煤层气资源十分丰富。据中国煤田地质总局研究,我国煤层气的资源量为 11.34 万亿 m^3(煤层气含量大于 $4m^3/t$,埋深 2000m 以浅),居世界第 2 位。在我国无论是工业用气还是民用气,煤层气都有着广阔的市场,而以前我国能源结构中的煤层气利用比例非常低(发达国家煤层气利用比例是我国 10 倍以上)。由于中国经济的迅速发展,对能源的需求也越来越大,很有必要开发这一广袤蕴藏的新能源。再则,煤层气是煤矿事故的罪魁祸首,国内煤矿矿难的 70%～80% 都是由瓦斯爆炸引起的,开发煤层气可以有效预防事故发生,改善矿山生产工作条件,保护环境。因此,开发煤层气对我国来说十分必要。

我国煤层气地面钻井开发起步较晚,无论是煤层气地质学的基本理论还是勘探开发工艺,基本上是引进、消化、吸收国外的经验,能够反映中国煤层气地质特征的研究还需要进一步深入。另外,中国煤层气的产业化关键是勘探开发技术,因为与美国相比,我国相当一部分地区为渗透性较差的煤层气储层,这类储层赋存的煤层气是目前的工艺难以实现开发的,但我国煤层气的产业化必须突破这一难关。因此,我国煤层气勘探开发的当务之急是:在煤层气储层详细描述的基础上,探寻适合我国煤层气储层特征的开发工艺。

20 世纪 90 年代初,我国开始研究煤层气地面钻井开发技术,石油、煤炭、地矿系统和部分地方政府积极参与这项工作。当时已有近 70 口煤层气试验井,尤其是辽宁铁法、山西晋城以及安徽淮北等矿区的煤层气开发试验已显示出良好的前景,有的单井日产气量达 $7000m^3$,全国煤层气产量近 6 亿 m^3。我国煤层气资源的大规模开发计划也引起了世界的关注,在联合国 1992 年首先通过全球环境基金会(GEF)向我国提供了 1170 万美元资助之后,又有多项国际投资用于资助"中国煤层气资源开发"项目。与此同时,国外许多专业公司也闻风而动、纷至沓来,几十家国外石油或天然气公司及联合国机构来寻求合作,已在多个区块与我国建立了煤层气合资或合作项目。总体来讲,我国煤层气工业发展至今经历了 3 个大的发展阶段。

第一阶段:20 世纪 80 年代初至 1997 年,引进、消化、摸索阶段。本阶段在煤层气地质研究上表现为佐证,在勘探上表现为找气,在开发试验上表现为摸索,主要通过引进和消化国外相关理论与技术来解决我国的煤层气地质问题。

第二阶段:1998—2002 年,理论与技术研究发展阶段。这一时期煤层气开发基础与技术研究得到了较大发展,尤其是在开采方法与增产措施、煤层气解吸扩散渗流机理、产能与采收率分析等方面取得较多成果,经济与政策、利用和储运的研究得到更多的关注,并开始煤层气资源开发对外合作,为我国煤层气产业化时代的到来奠定了重要的技术基础。

第三阶段:2003 年以来,商业化生产启动阶段。煤层气成藏条件与机制探索在国家层面上全面展开,煤层气地质研究进入了求源和成藏作用探索过程,大井网煤层气勘探开发试验取得了新的突破,水平羽状井、丛式井等技术在煤层气开发中得到初步应用,对二氧化碳注入等新的增产技术进行了现场试验,晋城地区开始了煤层气商业化生产,与美国、加拿大等国合作取得了丰硕的成果,我国煤层气工业的雏形已经形成,并呈现快速发展的势头。

经过"六五"到"九五"特别是"十五"到"十二五"时期国家科技攻关项目的实施,同时通过学习国外煤层气勘探开发成功经验,结合我国煤田地质特点,我国煤层气从选区评价到勘探开发技术都取得了长足发展,形成了一系列具有自主知识产权的煤层气勘探开发技术体系,基本掌握了煤层气勘探开发的常规技术。这些技术主要包括煤层气开发有利地区选区评价技术,绳索取心技术,清水钻开煤层技术,直井储层水力加砂压裂技术,欠平衡钻井和完井技术,多分支水平井钻井和排采技术,清洁压裂液与泡沫压裂技术,煤矿井下定向多分支井技术,钻孔抽采技术等。

我国的煤层气地面钻井勘探开发从无到有经过近20年的实践,取得了重大突破,目前已有8个规模不等的项目进入了煤层气商业化试生产阶段。2007年勘探开发煤层气3.2亿 m^3,2008年突破了5亿 m^3。截至2008年底,共钻探各类煤层气井约3400口,形成地面钻井煤层气产能约20亿 m^3。2008年中国煤矿瓦斯抽采量达到55亿 m^3,淮南、阳泉、水城、松藻、宁煤等10个重点煤矿企业瓦斯抽采量均超过1亿 m^3。

三、煤矿巷道钻进

在地下煤矿巷道内钻进施工,主要出于以下几种不同目的。

(1)追索煤矿,补勘矿脉,进一步揭示矿体产状,发现盲矿,为矿道中的煤炭开采提供高产的掘进方向。

(2)探明围岩地质构造和岩性,超前探测地下水与气藏数据,为矿道续建和安全生产获得重要的资料与数据。

(3)排除有害气体,降低瓦斯突出,以超前及后继方式营建矿层中煤层气的安全泄压通道,预防爆燃、中毒等矿难事故的发生。

(4)在煤矿巷道内直接向煤岩地层中钻进成孔并完井,构建煤层气的生产井,采收以甲烷为主的气藏能源。

(5)用于探放水、排涝、灌浆止涌、快速营救等相关的矿井生产与安全工作,代替某些探采坑道的施工作业等。

也有学者将矿道井下的钻探工程归结为3类,即水文钻探工程、地质钻探工程和工程技术钻探工程。钻探方法上又主要分为冲击钻探、回转钻探和冲击回转钻探。钻探过程中,按要求进行取心钻探或无心钻探。

巷道内钻进最具特征的优越性是直接对着或非常接近于煤层钻进,煤体钻遇率自然很高,勘探准确性和采气效能都较强,但其前提条件是必须具有可以下入钻进装备的井巷。在操作空间、作业便利性和安全性等方面,巷道内钻进受到制约的程度较高。

水平向和斜向(下倾、上仰)钻机的比例在煤巷道中较大,一方面是因为钻进无需经过垂直段，另一方面是因为钻进的目标方向多为水平或斜向。

由于煤矿巷道的场地空间较小，因而此类钻机设备的尺寸（尤其是钻机高度）一般不大，在巷道中还常需要开拓钻窝。煤巷道钻进的安全要求突出地体现在防爆燃、通风防毒、防透水、防塌方等方面。

煤巷道内钻进所用的钻头切削刃材料相对要单一一些，因为这时所钻岩层多数为煤层，力学参数变化易把握，且属于中等或较软硬度，一般只需硬质合金或复合片钻头即可。但是，钻头的结构形式还是要以不同的钻进目的而进行合理选择：取心钻进要用中空式钻头，沟通气通道则采用全面钻头，而在定向钻进中有时还要采用三牙轮钻头。

在巷道中追索煤矿勘探时需要经常以近水平钻进来取得煤心。由于重力作用影响，水平井取心要比垂直井取心的难度大，需要加强岩心管的扶正性和稳定性，要特别防范煤心碎屑下移造成的岩心管堵塞。

矿道中的钻进历史，可以追溯到隧道中的凿岩机的应用。1857年，意大利工程师萨梅勒(G. Sommeiler)发明压缩空气凿岩机用于隧道凿岩。1864年，英国阿里因普瑞贝硬煤矿的一个井筒第一次使用了水泥注浆法进行加固。1897年美国人雷诺(J. G. Leynner)成功研制空心钎杆，以压气或水冲进行钻孔。之后，在煤矿采掘中陆续有人运用钻孔来达到一些超前勘探、测试以及安全防护的目的。

瓦斯气体是煤矿安全生产中最大的威胁之一，有"煤矿第一杀手"之称。最早的有历史记载的瓦斯抽放可追溯到1637年，我国《天工开物》一书记载了利用竹管引排煤中瓦斯的方法。早在1733年，英国一家煤矿首次进行了煤矿瓦斯抽放和管道输送的尝试。1844年，又有一个发生过瓦斯爆炸事故的矿井将采空区的瓦斯抽放至地面。19世纪的欧洲曾有过钻入煤层抽出煤层气的尝试，以减少采矿危险。19世纪后期，英国威尔士开始进行从煤层中抽排瓦斯的试验。

从1952年起，超前钻孔作为煤与瓦斯突出防治措施在苏联顿涅斯克矿区得到大规模的应用。为了实现煤矿井的安全生产，1952年，我国煤炭部率先在辽宁抚顺矿务局龙凤煤矿进行了井下瓦斯抽放试验，并获得成功。1957年，阳泉矿务局四矿成功试验了邻近层抽放煤层气的方法。此后，超前钻孔作为煤与瓦斯突出防治措施在我国也不断得到加强。据不完全统计，2002年我国矿井年瓦斯抽放量比20世纪50年代初增加了7.67倍。2002年国家煤矿安全监察局又进一步提出了"先抽后采"的煤矿瓦斯防治方针。

20世纪以来，以钻孔注浆和钻孔探放水等为主的井下工程技术，在英国、法国、南非、德国、比利时、美国、日本等国家先后得到广泛应用和技术提升。20世纪50年代初，我国开始了注浆法治理煤矿水害，60年代以后煤炭行业的注浆技术得到快速发展，在设备与机具、注浆材料、注浆法与注浆工艺方面取得了一大批可喜的应用成果，有些已达到国际先进水平。许多煤矿单位都建立了专业注浆队伍，治理煤矿各种水害或加固不良岩体，主要包括井巷及硐室的涌水封堵、预注浆凿井和井壁或壁后注浆、软岩或软土的封水加固、特大透水或淹井事故的治理等。例如山东淄博、新汶矿区，河南焦作、郑州矿区，安徽淮北、淮南矿区等都有封堵矿井特大突水的成功经验。

我国从20世纪50年代起就开始采用坑道钻探进行矿产勘查,并在云南省个旧锡矿区取得了良好的成效。随后又设计生产了KD-100型坑道钻机,并从国外引进了JKS-25、泰美克-250等型号的坑道钻机。到20世纪80年代,我国地质、煤炭、有色金属等领域设计生产的DK型(图1-3)、MK型和钻石型坑道钻机都逐渐形成了系列,其钻深能力分别为50m、75m、100m、150m、300m和600m及以上等,并且已广泛在全国矿山使用。煤田坑道钻探传统上常用75mm和91mm两种孔径。

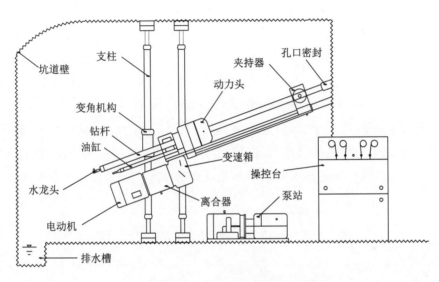

图1-3 DK-150型钻机施工状态图

自20世纪末至今,坑道钻进的工艺方法门类显增、技术水平迅速提高,规模也越来越大。坑道钻进除能获得可靠的地质资料和地下水及瓦斯等资料外,与采用开掘坑探相比,勘探速度快几倍到几十倍,勘探成本相应大幅度下降。这项钻探技术已发展成为矿产勘探和采掘过程中不可缺少的方法之一。尤其是进入21世纪后,新兴的煤层气能源开发形势又给矿道中的煤层气采收钻井注入了新的活力,开辟了广阔的新能源生产的应用前景。2017年11月24日,我国煤炭科工集团西安研究院有限公司ZDY12000LD大功率定向钻进技术与装备在神东保德煤矿成功施工了主孔深度达2311m的顺煤层超长定向钻孔,创造了目前煤矿井下同类钻孔深度新的世界纪录,推动了行业技术水平又上了一个新台阶。该钻机钻孔口径153mm,最大扭矩17 500N·m,转速40~135r/min,主轴倾角-10°~20°。

第二章 储层岩性及地质条件

煤地质学是研究煤、煤层、含煤岩系、煤盆地以及煤中共伴生矿产的物质成分、成因、性质及其分布规律,并为煤炭资源的找寻、评价和开发利用提供理论支撑的应用型基础学科。它的主要分支学科包括泥炭地质学、煤古植物学、煤岩学和煤相学、煤化学、煤的分类学与工艺学、煤的有机地球化学与微量元素地球化学、含煤岩系的地层学(包括层序地层学)和沉积学、成煤古地理学、煤盆地分析或煤田构造学、煤层气地质学、瓦斯地质学等。其中,煤岩学和煤相学、煤化学、瓦斯地质学、煤层气地质学、煤矿(或矿井)地质学和煤田勘探地质学是煤地质学的主要分支;而煤的地球化学、煤系古生物学和地层学、煤系沉积学、煤田构造学等是地质学的相关分支学科在煤地质学包括煤系层序地层学中的应用。

第一节 煤质煤阶与煤层气藏

一、煤质指标

煤的主要成分包含碳(C)、氢(H)、氧(O)、氮(N)、硫(S)、磷(P)。煤的工业分析是水分、灰分、挥发分和固定碳4个项目煤质分析的总称。其中,水分(W)、挥发分(V)、灰分(A)可以测定,固定碳:

$$FC = 100 - W - V - A \tag{2-1}$$

1. 水分

根据煤在水中的存在状态,水分可以分为游离水和化合水。游离水又可分为外在水分和内在水分。外在水分是指附着在煤颗粒表面和缝隙中的水分;内在水分是指吸附或凝聚在煤颗粒内部的毛细孔内表面的水分。而化合水是指煤中矿物质内以分子或离子形式参加矿物晶格构造的水分,失水温度较高。

2. 灰分

灰分是指煤完全燃烧后剩下的残渣,几乎全部来自于矿物质。由于残渣是煤中可燃物的完全燃烧,煤中的矿物质(除水分外所有的无机质)在煤完全燃烧的过程中经过一系列的分解、化合反应后的产物,因此可称为灰分产率。

其测定方法如下：

将 1g 分析煤样在 850℃±10℃ 的条件下完全燃烧，剩下的残渣即为试样的灰分。通常灰分是以无水干燥基煤样为基准来计算，记作 A_d：

$$A_d = A_f \cdot \frac{100}{100 - W_f} \qquad (2-2)$$

式中：A_f——分析煤样灰分；

W_f——分析煤样中的水分。

3. 挥发分

把煤放在与空气隔绝的容器中，在一定高温（900℃）条件下，加热到一定时间（7min）以后，从煤中分解出的液体（蒸汽状态）和气体产物，减去煤中所含的水分，即为挥发分。

由于挥发分主要是煤中有机质热分解的产物，评价时应排除水分、灰分变化的影响，需将分析煤样的挥发分换算成以可燃基为基准的挥发分，即

$$V^{daf} = V_f \cdot \frac{100}{100 - W_f - A_f} \qquad (2-3)$$

式中：V_f——分析煤样中的挥发分；

W_f——分析煤样中的水分；

A_f——分析煤样灰分。

4. 固定碳

煤中的固定碳是指从煤中除去水分、灰分、挥发分后的残留物。固定碳的高低是评价动力用煤和气化用煤质量的一个重要指标。

二、煤阶

煤阶代表了煤化作用中能达到的成熟度的级别，煤阶的改变是由于深埋而增加的温度而改变的。随着煤埋藏深度的增加，煤阶从褐煤、亚烟煤、烟煤到无烟煤间不断变化。煤处于哪种煤阶是很重要的，因为无烟煤煤阶的煤层很可能是最好的煤层气储层。较不成熟的煤层将产生并保持较少的煤层气，而较成熟的煤层的渗透率较低。低煤阶的煤层镜质体反射率小于 0.65%，主要有褐煤和长焰煤。低煤阶煤层气是指赋存于褐煤和长焰煤及其围岩中的煤层气，煤层气的主要成分为甲烷。

当泥岩沉积被掩埋，并随着温度和压力的增加而转变成煤时，它的物理和化学性质发生了深刻的变化。"煤阶"这一概念用来将这一转变步骤细分成几个阶段，并且定义同各个阶段相关的属性。一些指标，包括碳含量、氢含量或者挥发性物质含量等，可以用来确定任一给定煤层样品的煤阶段。一种叫作镜质体反射率测定的既简单又方便的技术常被用来确定煤阶。这种测量方法是通过确定从煤层样品中反射出来的入射光线的多少来进行的。镜质体反射率随着煤的成熟度增加而有规则地增大，并且同煤的成分无关。

1. 低煤阶吸附能力弱,含气量较低

低煤阶煤层的封闭能力较弱,这是因为低煤阶煤层的顶底板成岩作用较低造成的。煤的变质程度决定着煤层气的生成量和煤的吸附能力,煤阶越高,煤层的吸附能力就越高,煤层的含气量也就较高。而低煤阶煤层的煤阶较低,煤层的封闭能力较弱,故而含气量较低。要开发低煤阶煤层,就必须是要较好的渗透力,否则开发会没有多大的价值。另外,低煤阶的相对孔隙度较高,有的甚至可以达到10%左右,如果没有较好的地质条件,煤层的孔隙度难以被游离气充填,这样就会导致煤层气含量少,没有太大的经济价值。

2. 储集层渗透率高

低煤阶的变质程度较低,基质较为疏松,基质的孔隙度较高。由于煤层的储集层渗透率的主要贡献者是割理和构造裂隙,当开发低煤阶煤层时,储集层的压力会降低,当压力降到临界解吸压力时,煤层气就开始解吸,基质就开始收缩,使得割理和构造裂隙的张开程度加大,这样煤层的储集层渗透率就较高。

3. 成藏过程简单

低煤阶煤层气成藏过程一般较为简单,以一次沉降为主。未成熟低煤阶煤层气成藏历史短,在煤层形成之后只经历过一次抬升,而且煤层的构造格局和地下水的赋存状态会影响到煤层气的成藏,所以说未成熟的低煤阶煤层气成藏有着持续性的特点。成熟低煤阶煤层气成藏过程以深成变质作用为主。

三、煤层气藏

煤层气俗称"瓦斯",其主要成分是甲烷(CH_4),与煤炭伴生,是以吸附状态储存于煤层内的非常规天然气,热值是通用煤的2~5倍,与天然气相当。$1m^3$纯煤层气的热值相当于1.13kg汽油、1.21kg标准煤,可以与天然气混输混用,而且燃烧后很洁净,几乎不产生任何废气,是上好的工业、化工、发电和居民生活燃料。煤层气空气浓度达到5%~16%时,遇明火就会爆炸,这是煤矿瓦斯爆炸事故的根源。煤层气直接排放到大气中,其温室效应约为二氧化碳的21倍,对生态环境破坏性极强。在采煤之前如果先开采煤层气,煤矿瓦斯爆炸率将降低70%~85%。煤层气的开发利用具有一举多得的功效,商业化能产生巨大的经济效益。

煤层气有两种基本成因类型:生物成因和热成因。生物成因气是由各类微生物一系列的复杂作用过程导致有机质发生降解而形成的;而热成因气是指随着煤化作用的进行,伴随温度升高,煤分子结构与成分的变化而形成的烃类气体。生物成因气可形成于煤化作用早期阶段(泥炭—褐煤)以及煤层形成以后的构造抬升阶段,因此又可分为早期(原生)生物成因气与晚期(次生)生物成因气。

煤层中的孔隙和裂隙为煤层气的赋存提供了空间,可见煤层气是一种自生自储的非常规天然气,与常规天然气相比,有其自身的特点。表2-1列出了常规砂岩储层与煤储

层特点的对比。

表 2-1 常规砂岩储层与煤储层特点对比表

对比项目	常规砂岩储层	煤储层
储层岩性	矿物质	有机质
储气方式	圈闭	吸附为主
储气能力	较低	较高
孔隙度	好和很好为15%~25%,中等为10%~15%,较差为5%~10%	除最低煤阶煤外,一般小于10%
裂隙	发育或不发育	有独特的割理裂隙体系
孔隙结构	单孔隙结构或双重孔隙结构	双重孔隙结构
渗透率	高低不等	一般低于 $10^{-3}\mu m^2$

第二节 煤及围岩的物理力学性质

一、煤的物理力学性质

岩石(煤)是煤矿井巷施工的主要对象,它的物理力学性质对凿岩和爆破及支护有很大的影响,了解这些性质有利于在实际工作中采用合理的施工方法。

(1)坚固性。它说明岩石抵抗外力作用的总强度。坚固性大的岩石,钻眼与爆破的难度相对就大。

(2)弹性与脆性。弹性是指作用在岩石上的外力消除以后,岩石恢复原来形状和体积的能力。岩石的弹性越大,钻眼与爆破的难度就越大。脆性是指岩石受到冲击或爆破时碎裂成块的特性。越脆的岩石越易破碎,脆性大的岩石应选用猛度大的炸药。

(3)层理与节理。层理是指构成岩(煤)层的各个层面。顺着层面最容易使岩石分裂成块,层理发育的采掘工作面顶板最容易离层,使工作面顶板管理困难,安全条件降低。节理是指岩(煤)层的纵向裂缝。节理降低了岩体的整体性、固定性和稳定性,使岩(煤)体容易裂开成块,当层理与炮眼方向重合时,容易夹钎子,泄露爆炸生成的气体,降低爆炸效率,喷出的高温气流和火焰容易引燃瓦斯煤尘。当采煤工作面方向与节理方向平行时,工作面煤壁容易片帮伤人;当采煤工作面方向与煤层顶板岩石节理方向平行或接近平行时,极易造成大面积冒顶。

(4)含水性和含气性。含水性是指岩(煤)层中含水的情况和暴露后渗出水的能力。含气性是指岩(煤)层内含有某些气体,在采掘暴露后排出气体的能力。含水性和含气性与裂隙程度有关。泥质和钙质胶结的岩石,遇水后可能发生膨胀或松散,容易破碎,常使炮眼变形,以致无法装药。

(5)风化程度。它是指岩石受空气、水和温度作用而破坏的程度。风化后的岩石容易钻孔和爆破。

(6)黏性。黏性是指岩石块抵抗岩体分离的能力。岩石的黏性越大,炸药的消耗量越大。一般岩石顺着层理黏性较小,垂直层理黏性较大。

(7)力学性质。煤层物理力学性质见表2-2。

表2-2 煤层物理力学性质一览表

煤层	抗拉强度(MPa)		冲击倾向(MPa)		弹性模量(MPa)		泊松比	
	自然	饱和水	自然	饱和水	自然	饱和水	自然	饱和水
三分层	10.4	7.91	0.94	1.08	1938.8	1071.4	0.25	0.35
四分层	11.3	7.91	0.74	1.28	3214	1017.4	0.3	0.28
五分层	14.6	12.3	0.96	1.09	3316	1429	0.28	0.35
六分层	17.8	8.41	1.20	1.25	2429	612.2	0.3	0.40

(8)煤的孔结构特征。用压汞法测定了低阶无烟煤的孔容和孔径分布,除得到煤样总孔容随 X_c 的增大而线性增大的关系外,还得到了 $(6\sim7.5)\times10^4$ nm 范围的孔径分布,大多数类似于"U"字形。

二、围岩的物理力学性质

煤的力学性质用弹性模量和泊松比来定量表达。众多的资料表明,煤的弹性模量比围岩低,泊松比比围岩高。围岩的弹性模量在 $n\times10^4$ MPa 数量级,煤则位于 $n\times10^3$ MPa 数量级,围岩的泊松比一般小于0.3,煤则位于 $0.25\sim0.40$ 之间。煤的力学性质取决于煤的物质组成和煤级。韧性组分如稳定组分和矿物质含量较高、煤级较高时,煤的机械强度相应增强。煤的力学性质还取决于水的饱和度,当水饱和度增加时,弹性模量和抗压强度均有不同程度降低,泊松比也相应降低。

煤与围岩相比易被压碎,煤层气开采过程中因压力和水饱和度的变化,使煤的力学性质发生不同程度的变化,这种变化又反过来作用于煤储层中的流体,从而构成了煤储层内特有的流固耦合体系。

第三节 煤的地质构造与地下水

一、地质构造

要了解煤的地质构造,就先要了解煤从植物死亡、堆积到转变为煤的一系列演化过程。①泥炭化作用:从高等植物死亡后,到变成泥炭的过程;腐泥化作用:从低等植物死亡后,到变成泥炭的过程;②煤化作用:由泥炭转化为煤的过程;成岩作用:从泥炭(腐泥)变成褐煤的过程;变质作用:从褐煤转化为烟煤再到无烟煤。

1. 成煤的必要条件

植物的具备是煤形成的物质条件;适宜的气候条件则影响植物生长,同时影响植物的分解;植物的堆积是不可或缺的自然地理条件;地壳运动则是埋藏条件。

地球已形成 46 亿年,而中国有 3 个重要成煤时期:①新生代的古近纪和新近纪,距今 0.66 亿年;②中生代的侏罗纪,距今 2.01 亿年;③古生代的二叠纪和石炭纪,距今 3.6 亿年。

2. 煤层构造

煤层按形状可以分为层状煤层、似层状煤层和非层状煤层;按倾斜程度可以分为近水平煤层($<8°$)、缓倾斜煤层($8°\sim25°$)、倾斜煤层($25°\sim45°$)、急倾斜煤层($>45°$);按厚度(煤层厚度是指煤层顶底板之间的垂直距离)可以分为薄煤层($<1.3m$)、中厚煤层($1.3\sim3.5m$)、厚煤层($>3.5m$)。

煤岩层受力后所发生变化的形态叫地质构造,地质构造对安全生产影响较大。煤矿地质构造的基本类型有单斜构造、褶皱构造和断裂构造。单斜构造是指煤层朝一个方向倾斜。褶皱构造是煤层受到水平方向的外力挤压作用后呈弯曲状态,其特征是煤层仍保持完整性和连续性。褶皱构造影响井田划分、井筒布置、采区布置、巷道施工方向、坍塌冒顶、瓦斯突出、突水等。断裂构造指的是煤(岩)层在地壳运动作用力下产生断裂,其特征是煤层失去了完整性和连续性。断裂构造包括断层和裂隙(节理)。

二、地下水

研究煤层气不能不研究地下水,这不仅仅是因为地下水和煤层气同属流体范畴,而且还因为地下水和煤层气可以共生、伴生,煤层气的形成、运移、富集以至于资源评价、开采各个方面与地下水及水文地质条件息息相关。人类和地下水打交道的历史十分悠久,对地下水的研究也比较深入,而人类对煤层气的研究则相对不足。

1. 地下水与煤层气的形成、运移、富集的关系

地下岩层具有空隙(各种成因的裂隙、孔隙、洞穴),许多情况下,不是被水或其他液体

所充填,就是被气体所充填(煤层也是如此)。煤层气在煤层中存在的状态主要以吸附为主,游离次之,水则为重力水及吸附水状态。煤中水分存在形式主要取决于煤的变质程度、煤阶和煤的裂隙发育状况等因素。一般情况下,在煤的变质过程中,从褐煤至无烟煤,煤颗粒的亲水能力逐渐减弱,内在水分逐渐减少,而吸附煤层气的能力则有所增强,特别是从褐煤至烟煤阶段,煤中水与煤层气往往具有一个互相消长的关系,在许多缺乏重力水的非含水层的煤层中,这种关系尤为明显,煤中水分的增加往往使得煤中所吸附的甲烷减少,这点已为一些煤层气的研究资料所证实。当煤层的节理裂隙或大孔隙比较发育,含有相当数量的重力水,可能成为含水层时,煤层气的存在形式除吸附状态外,还可能存在一定数量的游离气和少量的溶解气。

煤层气的形成,运移和储存,富集或散失,就像地下水的形成、径流、聚集、储存一样,煤层不具备相应的生气能力或者生气能力已经丧失,则往往不能形成有价值的煤层气,即使是在历史时期,富气的煤层由于生气能力减弱或丧失,也会在此后漫长的时间内含气能力逐渐减弱。有水补给、有气生成则有运移、有径流产生,无论是地下水还是煤层气,其运移均服从于流体的渗流原理,主要受介质的渗透性、流体的性质、压力梯度的控制。由于介质的不均一性、运动压力的变化等因素,无论是含水层还是煤层含气层往往具有非均一性,只是在一定的条件下可以转化为均一的含水层或含气层。由于含水、含气层的非均一性,气态甲烷从浓度高的地方向浓度低的地方扩散,这种情况与水中离子由于浓度差异而扩散的情况相类似。在气、水共存的状态下,水的运动可以带动气体产生追随运动,而气体的聚集往往也可以推动水运动。煤层气还可能以溶解的方式运移(只是数量较少),当气体和水呈混合状态时,则成混合流,流动情况也比较复杂,受气、水混合比例制约。地下水的排泄方式多种多样,煤层气的排泄在许多情况下和地下水的运动关系密切,地下水可以直接驱动气体外泄,可以用溶解方式携带气体,也可能由于地下水的流动进而引起气体的运动。

要形成有开采价值的煤层气,煤层必须具有一定的生气和储气条件。煤层既是煤层气的生成来源,又是煤层气的储存场所。煤层气的储存条件主要取决于煤层的开放程度,即与大气和地下水的连通程度。煤层气的富集需要一个相对封闭的环境,储层需要有足够高的压力。在此高压环境中,煤层中许多孔隙可在煤化程度加深、煤层失水压密的过程中得以保存,煤层气也同时得以富集,而且往往渗透性可能增大。这当然是在煤层的构造变动和历史演化过程大体相同的情况下。如果煤层经历的构造运动或者其中节理、裂隙、孔隙的成因、演化过程和发育特征不同,其储气和透气能力也会有较大的区别。但是不管怎样,煤层中保持煤层气较高的压力状态,仍是保留已形成的储气、导气空间的有利因素。

所谓煤层气储气单元应是具有自然边界、相对独立的,具有大体相同的生气、运移和储集条件及特征的煤层分布区。在水文地质理论中,各水文地质单元的边界可以划分出隔水(阻水)边界、补给边界(定水头或定流量,或已知水头变化函数等)。煤层气的储气层即补给层,尽管各部分间煤层气的运移从局部范围内也可以划分出补给边界(这在区块的资源评价上是有用的),但是从宏观上来看,就煤层气的自然边界而言,主要是阻气(不透气)边界和透气边界。阻气边界的存在是煤层气储存和富集的必要条件,这种阻气边界通常亦是阻水边界。透气边界的存在不利于煤层气的富集,是煤层气的逸散场所。煤层气生成以后,其储气单元及边界条件可能发生多次变化,因而研究边界条件及其变化,对于阐述煤层气的赋存现状是十分必要的。

煤层气储气单元的边界条件可以分为两类基本情况。一类是煤层为非含水层,此时煤中水以吸附状态为主,煤层本身为隔水层,其阻气边界亦为隔水层,煤层气储层的圈闭为围岩圈闭。围岩中的透气层(段、带)或相对透气层(段、带)则形成透气边界,如果有强含水层则通常可视为透气边界,和大气连通的煤层则存在强透气边界。另一类是煤层自身为含水层,其补给边界往往是阻气边界,地下水的运动方向和煤层气散逸的方向相反,成为煤层气散逸的阻力,排泄边界则形成透气或相对透气边界,隔水边界往往同时是阻气边界。煤层的分叉、尖灭、显著变薄或被断层切割而与其他岩层对接等均可以形成自然边界,自然边界是煤层气储层边界分析最重要的基础。

含水层中水的补给来自外部,而煤层气的补给来自内部,这是含水层与储气煤层的显著区别。正因为如此,无论煤层是否为含水层,其中都必然含有煤层气。由于煤层气来自于煤颗粒内,形成于煤颗粒的表面,随着煤层气的聚集,煤颗粒间的水分将逐渐被煤层气挤出,最终使得煤层气占据了煤层中的细小孔隙,而水占据着煤层中较大的空隙,形成水、气共存的局面。如果地下水不能形成一定的水头压力,这些裂隙水则将逐渐被挤出煤层,只剩下少量的以吸附状态存在的地下水,这些吸附水的存在将挤占一部分煤层气的储存空间。如果煤层空隙中的水可以和外部含水层沟通或者获得补给,或者由于外部原因排水不畅,产生一定的水头压力,则可以形成含重力水的煤层。地下水占据了节理、裂隙大的孔隙,煤层气占据了煤层中小的孔隙,煤层气被地下水所分割、包围,此时地下水位愈高,水头压力愈大,则愈有利于煤层气的储集。同时,地下水处于一个相对的滞流环境也是相当重要的,过快的地下水径流循环则易于使煤层气散失。含重力水的煤层中,在构造适宜的煤层部位易于形成游离状态的煤层气聚集。缺乏重力水的煤层中,煤层中节理、裂隙以及各类孔隙中基本上为煤层气所充填,细小的孔隙中为吸附气,而大的孔隙裂隙中则可能含有较多的游离气,形成游离煤层气分割、包围着吸附态的煤层气的格局,游离气体压力愈高,则愈有利于煤层气的储集。此时煤层气储层为围岩圈闭类型,围岩的封闭程度愈高煤层气的储集条件就愈好。

煤层自身的非均一性和透气性也是形成煤层气储层压力的一个重要因素。生成的煤层气如果因为储层的透气性差而不能及时地运移,气体的继续生成和聚集在渗透性能差的地段往往形成较高的储层压力,使得储存压力呈现不均一分布。储层压力的增大使煤层中蕴藏了大量的压缩气体而产生弹性能量,形成煤层与围岩有所差异的应力状态。在煤矿区中,某些坚硬致密的岩层中可能储集一部分构造变形的残余应力(以弹性变形的形式存在),而煤层可能出现的应力异常则常常为气体聚集所致。

煤层可以表现为含水、弱含水和不含水，其中煤层气的储集和运移亦各具特征。不仅如此，煤层和围岩中含水层的组合关系不同，也可能对煤层气的赋存特征产生明显的影响。根据煤层与含水层（隔水层）的组合关系可以分为 3 种情况：①煤层顶底板或其中之一为含水层，其间无稳定的隔水层存在；②煤层的顶底板层为隔水层，但断裂切割后，可以沟通其上部或底部含水层的联系；③煤层的顶底板均为隔水层，上覆和下伏地层中的含水层在自然状态和煤层气开采时都不会与煤层沟通。

从第 1 种情况到第 3 种情况，围岩的含水性对煤层气的储集、运移的影响依次减弱，但是只要煤层与围岩中的含水层存在某种程度的联系，那么含水层就会对煤层中的煤层气产生影响，特别是在开采条件下。无论煤层含水与否，最有利于煤层气储存的圈闭围岩为粘土、粘土岩或粘土质含量较高的岩层。粘土颗粒通常与水有很高的亲和力，对裂隙有较强的治愈能力，它可以使煤层气在围岩遭受到构造变动时仍然保持较好的储存条件。

2. 地下水与煤层气的勘探和开采

煤层气井的施工必须考虑水文地质条件，施工不当则影响井的产气效率，造成产水多而产气少的局面。气井施工前首先需要分析煤层的含水性及煤层与围岩中含水层的相互组合关系。施工中要有效地隔离和封闭除煤层之外的各种含水层，避免它们对煤层测试和评价可能造成的影响，避免在压裂煤层过程中使煤层顶底板含水层受到压力而沟通含水层。但在煤层与其顶底板隔水层间无稳定隔水层且间距很小时，煤层压裂时也可能波及到含水层，对煤层气测试产生影响，但更重要的是，将对煤层气的开采产生更重要的作用。在这种情况下，如何利用这些含水层，使煤层气的开采条件向有利方向转化是十分重要的问题，而这种转化则也是可能的。

当煤层为含水层时，上覆地层的重量由煤层的固体骨架和裂隙系统中的承压水头压力共同承担。而煤层中煤层气的储存压力和煤层中的水头压力存在着动平衡的关系，相互影响和协调，其中起主导作用的是水头压力。设原始水头值为 P，煤层气排采后水头降低至 P_1，降低值 $s=P-P_1$，而 s 值此时将转由煤的骨架部分承担。当 s 值足够大以后，将引起煤层的固体骨架变形或者颗粒间产生移动，或者形成新的裂隙，或者使老裂隙系统的渗透性改变。这种减压效应引起的煤层变形和新裂隙的产生、旧裂隙的复活是保证煤层气井长期稳产的一个重要因素。在开采井中，压力的下降是瞬间的，含水裂隙系统中的压力也会迅速下降，但是在煤体中，在煤层气赋存的孔隙中，压力的下降则是滞后的、缓慢的，形成了煤层气的延后释放，使得煤层气的释放是一个长期的过程。从这个角度看，它既限制了井的产气量，同时也延长了井的服务年限。在开采煤层气的井中，水压的传递是迅速的，可以视为在封闭—全封闭系统中压力的传递方式，压力传递不仅快，而且范围大，最先流入井中的水主要来自地下水，由于压力下降而产生的弹性释放水，一段时间之后才既有弹性释放水又有原赋存于裂隙系统中的非弹性释放水。后者一方面是由于水头差而流动的，另一方面也是由于煤层中煤层气的解析、积累而被驱动的。在煤层气井排采试验或开采的正常时期，地下水受逐渐释放的煤层气的驱动作用是重要的。

在煤层为含水层的情况下,排采试验井或开采井由于地下水的压力下降范围大、传递快,易于形成有效的压力降,煤层气的解析范围大,且地下水流动后可能形成的空间为煤层气提供了良好的储集和运移条件。地下水也是煤层气运移的驱动因素,故而在含水比较适中的煤层中开采煤层气时单井产气量可能要高,而且井距也可能相对大一些。

在煤层气排采井中,煤层气来自于压力降低范围内吸附气体的解析,此时的情况相当于开采以地下水储存量为主的取水井的情况,亦可以用泰斯公式来表述其特征。用排采煤层气试验资料求取的参数有如抽水试验求取含水层的水文地质参数一样,比在煤层气井中用其他方法测得的参数更可靠、更真实、更接近开采时的条件。值得指出的是,在自然状态下,煤层压裂前后与煤层气开采后的储层参数往往是不同的。

如果煤层为非含水层,此时煤层气井中的情况也和含水煤层的情况大体相同,只不过与煤层骨架共同承担上覆地层压力的不是水头压力而是煤层中的气体压力。此时裂隙和大孔隙中的游离状煤层气将发挥主要作用,最先进入井中的也是这部分游离气体。但是,煤层中缺乏地下水时,对煤气层的开发往往并非有利。此时煤层中由于气体的体积变化可以削弱压力变化的影响,往往造成气体的压力传递缓慢且衰减快,进而影响范围也小,所以在非含水煤层中采气可能单井产气量较小,衰减也快。当煤层与其顶底板含水层间无十分可靠的隔水层时,煤层气井施工中煤层的压裂可能增大煤层与含水层之间的联系程度,增加含水层在近煤层气井地段的渗透性能,而且开采煤层气后,即在煤层压力降低后,可能造成地下水补给煤层,但是同时也可能通过含水层的水头压力的大范围下降形成比正常情况要大得多的煤层气解析范围。当然,含水层的影响大小还取决于含水层的水量、水质、水温等特征以及与煤层的联系程度、方式、范围等各种因素。

三、地质构造对煤田开发的影响

煤矿开采作业受地质构造因素的影响,这不仅降低了煤矿开采效率,同时也影响煤矿开采的安全性。为提高煤矿开采工作效率,保障煤矿开采工作人员的生命安全,应对影响煤矿开采活动的地质构造问题进行分析,制定相应的防范与解决措施,降低安全事故发生率,提高煤矿开采的效率。

1. 采煤沉陷与地质构造的关系

沉陷问题是煤矿开采过程中较为常见的地质构造问题,如不能及时地进行处理将严重影响施工作业人员的人身安全,导致煤矿开采工作全面瘫痪。沉陷问题的产生一般是由于不同地区岩石种类、组成成分、地质结构、土层硬度和强度差异较大所引起的,因此在煤矿开采工作进行过程中应加大对采煤沉陷问题的处理,减少因沉陷问题导致人身财产受损事件的发生。

2. 瓦斯事件与地质构造的关系

在煤矿开采过程中,各类瓦斯泄露及爆炸事故的发生会极大地威胁到煤矿开采人员的生命安全,为减少此类现象的发生,应对地质构造与煤矿瓦斯事故间的关系进行深入分析。经研究发现,裂隙、褶皱、断层等因素都会导致地质构造的改变,从而引起瓦斯事故。

3.煤矿水灾与地质构造的关系

煤矿水灾事件的发生一般是由地质勘查及地质破坏原因所导致的。首先是地质勘查问题。地质勘查问题主要是指在煤矿开采工作前,相关地质勘查企业没有对煤矿开采区域进行全面勘查,导致原有地质结构受到破坏,使地下水流入矿井,引发水灾。其次是地质破坏。地质破坏主要是由于煤矿开采严重破坏了地质结构,使水流入工作区,进而引发水灾。此类现象的发生会导致煤矿开采无法顺利进行,造成采矿人员被困于矿井之下,所以应对煤矿开采工作进行科学合理的安排,避免此类事故的发生。

第四节　地层压力体系

地层压力理论和评价技术对煤及煤层气开发有着重要意义。钻井工程设计、施工中,地层压力、破裂压力、井眼坍塌压力是合理进行钻井密度设计、井身结构设计、平衡压力钻井、欠平衡压力钻井且井中压力控制的基础。

一、基本概念

1.静液柱压力

静液柱压力是由液柱自身重量产生的压力,其大小等于液体的密度乘以重力加速度与液柱垂直高度的乘积,即

$$P_h = 0.00981\rho H \qquad (2-4)$$

式中:P_h——静液柱压力,MPa;

ρ——液柱密度,g/cm^3;

H——液柱垂直高度,m。

静液柱压力的大小取决于液柱垂直高度 H 和液体密度 ρ,钻井工程中,井愈深,静液柱压力越大。

2.压力梯度

压力梯度是指用单位高度(或深度)的液柱压力来表示液柱压力随高度(或深度)的变化。

$$G_h = \frac{P_h}{H} = 0.00981\rho \qquad (2-5)$$

式中:G_h——液柱压力梯度,MPa/m;

P_h——液柱压力,MPa;

H——液柱垂直高度,m。

压力梯度也常采用当量密度来表示,即

$$\rho = \frac{P_h}{0.00981H} \qquad (2-6)$$

式中:ρ——当量密度梯度,g/cm³;

其他参数含义同前。

3. 有效密度

钻井流体在流动或被激励过程中有效地作用在井内的总压力为有效液柱压力,其等效(或当量)密度定义为有效密度。

4. 压实理论

压实理论是指在正常沉积条件下,随着上覆地层压力 P_0 的增加,泥页岩的孔隙度 ϕ 减小,ϕ 的减小量与 P_0 的增量 dP_0 及孔隙尺寸有关,即

$$d\phi = -C_p \phi dP_0 \qquad (2-7)$$

∵ $dP_0 = \rho_0 g dH$

∴ $d\phi = -C_p \phi \rho_0 g dH$

令 $C_p \rho_0 g = C$,且积分上式

$$\phi = \phi_0 e^{-CH} \qquad (2-8)$$

式中:ϕ_0——地表孔隙度;

ϕ——井深 H 时的孔隙度;

P_0——上覆地层压力,MPa;

C_p——压实校正系数,$C_p > 1$。

即正常压实地层、泥页岩孔隙度是井深 H 的函数,也就是说正常地层压力段,随着井深 H 增加,岩石孔隙度减小。若随着井深增加,岩石孔隙度增大,则说明该段地层压力异常。压实理论是支持 DC 指数、声波时差等地层压力预测技术的理论基础之一。

5. 均衡理论

均衡理论是指泥页岩在压实与排泄过程平衡时,相邻砂泥岩层间的地层压力近似相等。均衡理论是支持地层压力预测技术不可缺少的理论基础。

6. 上覆地层压力 P_0

地层某处的上覆岩层压力是指该处以上地层岩石基质和孔隙中流体的总重量(重力)所产生的压力,即

$$P_0 = \frac{岩石骨架重量(重力) + 流体重量(重力)}{面积}$$

$$= 0.00981H[(1-\phi)\rho_0 + \phi\rho_P] \qquad (2-9)$$

式中:P_0——上覆岩层压力,MPa;

H——地层垂直深度,m;

ϕ——岩石孔隙度,%;

ρ_0——岩石骨架密度,g/cm³;

ρ_P——孔隙中流体密度,g/cm³。

由于沉积压实作用,上覆岩层压力随深度增加而增大。一般沉积岩的平均密度大约为 2.3g/cm³,沉积岩的上覆岩层压力梯度一般为 0.226MPa/m。在实际钻井过程中,以钻台面作为上覆岩层压力的基准面。因此,在海上钻井时,从钻台面到海面,海水深度和海底未固结沉积物对上覆岩层压力梯度都有影响,实际上覆岩层压力梯度值远小于 0.226MPa/m。例如,海上井的 1524m 深处,上覆岩层压力梯度一般小于 0.167MPa/m。

上覆岩层压力还可用下式计算:

$$P_0 = 0.009\,81\bar{\rho}_b H \tag{2-10}$$

式中:P_0——上覆岩层压力,MPa;

$\bar{\rho}_b$——沉积层平均体积密度,g/cm³;

H——沉积层厚度,m。

上覆岩层压力梯度一般分层段计算,密度和岩性接近的层段作为一个沉积层,即

$$G_0 = \frac{\sum P_{0i}}{\sum H_i} = \frac{\sum(0.009\,81\bar{\rho}_{bi}H_i)}{\sum H_i} \tag{2-11}$$

式中:G_0——上覆岩层压力梯度,MPa/m;

P_{0i}——第 i 层段的上覆岩层压力梯度,MPa/m;

H_i——第 i 层段的厚度,m;

$\bar{\rho}_{bi}$——第 i 层段的平均体积密度,g/cm³。

上式计算的是上覆岩层压力梯度的平均值。

测得的体积密度越准确,计算出来的上覆岩层压力梯度也就越准确。如果有密度测井曲线,就能很容易地计算出每一段岩层的平均体积密度。如果没有密度测井曲线,可借助于声波测井曲线计算体积密度;不过,这是迫不得已才使用的方法。还可以使用由岩屑测出的体积密度,但这种方法不太准确,因为岩屑在环空中可能吸水膨胀,使岩石体积密度降低。

在厚岩盐层和高孔隙压力带的一个小范围内,上覆岩层压力梯度可能发生反向变化。高孔隙度的泥岩通常是异常高压层,其体积密度非常小。如果异常高压层足够厚,就可能使总的平均体积密度降低。实际上这些低密度带很薄,所以上覆岩层压力梯度的反向变化一般很小,而且发生在很小的范围内,因而异常高压层的上覆岩层压力仍然增加,但增加的速率减慢。

7. 地层压力(地层孔隙压力)P_P

地层压力是指岩石孔隙中流体的压力,亦称地层孔隙压力,用 P_P 表示。在各种沉积

物中,正常地层压力等于从地表到地下某处连续地层水的静液压力,其值的大小与沉积环境有关,取决于孔隙内流体的密度。若地层水为淡水,则正常地层压力梯度(G_p)为 0.009 81MPa/m;若地层水为盐水,则正常地层压力梯度随含盐量的不同而变化,一般为 0.010 5MPa/m。表 2-3 为不同矿化度地层水的正常地层压力梯度值。

表 2-3 不同矿化度地层水的静水压力

地层流体	氯离子浓度 (mg/L)	NaCl (mg/L)	正常地层压力梯度 (MPa/m)	当量泥浆密度 (g/cm³)
淡水	0	0	0.009 81	1.0
微咸水	6098	10 062	0.009 89	1.003
	12 287	20 273	0.009 90	1.010
	24 921	41 120	0.010 04	1.024
海水	33 000	54 450	0.010 12	1.033
盐水	37 912	62 554	0.010 19	1.040
	51 296	84 638	0.010 33	1.054
	64 987	107 228	0.010 49	1.070
典型海水	65 287	107 709	0.010 50	1.072
	79 065	130 457	0.010 62	1.084
	93 507	154 286	0.010 78	1.100
	108 373	178 815	0.010 95	1.117
	123 604	203 946	0.011 07	1.130
	139 320	229 878	0.011 24	1.147
	155 440	256 476	0.011 40	1.163
	171 905	283 473	0.011 54	1.178
	188 895	311 676	0.011 71	1.195
饱和盐水	191 600	316 640	0.011 73	1.197

在钻井实践中,常常会遇到实际的地层压力梯度大于或小于正常地层压力梯度的现象,即压力异常现象。超过正常地层静液压力的地层压力($P_P > P_h$)称为异常高压。

8. 骨架应力 σ

骨架应力是岩石颗粒之间相互接触来支撑的那部分上覆岩层的压力(亦称有效上覆岩层压力或颗粒压力),这部分压力是不被孔隙水所承担的。骨架应力可用下式计算:

$$\sigma = P_0 - P_P \tag{2-12}$$

式中:σ——骨架应力,MPa;

P_0——上覆岩层压力,MPa;

P_P——地层压力,MPa。

上覆岩层的重力是由岩石基质(骨架)和岩石孔隙中的流体共同承担的。当骨架应力降低时,孔隙压力就增大。孔隙压力等于上覆岩层压力时,骨架应力等于零,而骨架应力等于零时可能会产生重力滑移。骨架应力是造成地层沉积压实的动力,因此只要异常高压带中的基岩应力存在,压实过程就会进行,即使速率很慢。

二、异常压力

1. 异常低压

异常低压的压力梯度小于 0.00981MPa/m,有的为 0.0081~0.0088MPa/m,有的甚至只有静液压力梯度的一半。世界各地钻井情况表明,异常低压地层比异常高压地层要少。但是,不少地区在钻井过程中还是遇到不少异常低压地层。如美国的得克萨斯州和俄克拉荷马州的 Panhandle 地区、科罗拉多州高地的部分地区、犹他州的 Uinta 盆地,加拿大艾伯塔省中部下白垩统 Viking 地层、俄罗斯的 Chokrak 和 Karagan 地区的中新世地层以及伊朗的 Arid 地区都遇到异常低压地层。

一般认为异常低压是由于从渗透性储集层中开采煤、煤层气和地层水而造成的。大量从地层中开采出流体之后,如果没有足够的水补充到地层中去,孔隙中的流体压力下降,而且还经常导致地层被逐渐压实的现象。美国墨西哥湾沿海地带的地下水层被数千口井钻开之后,广大地区的水源头下降。面积最大的是得克萨斯州的休斯敦地区,水源头下降的面积大约有 12950km^2。从 1954—1959 年,在卡蒂-休斯敦-帕萨迪纳-贝敦地区泵出水的 20% 左右是由于产水层被压实而供给的。

在干旱或半干旱地区遇到了类似的异常低压地层,这些地层的地下水位很低。例如在中东地区,勘探中遇到的地下水位在地表以下几百米的地方。在这样的地区,正常的流体静液压力梯度要从地下潜水面开始。

2. 异常高压

异常高压地层在世界各地区广泛存在,从新生代更新统至古生代寒武系、新元古代震旦系都曾见到过。

正常的流体压力体系可以看成一个水力学的"敞开"系统,就是说流体能够与上覆地层的流体沟通,允许建立或重新建立静液条件。与此相反,异常高的地层压力系统基本上是"封闭"的,即异常高压力层和正常压力层之间有一个封闭层,阻止或至少是大大地限制着流体的沟通。封闭层可以是由地壳中的一种或几种物质所组成的。压力封闭的起因可以是物理的、化学的,或者是物理和化学的综合作用。

通常认为异常高压力的上限等于上覆岩层的总重量,即与 0.0226MPa/m 的压力梯度等效。在一个区域的地层中,异常高压力将接近上覆岩层压力。根据稳定性理论,它们是不能超过上覆岩层压力的。但是,在一些地区,如巴基斯坦、伊朗、巴比亚和俄罗斯的钻井实际中,都曾遇到过比上覆岩层压力高的高压地层。有的孔隙压力梯度可以超过上覆岩层压力梯度的40%。这种超高压地层可以看作存在一种"压力桥"的局部化条件。覆盖在超高压地层上面的岩石的内部强度帮助上覆岩层平衡部分超高压地层中向上的巨大作用力。

形成异常高压力常常是多种因素综合作用的结果,这些因素与地质作用、物理、地球化学和机械过程等有关。异常高压的成因很多,一般有以下几种:①沉积物的快速沉积,压实不均匀;②渗透作用;③构造作用;④储集层的结构。

第三章 钻井设备与钻杆柱

从事钻探工作所使用的全套技术装备称为钻探设备。

钻探设备根据用途不同可分为石油钻探设备、岩心钻探设备、水文水井钻探设备及其他特种用途的钻探设备。

岩心钻探设备主要用于金属及非金属固体矿产的普查及勘探;另外,也可以用于工程地质勘查,水文地质调查,油气田的普查和勘探及水井钻凿等。

钻探设备包括钻机、泥浆泵、钻塔、动力机、泥浆的制配和净化装置等。钻机是完成钻进施工的主机,它带动钻具和钻头向地层深部钻进,并通过钻机上的升降机(卷扬机)来完成起下钻具和套管、提取岩心、更换钻头等辅助工作。根据钻机回转器的结构形式,钻机可分为立轴式钻机、转盘式钻机、移动回转器式钻机三大类。

第一节 立轴式钻机

立轴式钻机是目前国内外应用最广泛的岩心钻机的机型。其主要特点是钻机回转器有一根长的立轴,在钻进中可起到良好的导正和固定钻具方向的作用,适用于打各种倾角的钻孔。现代立轴式钻机为了适应金刚石钻进工艺的需要,并能兼顾硬质合金及钢粒钻进工艺的要求,提高了立轴转速(最高可达 2500r/min),扩大了调速范围,增加了速度挡数。原地质矿产部按照液压立轴式钻机制定了 XY 系列岩心钻机标准。该系列标准规定 XY 系列岩心钻机有六档产品,其主要技术参数见表 3-1。

XY-4 型钻机是根据我国勘探技术发展的经验,结合我国地质工作的特点,设计制造的一种机械传动、液压给进式高速钻机。XY-4 型钻机是一种中浅孔岩心钻机。它既可以供硬质合金钻进、工程地质勘探、水文浅层液体及天然气开采使用,也适用于金属与非金属,固体矿床勘探使用的金刚石小口径钻进,被广泛应用于能源勘查、公路铁路建设、水利水电、建筑等领域。下面以长沙探矿机械厂生产的 XY-4 型钻机为代表来介绍立轴式钻机。

表 3-1 地质矿产部立轴式地质岩心钻机系列技术参数(DZ 19—1982)

参数名称	单位	型号和指标					
		XY-1	XY-2	XY-3	XY-4	XY-5	XY-6
钻进深度	m	100	300	600	1000	1500	2000
终孔钻头直径	mm	46(46.5)	46~56 (46.5~59.5)	46~56 (46.5~59.5)	56(59.5)	56(59.5)	56(59.5)
钻杆直径	mm	43(43)	43~53 (43~54)	43~53 (43~54)	53~60 (54~67)	53~60 (54~67)	53~63.5 (54~67)
立轴通孔直径不小于	mm	60	76	76	76	90	90
可钻钻孔倾角	(°)	15~90	65~90	65~90	75~90	80~90	90
立轴正转级数	级	3~6	3~6	4~6	6~8	6~8	6~8
立轴正转最高转数不小于	r/min	1200	1200	1100	1100	1000	1000
立轴正转最低转数不大于	r/min	180	120	120	100	100	100
立轴反转最低转数不大于	r/min	100	100	100	100	100	100
给进行程	mm	300~400	400~500	500~600	500~600	500~600	500~750
液压提升能力不小于	kgf	3000	5000	8000	10 000	14 000	18 000
液压上卡盘卡紧拉力不小于	kgf	3000	4000	6000	8000	10 000	14 000
卷扬机单绳额定起重量	kgf	1000	2000	2500	3500~4000	4000~5000	5000~6000
卷扬机单绳提升最低线速度	m/s	0.3~0.7	0.3~0.7	0.3~0.7	0.3~0.7	0.3~0.7	0.3~0.7
卷扬机钢绳直径	mm	18	12,13	14,15.5	15.5,17	17,17.5	18.5
驱动功率	PS	15	20~30	40~50	50~60	65~80	85~100
钻机重量与深度比不大于	kg/m	4	3	2.6	2.4	2.3	2.2

注:表中括号内的数字表示新管材系列;kgf 为千克力,1kgf=9.806 65N;PS 为马力,1PS=735.499W。

一、XY-4型钻机性能参数

XY-4型钻机钻进能力如表3-2所示,钻孔角度为0°~360°。动力机参数如表3-3所示,钻机回转参数如表3-4所示,卷扬机参数如表3-5所示。离合器型式为130汽车专用干式单片摩擦式离合器。液压系统参数如表3-6所示。机架型式为滑橇式(带滑动底座),钻机后退行程460mm,让开孔口距离280mm。外形尺寸长×宽×高为2850mm×1050mm×1900mm。钻机质量(不包括动力机)约1600kg。

表 3-2　XY-4 型钻机钻进能力

钻进深度 (m)					
国产内加厚式钻杆		国产绳索取心钻杆		DCDMA(金刚石岩心钻机制造商协会)绳索取心钻杆	
42mm 钻杆	900	55.5mm 钻杆	750	BQ 钻杆	800
50mm 钻杆	700	71mm 钻杆	600	NQ 钻杆	600
60mm 钻杆	550	89mm 钻杆	480	HQ 钻杆	450
				PQ 钻杆	250

表 3-3　XY-3 型钻机动力机参数

电动机		柴油机	
型号	Y225S-4	型号	YCD4R13T6-50
功率	37kW	功率	36.8kW
转速	1480r/min	转速	2300r/min
质量	300kg	质量	300kg

表 3-4　XY-4 型钻机回转器参数

型式		双油缸液压给进机械回转式							
						立轴通孔直径		80mm	
立轴转速 (r/min)	正转	48	87	150	230	327	155	280	485	745	1055
	反转	52	170							
立轴最大扭矩		5757N·m				立轴行程		600mm	
立轴最大起重力		80kN				立轴最大加压力		60kN	

表 3-5　XY-4 型钻机卷扬机参数

型式		行星齿轮传动		
钢丝绳直径		15.5mm	卷筒钢丝绳容量	89m(缠绕 7 层)
单绳最大提升力		48kN	钢丝绳提升速度	
卷筒线速度 (m/s)(第 3 层)				
0.46	0.83	1.44	2.21	3.15

表3-6 XY-4型钻机液压系统参数

系统压力	额定压力		8MPa	
	最高压力		10MPa	
油泵	配柴油机		配电动机	
	型式	CB-E25	型式	CB-E40
	排量	25mL/r	排量	40mL/r
	公称转速	2000r/min	公称转速	2000r/min
	额定压力	16MPa	额定压力	16MPa
	最大压力	20MPa	最大压力	20MPa

二、XY-4型钻机总体结构

XY-4型钻机的总体结构见图3-1。它由转盘总成、分动箱、升降机、抱闸、液压系统、变速箱、机架和动力机(带离合器)等主要部件组成,其中,动力机可根据需求选配柴油机或电动机。为了方便钻机的解体和安装,各部件之间采用了花键、螺栓以及万向联轴节等连接结构。钻机解体搬运时可分解。

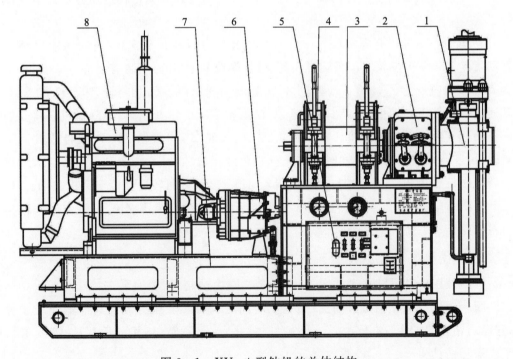

图3-1 XY-4型钻机的总体结构
1.转盘总成;2.分动箱;3.升降机;4.抱闸;5.液压系统;6.变速箱;7.机架;8.动力机

1. 机械传动原理

钻机的机械传动系统如图 3-2 所示。动力机通过摩擦离合器将运动传至变速箱,变速箱输出轴可获得 5 挡正转速度和 1 挡反转速度。

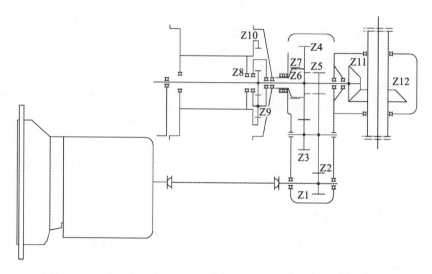

图 3-2 XY-4 型钻机机械传动系统示意图

变速箱输出轴通过万向传动轴与分动箱输入轴相连。分动箱将运动分别传至转盘和升降机。

分动箱输入轴上装有固定齿轮 Z1;中间轴上装有过桥齿轮 Z2、Z3;回转输出轴上装有移动齿轮 Z5,空转齿轮 Z4,螺旋锥齿轮 Z11;升降机输出轴上装有齿轮 Z6,在齿轮 Z6 上套装有移动内齿轮 Z7。将移动齿轮 Z5 分别与齿轮 Z4 和 Z2 相啮合,转盘可获得 10 挡正转速度和 2 挡反转速度。移动内齿轮 Z7 使齿轮 Z4 和 Z6 相结合,升降机可获得 5 挡较低的正转速度和 1 挡反转速度。移动齿轮 Z5、内齿轮 Z7 与齿轮 Z2、Z4 啮合或放于空挡位置时,可实现转盘与升降机同时运转或分别单独运转。

转盘螺旋锥齿轮 Z12 通过与螺旋锥齿轮 Z11 啮合,将回转运动传至钻机立轴。

升降机右端内装有中心齿轮 Z8,3 个行星齿轮 Z9 和内齿圈 Z10,三者构成一种典型的行星齿轮传动系统。

2. 液压传动原理

钻机的液压传动系统原理如图 3-3 所示。它由油箱、齿轮油泵、多路换向阀、立轴给进控制阀、卡盘油缸、立轴给进油缸、钻机移动油缸、钻压表、压力表及其他辅助装置等组成,它控制钻机的加压、减压钻进,立轴倒杆、停止,钻具称重,钻机前后移动,液压卡盘的夹紧或松开钻具。

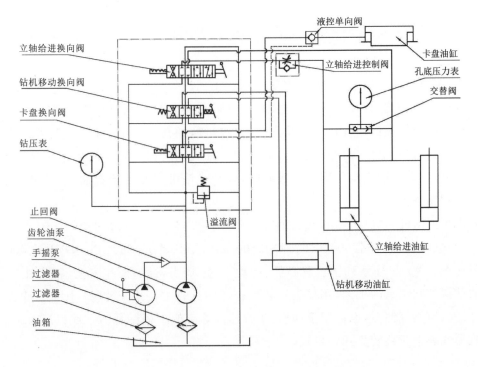

图 3-3　XY-4 型钻机液压传动系统原理图

三、XY-4 型钻机特点

XY-4 型钻机具有以下特点。

(1)钻机具有较高的转速和较合理的转速范围,转速级数较多、低速扭矩大,适合小口径金刚石岩心钻进,也能满足大口径硬质合金岩心钻进和各种工程钻孔的要求。

(2)采用汽车变速箱和离合器,结构简单,布局较合理,所有部件均表露在外,不相互重叠,便于维护、保养和修理。

(3)具有两挡反转速度,处理孔内事故时劳动强度不大且安全。

(4)钻机立轴的给进行程长,有利于提高钻进效率,减少堵钻、烧钻等事故的发生。

(5)钻机重量较轻、可拆性好,便于搬迁,宜于山区作业。

(6)配有足够仪表,利于掌握孔内情况,操纵手柄较少,布局较合理,操纵灵活可靠。

(7)钻机移车平稳,固定牢固,钻机机架坚固、重心低,高速钻进时稳定性好。

(8)钻机卡盘采用液压柱销式,夹紧可靠,不伤主动钻杆。

第二节 转盘式钻机

转盘式钻机与立轴式钻机的最本质区别在于回转器。转盘式钻机回转器采用转盘。与立轴式回转器相比，转盘没有长的立轴；转盘可直接装在机座或钻机基础设施上，重心低，给进行程大；转盘的通孔尺寸不受安装尺寸限制，通孔直径大，可通过粗径钻具；转盘可兼做拧管机，但转盘的导向和定向性能不如立轴式回转器好，另外，由于转盘通孔直径大，影响了转盘转速的提高。因为上述原因，转盘式钻机主要用于石油钻井、水井钻进及大口径工程钻进上。

TSJ系列钻机为机械传动，转盘回转，型号有TSJ1500/435、TSJ1500/660、TSJ2000/435、TSJ2000/445、TSJ2000/660、TSJ2600/445、TSJ2600/660 以及 TSJ3000/445、TSJ3700/445等。TSJ系列钻机重心低、传动平稳、坚固耐用、操作安全、密封性好，可采用石油钻探拧卸钻具的工艺，用猫头轮装置拧卸钻具。主要用于水源、中浅层石油、天然气、煤层气、地热等钻探，也可用于地质、矿井建设等其他工程钻孔。下面以TSJ2000/435型钻机为代表来介绍转盘式钻机。

一、TSJ2000/435型钻机性能参数

TSJ2000/435型钻机性能参数如表3-7所示。

表3-7 TSJ2000/435型钻机性能参数

钻进深度(m)	89mm钻杆	2000			
	114mm钻杆	1500			
转盘通径(mm)	435				
转盘转数(正反 r/min)	48	69	110	190	
转盘输出最大扭矩(kN·m)	18				
升降机单绳最大提升能力(kN)	90				
升降机提升速度(按2层计算,m/s)	0.84	1.90	3.3		
使用动力	柴油机6135AN-3	150PS			
	电动机Y315S-4	110kW			
皮带轮输入转数(r/min)	730				
外形尺寸(长×宽×高,mm×mm×mm)	4000×2300×1290				
主机重(不含动力,kg)	8000				

二、TSJ2000/435 型钻机总体结构

TSJ2000/435 型钻机外观如图 3-4 所示。TSJ2000/435 型钻机的总体结构见图 3-5。它主要由转盘、底座、动力机组、变速箱、联轴器、离合器、升降机、抱闸、水刹车装置、水路系统等主要部件组成。

图 3-4 TSJ2000/435 型钻机外观图

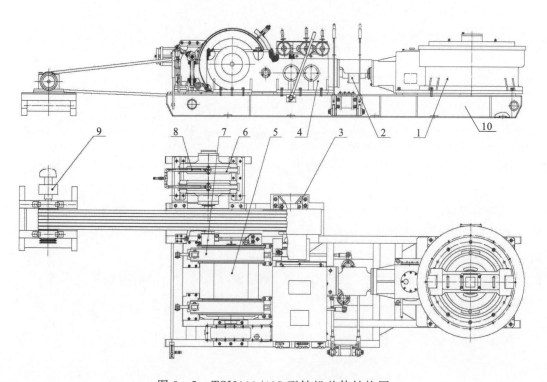

图 3-5 TSJ2000/435 型钻机总体结构图

1.转盘;2.联轴器;3.离合器;4.变速箱;5.升降机;6.水刹车装置;7.抱闸;8.水路系统;9.动力机组;10.底座

钻机的传动系统如图 3-6 所示。钻机升降机和转盘的动力为一台 Y315S-4 型电动机或一台 6135AN-3 型柴油机。动力经 6 根 D7100V 型皮带并通过摩擦离合器传入变速箱后,一路经齿式联轴节传入转盘,另一路经对键轴传入升降机。

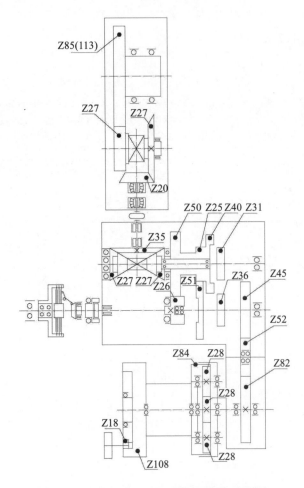

图 3-6　TSJ2000/435 型钻机传动示意图

采用摩擦离合器可使钻机平稳地启动、钻进和停止,并能防止钻机过载,这对变速箱的变速及分动都是很必要的。变速箱除变速外,兼起分动箱的作用。依靠变速箱中不同齿轮的组合,可使升降机得到 3 种提升速度,转盘分别得到正、反 4 个转速。另外,水刹车的辅助制动作用是依靠齿式联轴器、离合器、轴齿轮以及镶于卷筒的齿圈来实现的。

第三节　移动回转器式钻机

移动回转器式钻机是一种新型岩心钻机,是在吸取了立轴式钻机和转盘式钻机结构的优点基础上发展起来的。根据传动方式不同,目前已生产出机械移动回转器式钻机及全液压移动回转器式钻机。移动回转器式钻机的主要优点是:给进行程长,可缩短钻进过程中的辅助时间,有利于减少孔内事故;回转器上下移动是沿刚性较大的滑道进行的,所以导向、定向性好,回转平稳;多数移动回转器式钻机升降机构与给进机构合一,回转器与孔口夹持器配合可实现拧卸管,此种结构简化了钻机的结构及配套装置。全液压移动回转器式钻机还具有无级调速、调速范围大、过载保护性能好、易实现自动化、远距离自动控制等优点,但全液压岩心钻机消耗功率较大,传动效率低,可拆性差,液压元件要求精度高,保养维修较困难。随着液压技术的不断进步,目前全液压移动回转器式钻机在钻机中所占比例越来越大,得到不断发展。下面以几种坑道钻机为代表来介绍移动回转器式钻机。

我国早期设计生产的坑道钻机有 DK 系列、钻石系列和 MK 系列,近年来又研制了 ZDY(MK)系列全液压坑道钻机、ZDY 系列全液压履带式坑道钻机和 Z 系列全液压坑道钻机。具体的技术规格如表 3-8、表 3-9 所示。

表 3-8 部分国产坑道钻机(老型号)的技术规格

技术规格＼型号	DK-30	DK-150	钻石100	钻石300	钻石600	MK-100	MK-150A	MK-300	ZSK-50
钻进深度(m)	30	150	100	300	600	100	150	300	50
钻杆直径(mm)	50 54	43.5 55.5	33 42	43.5 55.5	42 43	42 50	42 50	42 50	33
机型	滑动回转器								/
传动方式	全液压	机械液压	全液压						机械液压
钻孔角度(°)	0～360	0～360	0～360	0～360	60～90	0～360	0～360	0～360	0～360
安装方式	双立柱	双立柱	双立柱	锚杆顶杆	升降架	双立柱	双立柱	双立柱	单立柱
回转器转速 (r/min)	300～1000	135～1290	0～1200 0～1500	283～1500	0～820 0～1500	0～140 0～350	2～160 2～360	2～180 2～360	1460
给进行程(mm)	600	530	500	850	3200	600	800	800	300
给进力(kN)	20	24	16	26	24	18.9	24	36	7.8
钻具升降方式	油缸	油缸	油缸	油缸	油缸倍速	油缸	油缸	油缸	摩擦轮
拉送速度(m/s)	0.04	拉0.28 送0.20	拉0.34 送0.32	拉0.71 送0.57	拉0.73 送1.4	拉0.74 送0.51	拉0.53 送0.36	拉0.93 送0.64	0.16
钻机动力(kW)	11	7.5	14	22	40	11	15	17	钻机55 拉送0.5
钻机质量(kg)	750	450	470	911	1300	500	850	900	150
生产工厂	张家口探矿机械厂	北京探矿机械厂	赤峰探矿机械厂	中南冶金机械厂	/	煤炭科学研究院钻探研究所			赤峰探矿机械厂

表 3-9　国产 ZDY 系列全液压履带式坑道钻机的主要技术参数

技术规格＼型号	ZDY 6000LD(A)	ZDY 6000LD(F)	ZDY 4000LD	ZDY 4000L	ZDY 3200L	ZDY 1900L	ZDY 1200L
孔径/深度(mm/m)	200/600	200/600	200/350	153/350	350/100	300/100	94/200
回转扭矩(kN·m)	6～1.6	6～1.6	4～1.05	4～1.05	3.2～0.8	1.9～0.5	1.2～0.32
回转转速(r/min)	50～190	50～190	70～240	20～240	70～240	105～360	80～280
给进压力(MPa)	21	21	21	21	21	22	21
最大给进/起拔力(kN)	180	180	123	123	102	112	45
给进行程(mm)	1000	1000	780	780	600	600	1000
主轴倾角(°)	－10～20	－5～30	5～25	5～25	－5～60	－5～60	－10～45
最大行走速度(km/h)	2.5	2.5	2	2	2	2	1.6
爬坡能力(°)	20	20	20	20	20	20	20
行走额定压力(MPa)	21	21	21	21	21	21	21
电机功率(kW)	90	75	55	55	45	45	22
配套钻杆直径(mm)	73/89/95	73/89	73	73	73	63.5/73	50/42
钻机质量(kg)	10 000	9430	5500	5500	4500	4500	3900
外形尺寸(长×宽×高,m×m×m)	3.5× 2.2×1.9	3.23× 1.36×1.87	3.1× 1.45×1.7	3.1× 1.45×1.7	2.8× 1.35×1.7	2.8× 1.35×1.7	2.5× 1.2×1.6

一、DK-150 型钻机

DK-150 型钻机由主轴、泵组和操纵台三大部件组成,依靠油管、电缆将三大部件连接成一个整体。采用双立柱把钻机固定在坑道的顶底板之间,安装、拆卸、维修等均较方便。可施工 0°～360°各个方向的钻孔,用 $\phi33(43.5\text{mm})$ 钻杆,最大孔深 200m。不同方向的钻进深度如表 3-10 所示。钻机除回转器为机械动力头外,其他全为液压传动。用两个电动机分别驱动回转器和液压油泵,回转器转速有 135～1290r/min 间的 5 个档次,升降钻具用液压油缸进行。钻机的给进液压缸、液压卡盘、液压夹持器均可联动,以实现无塔无绞车拉送钻具、给进及拧卸钻具的机械化。

表 3-10　DK-150 型钻机不同方向孔的钻进深度

条件	上仰孔			水平孔			下垂孔			备注
钻头直径(mm)	36	46.5	59.5	36	46.5	59.5	36	46.5	59.5	适用于相应的系列
钻杆直径(mm)	33	43.5	55.5	33	43.5	55.5	33	43.5	55.5	
钻孔深度(m)	100	75	50	150	100	75	200	150	100	

二、钻石 100A-F 型钻机

钻石 100A-F 型钻机的主机和支架(图 3-7)配备两台风动马达,分别驱动主机和油泵,风动马达通过配气阀改变供气量,以调节马达的功率、转速和扭矩。该钻机具有如下特点。

(1)采用机械式动力头,液压给进(拉送钻具)。

(2)配备液压夹持器(弹簧夹紧,液压松开)和液压卡盘(液压卡紧,液压松开)。

(3)液压卡盘、液压夹持器和拉送液压缸的液压系统实现联动,完成钻杆的拉送和钻杆的拧卸工序,以满足坑道钻探的特殊要求。

(4)钻机安装在双立柱上,通过立柱上的回转套和回转头,可以调整钻机的安装角,以钻进不同方向的钻孔。

(5)传动系统中采用 3K 行星减速机构,以获得快速正转和慢速反转,可满足钻进和拧卸钻杆的要求。

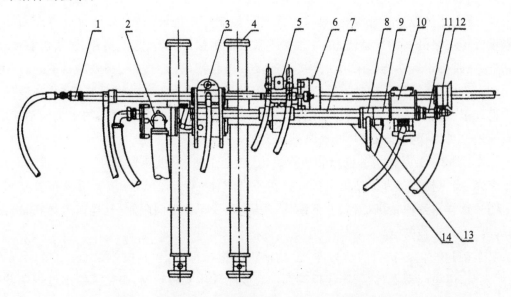

图 3-7　钻石 100A-F 型钻机(主机和支架)结构图
1.接头;2.主机风马达;3.给进拉送液压缸、变速箱;4.支架;5.传动箱;6.卡盘;7.导向杆(滑轨);
8.托架;9.垫套;10.夹持器;11.张紧顶杆;12.引水罩;13.测速电机;14.传动轴

三、MK-300型钻机

MK-300型钻机是全液压传动,由主机、操纵台、动力机组和油箱四大部分组成,彼此之间用软管连接,便于在不同场地安装使用。该钻机具有如下特点。

(1)钻机主轴通孔直径较大,为78mm,配不同内径卡瓦可使用不同规格的钻杆。

(2)液压马达装有变速阀,可实现高低两档无级调整,借助油缸链条倍速机构使回转器沿机身导轨往复移动,实现钻具的给进或起拔。

(3)钻机前端的液压夹持器用于固定孔内钻具,与液压卡盘配合可拧卸钻杆。

(4)回转器、扶正器、夹持器均带有侧向开合装置,以便在必要时让开孔口,还可在机身上反向安装,以满足钻进不同倾角钻孔时起拔力与给进力的不同要求。

(5)钻机采用双立柱与滑履底座相结合的安装方式,还备有4个伸缩爪,用作辅助支柱,以增加钻机的稳定性。

四、ZDY6000LD(F)型履带式钻机

ZDY6000LD(F)型履带式钻机主要性能参数见表3-9。该钻机主要用于煤矿井下长距离瓦斯抽放孔及其他工程孔的施工,能满足孔底马达回转、孔口回转和复合驱动3种钻进工艺的要求。采用履带式钻车及胶轮拖挂泵车的分体化设计,减小了单车外形尺寸,不仅具有机动性,还具有较强的钻场适应能力。该钻机具有如下主要特点。

(1)配备了适合于孔底马达定向钻进的专用液驱泥浆泵,采用变量泵-定量马达无级调速系统,具有无级调节流量,压力高、流量大、功耗低、外形尺寸小的特点。

(2)应用了负载敏感、恒压变量及比例先导控制等先进液压技术,针对坑道定向钻进特点设计了三泵开式循环系统,具备独立或联合控制钻机回转、起下钻杆、泥浆泵驱动、钻机钻进、履带行走等功能。采用快换接头连接液压胶管,达到了安全高效的目的。

(3)在钻机回转器传动轴上设置了液压传动、机械制动的主轴抱紧装置,并在液压系统中设计了孔底马达浮动及液压切断控制的保护功能,使钻机具备可靠的主轴制动功能,可有效地避免因误操作而损坏孔底马达的现象。

钻车(图3-8)是钻机的操纵和执行机构,包括主机、操纵装置、稳固装置、履带总成、钻车车体、操纵椅等部件。钻机主机放置在履带车体一侧,操纵台、接管板等布置在车体另一侧。这样布置使钻机工作、上下钻具等操作不受车体空间限制,且操作人员在钻机一侧,远离孔口,工作安全。

泵车(图3-9)是钻机的动力源,也是钻机的拖挂部分,包括电机泵组、油箱、泵车车体、泥浆泵、电磁起动器、油管连接板等部件。胶轮采用实心轮胎,避免了使用过程中轮胎气压不足的问题。

需要移动钻机时,用车体连接架将两车体连接起来,再通过两车体的油管连接板把带快速接头的液压胶管连接起来,就可以操作钻车的履带手柄来控制钻机的行走。

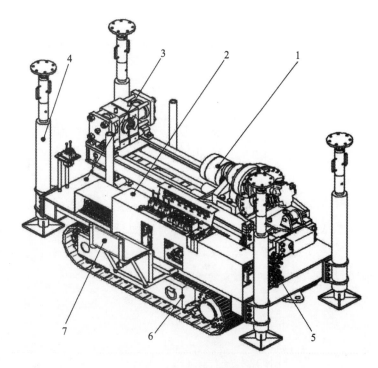

图 3-8 钻车示意图

1.主机；2.操纵装置；3.钻车车体；4.稳固装置；5.连接管路；6.履带总成；7.操纵椅

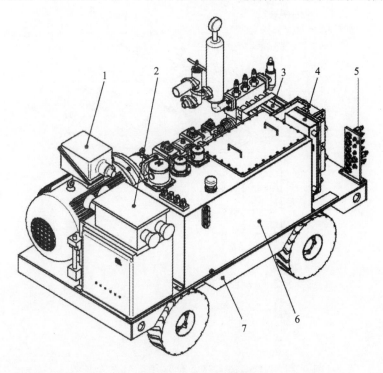

图 3-9 泵车示意图

1.电机泵组；2.电磁起动器；3.泥浆泵；4.冷却器；5.油管连接板；6.油箱；7.泵车车体

钻机液压系统采用三泵开式系统,一泵主要驱动钻机回转,向钻机给进机构升降钻具时供油;二泵向钻机行走回路、泥浆泵、绞车马达供油;三泵泵量小,保证钻进过程给进压力,按工艺要求恒压给进。

第四节 泵送、搅拌与固控系统

钻井液系统是钻井工程中的一大组成体系,需要配套蓄浆容器、材料储备仓、搅拌设备、泥浆泵、地面管汇、井内循环管路、净化固控系统、钻井液性能检测仪器,需要具备水源供给、废浆处理、泥浆岗操作与管理等措施。必须全面设计和落实这些技术内容,才能使各种配方的钻井液在钻井现场得到实际的应用。较典型的钻探工程的钻井液现场设施总体构成如图3-10所示。

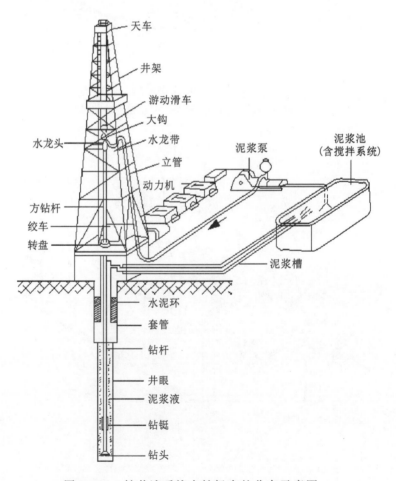

图3-10 钻井液系统在钻场中的分布示意图

一、泵的选择及参数调控原理

输送钻井液所使用的泵有不同的类别。在井深超过几百米的煤与煤层气钻探工程中最常采用高耐压的活塞式往复泵；在一些大口径浅井钻进工程中也用到排量较大的离心式叶轮泵；而在气体钻进场合则用空压机作为输送循环介质的动力机。

活塞式往复泵是典型的容积式水力机械，其结构与工作原理如图3-11所示。它可以承受高压来输送钻井液，且具有较强的耐磨性，所以适于深井和粘性多相流体的钻井工作条件，被广泛使用。活塞在匀速转动的曲轴带动下做正弦规律的往复运动。曲轴转动一圈，活塞往复一次，相应实现吸、排钻井液一次。为减小流量的波动，通常用3个相位差120°的缸套活塞做顺序运动，并加以缓冲空气室。由于活塞是持续运动的，又要保证摩擦工况下的密封，所以其橡胶密封圈是耗损件，需要定期更新。

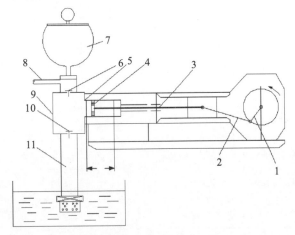

图3-11 活塞式往复泵工作原理图（张惠等，2009）
1.曲柄；2.连杆；3.中心轴；4.活塞；5.缸套；6.排出阀；7.预压排出空气包；8.排出管；9.阀箱(液缸)；10.吸汲阀；11.吸入管

往复泵所能达到的泵量 Q 主要由活塞截面积 $F(\mathrm{m}^2)$、活塞冲程长度 $i(\mathrm{m})$、冲次频率 $n(1/\mathrm{s})$ 和缸数 S 决定，在无内泄情况下它们之间的关系表达为

$$Q = iFSn \, (\mathrm{m}^3/\mathrm{s})$$

为了在一定范围内按需要调节泵量，钻井泥浆泵一般设置多挡变速机构，有时也可调节"三通"回水来实现微控变量。不同往复式泥浆泵的最大泵量设置有很大差别，小到每分钟几十升，大到每分钟几千升，要根据不同的钻井液排量需求来选定。

在泵的总功率 W 一定的情况下，泵所能承受的最大压力 P 与泵量 Q 呈反比关系。泵压的大小由泵出口的压力表显示，是钻井液循环系统各段所产生的阻力损失的累加。选择泥浆泵时应该测算出相应钻井工程可能的最大阻力损失 p，再乘以安全系数，作为额定泵压确定的依据。表3-11列举一些常用往复式泥浆泵的主要性能参数。

离心泵为旋转叶片式机械。受这种类型泵的结构原理限制，它所输出的液体压力较低。它常在钻探施工中用于浅部钻进，或作为大型往复泵的启动灌水泵及供水泵等。

在使用气体(空气、氮气、二氧化碳等气体)介质钻井时，需用空气压缩机向井内泵送气体。空气压缩机种类繁多，目前钻井施工用得最多的是活塞式和螺杆式空压机。选择和使用空气压缩机时，其所能达到的最大排气量和最大排气压力是主要性能指标。从排量大小看，空气压缩机分为小型（$1\sim10\,\mathrm{m}^3/\mathrm{min}$）、中型（$10\sim100\,\mathrm{m}^3/\mathrm{min}$）和大型

（≥100m³/min）。从压力大小看，分为低压（0.3～1.0MPa）、中压（1.0～10MPa）和高压（10～100MPa）。高压空气压缩机一般要通过多级增压器来提高输出压力。

表 3-11　常用往复式泥浆泵的主要性能参数

型号	最大排量（L/min）	额定压力（MPa）	排量挡数	总功率（kW）	适合钻井深度（m）	质量（kg）	尺寸（mm×mm×mm）
BW-150	150	7.0	8	7.5	小口径钻进<1500	516	1840×795×995
BW-250	250	7.0	8	15	小口径钻进<1500	500	1100×995×650
BW-320	320	10.0	8	30	小口径钻进<1500	1650	1280×855×750
BWT-450	450	2.0	2	18.5	大口径钻进<200	540	1350×820×1040
BW-1000/8	1000	8.0	4	90	大口径钻进<1000	1800	—
BW-1200	1200	13.0	8	75/95	大口径钻进<1300	4000	2845×1300×2100
3NB-1300	—	35.6	5	960	大口径钻进<3500	22 100	4300×2050×2447
SL3NB-1600	1600	35	6	1194	大口径钻进<5000	27 100	—

　　由于气体是强可压缩物质，所以气体型钻井液与一般钻井液的重要区别在于，随压力变化其体积会发生明显变化，压力高体积缩小，压力低体积膨大。井内压力的不同使得气体型钻井液在井内不同位置具有明显不同的体积，因此流速、流量、密度和流变性等均会随所处井内部位的不同而发生大的动态变化。

　　气体型钻井液是低密度流体，纯气体粘度极低，切力几乎没有，所以要排出钻屑必须采取很大的流速。根据经验和理论计算，若钻屑粒径为3mm时，至少要有15m/s的气体流速才能将其从井底排出地面。泡沫具有网膜结构，切力和粘度相对于纯气体要大许多，只需不大的流速就可悬排钻屑。根据经验，一般泡沫钻井的环空流速在2～3m/s即可。

二、泥浆配搅及其设备

　　钻井液的地面容储主要采用临时性固定浆罐（池）。用钢板铆焊成多个直方形罐体，单罐容储体积大于或等于8m³，临时性固置于钻场。按功能可将罐分为预储、搅拌、除砂、净浆罐来使用，可以为钻进液循环再用提供良好条件。有时也可挖砌若干个坑池构成这种容储体。对于较小型工程，也可采用车载式直接拌浆罐。将钻井液的地面容盛与搅拌合为一体，直接车载机动。单个罐体的容盛体积为2～8m³，可以多罐合用。

　　在钻井现场配制钻井液，是将水或油基液与其他配浆处理剂材料按配方比例混合后进行充分的搅拌。按钻井液配方要求准确计量和加入各种配浆材料。对溶解缓慢的化学处理剂和造浆粘土应提前预溶。

合理掌握配浆材料的加入顺序。例如用钙膨润土配浆时,应将土粉质量 4%～6% 的纯碱先加到搅拌机内,再加钙土粉和水搅拌均匀,24h 钠化后再加入处理剂;钠膨润土配浆,按水、土、处理剂的顺序加入,充分搅拌和水化后直接使用;若需加入几种处理剂,则应先加分子量小的无机化学材料,再加有机高分子化学材料。

无论是井场配制或是泥浆站集中制备,搅拌形成钻井液的设备有两种类型:一是机械搅拌机,二是水力搅拌机,两种都有立式和卧式之分。它们的基本工作原理分别如图 3-12 和图 3-13 所示。

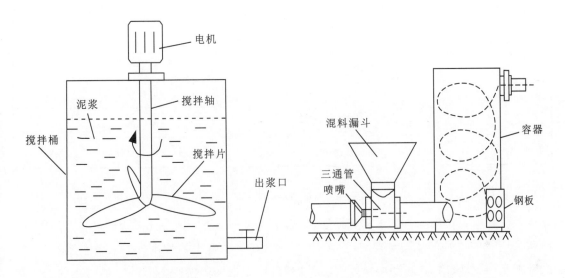

图 3-12　立式泥浆搅拌机　　　　图 3-13　泥浆水力搅拌器

使用粘土粉造浆时,也可以采用水力搅拌器。粘土粉加入漏斗中,并利用水泵排出管的液流与粘土粉在混合器中混合,混合液在混合器中沿螺旋线上升至容器上部,输出泥浆。反复循环几次后,便可配得所需性能的泥浆。

三、除砂固控系统

除了少数不回收用浆的工程,钻井液的除砂固控是绝大部分钻井工程所必需的维护和管理之重要环节。干净钻井液经过井底后将混携着钻屑返回地面。钻屑以岩粒和劣质土等固相物质为主,是有害无用的。当钻井液重复循环使用时,这些有害固相物质会损害钻井液性能、降低钻速、引发卡埋钻具事故、增大扭矩与摩阻、磨损钻具与泥浆泵以及伤害储层,所以必须在地面将其除去,即进行固相控制(简称固控)。

返浆中含有的固相的尺寸,视不同岩性和钻井工艺有明显不同,一般在 $0.1\mu m \sim 4mm$ 之间。其中大于 $10\mu m$ 的多为钻屑,更小的则多为造浆粘土。对不同钻井情况有不同程度的固控要求。全面的固控系统包括自然沉降、振动筛、旋流除砂和除泥、离心分离等多种方法,各除去固相的粒度范围见表 3-12。为提高除砂效果还可以结合化学处理措施。

表 3-12　不同颗粒固相所适应的清除方法

颗粒级别	颗粒粒度分布		清除方法	
粗大	≥2000μm	≥10 目	自然沉降	
较粗	2000～1000μm	10～20 目	振动筛	10 目筛
中粗	1000～250μm	20～60 目		40、60 目筛
中细	250～74μm	60～200 目		80 目筛
细	74～40μm	200～325 目	旋流除砂器	
特细	44～8μm		旋流除泥器	
	7～5μm		低速离心机	
	5～0.5μm		高速离心机	
胶体	≤0.5μm		化学处理(也可用于比胶体粗的颗粒)	

　　自然沉降法是在地面从井口至浆池之间建立沉淀槽沟,当井内返浆流经此槽时,其中的钻屑颗粒在重力作用下自然下沉到槽底,然后定期捞出沉渣。该法无需额外设备,即可短时间除去返浆中的多数大颗粒岩屑(≥200μm)。但其除去更小颗粒则耗时长,比较困难。在循环槽至净浆池(罐)之间还应设置沉淀池(罐),用来把循环槽来不及除掉的更小的固相颗粒自然沉降掉。地质钻探技术规范曾规定,沉淀槽的长度≮15m,宽度约 0.3m,高度约 0.2m,坡度控制在 1/100。槽中每隔 2m 可插斜板,利用涡流效应提高沉聚屑渣的效果。

　　振动筛安放在返浆井口附近,由筛网和振动机构组成,利用激振筛析原理实现钻井液与岩屑的分离。当返浆(待处理泥浆)流经筛网时,筛透下去的流体作为净浆直接供钻进循环使用或作为半净浆交下一除砂环节进一步净化;而大颗粒岩屑则不能通过筛网,只能残留在筛网上表面作为废渣除去。振动筛根据其筛除特点,可以除去粒径大于 74μm 的渣粒,即筛网目数大于或等于 200 目。振动筛的振频一般在 10～30Hz,振幅约 3mm,筛面倾斜角 5°～18°。

　　旋流器是一种通过流体压力产生旋转运动实现岩屑与钻井液分离的装置。它能除去屑粒的尺寸分 2 个级别:粗一级的(40～74μm)称为旋流除砂;细一级的(8～44μm)称为旋流除泥。旋流器的实物及结构原理如图 3-14 所示。

　　被处理的泥浆以切向角度泵入圆锥筒状的旋流器,沿筒内壁做回转运动。由于粗、细颗粒所受离心影响的大小不同,粗大颗粒被甩向器壁并在重力作用下贴壁向下滑移,最终旋移至底流口,作为废渣被排除;微细颗粒则未靠近器壁即做回转运动,随着浆液从溢流管挤出成为净浆成分。

　　离心机是一种利用物质密度等方面的差异,用旋转所产生的离心运动力使颗粒或溶

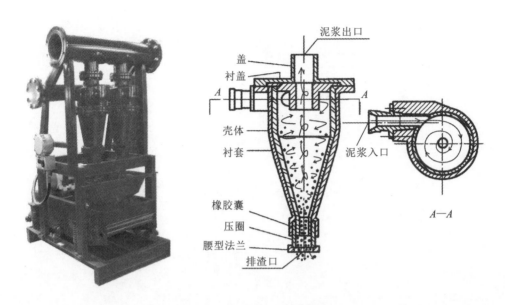

图 3-14　旋流器实物及结构图

质发生沉降而将其分离的装置,可除去比旋流器所除更小粒度($2\sim44\mu m$)的颗粒。

化学除砂是通过加入絮凝剂使钻井液中的固相颗粒聚集变大而有利于聚沉清除的方法。这种方法可以辅助提高自然沉降法或机械分离法的除砂效率,甚至可以除去 $2\mu m$ 以下的固相颗粒。促使钻屑聚沉的化学物质可分为无机絮凝剂、合成有机絮凝剂、天然有机絮凝剂三大类,其中的聚丙烯酰胺具有明显的"选择性絮凝"功能。

四、废浆处置

废泥浆是钻进过程中从井内排除的含大量泥砂和部分杂剂的无用浆体。特别是其中的有害油类、盐类、杀菌剂、重金属、有机化合物和酸碱性物质等,如果不经过处理而任意排放,势必造成水质污染、环境污染、土地板结和碱化等现象。随着钻井工程的发展及人们对环境问题的逐步重视,由钻井液带来的污染问题也越来越受到人们关注。20 世纪 70 年代以来,世界各国围绕如何处理钻井废弃物进行了大量的研究工作,取得了丰富的成果。目前,处理废弃钻井液的方法主要有循环使用法、回收再利用法、脱水法、破乳法、回注法、回填法、生物处理法、固化法、焚烧法和复合混合法。

其中的脱水固化法就是采用固液分离方法尽可能将泥浆中的泥砂石等固相成分与水分离,分离出的固相作回填或用车装运到指定地方堆放,以防污染环境。固液分离处置废浆常采用化学(凝聚)和机械(分离)处理措施,与前面述及的钻井液除砂固控有异曲同工之妙,其流程包括振动筛、压力过滤、真空过滤和离心分离等,如图 3-15 所示。

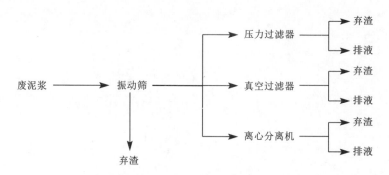

图 3-15　固液分离废浆处置流程

第五节　钻杆柱

钻杆柱是钻探工作中从地表把钻机的动作和动力传递给井底的钻头的一个关键组件及重要环节。钻头在井底破碎岩石连续给进以及其他一切工作全取决于钻杆柱的工作性能。钻杆柱是钻进机具中重要的组成部分,也是容易出折断事故的薄弱环节。钻柱一般由岩心管、异径接头、取粉管、扶正器(或扩孔器)、钻铤、钻杆和主动钻杆等组成,借助接头或接箍连接的许多根钻杆是其中的主要成员。

一、钻杆柱的功用

钻杆柱是连通地面钻进设备与地下破岩工具的枢纽。钻杆柱把钻压和扭矩传递给钻头,实现连续给进;钻杆柱是为清洁孔底和冷却钻头提供输送冲洗介质的通道;钻杆柱还是更换钻头、提取岩心管和进行事故打捞的工作载体。同时,在绳索取心钻进和水力反循环连续取心钻进中,钻杆柱还是提取岩心的通道。用孔底动力机钻进时,靠钻杆柱把动力机送至孔底,输送高压液体或气体并承担反扭矩;进行随钻测量时,钻杆是输送孔底信息的通道。

钻杆柱在井内的工作条件十分复杂。例如,当用 $\phi50$ 钻杆钻进孔深达 1000m 的钻孔时,钻杆柱是一根细长比(直径与长度之比)达 1 120 000 的细长轴。它在非常恶劣的孔内工作条件下承受着复杂的交变应力,因此往往是钻进设备与工具中最薄弱的部位。在日常生产中,钻杆脱扣、刺漏、折断是常见的孔内事故,并可能因此导致孔内情况进一步恶化。随着我国地质工作与能源开发向深部发展,深井(包括斜井和大位移水平井)钻探的工作量与日俱增,对钻杆柱的性能指标提出了更高的要求。因此,研究钻杆柱在孔内的工作条件与工艺要求,合理地设计和使用钻杆柱,对于预防恶性事故,实现快速优质钻进具有重要的意义。

二、钻杆柱的材质

常规钻杆通常由含不同合金成分的无缝钢管制成,常用合金成分有 Mn、MnSi、MnB、MnMo、MnMoVB 等,并且严格限制 S、P 等有害成分的含量。目前,地质管材钢级和性能一般执行《钻探用无缝钢管》(GB/T 9808—2008)的规定,制作钻杆柱的钢管力学性能如表 3-13 所列。钻杆的钢级越高,其屈服强度越大。

表 3-13 钻杆钢管的力学性能一览表

序号	钢级	抗拉强度(MPa)	规定非比例延伸强度(MPa)	断后伸长率(%)	20℃冲击吸收能量*(J)	硬度 HRC	交货的热处理状态
		不小于					
1	ZT380	640	380	14	—	—	正火、正火+回火等
2	ZT490	690	490	14	—	—	正火、正火+回火等
3	ZT520	780	520	14	—	—	正火、正火+回火等
4	ZT590	780	590	14	—	—	正火、正火+回火等
5	ZT640	790	640	14	—	—	正火、正火+回火等
6	ZT750	850	750	14	54	26～31	调质
7	ZT850	950	850	14	54	28～33	调质
8	ZT950	1050	950	13	54	30～35	调质

注:* 冲击试验方向为纵向,采用全尺寸试样[宽度(10mm)×高度(10mm)]。

对钻探管材的其他技术要求还包括以下几点。

(1)ZT590 以下钢级钢材中化学成分磷的含量不得大于 0.03%,硫不得大于 0.02%;ZT590 以上钢级磷的含量不得大于 0.02%,硫不得大于 0.015%。

(2)管材的内外表面不允许有目视可见的裂纹、折叠、结疤、轧折和离层。

(3)管材应采用涡流检验、漏磁检验或超声波检验中的一种方法进行无损检测。

为了确保钻杆质量,轧制的钢管必须经正火、回火或调质处理。由于钻杆柱在回转过程中经常与孔壁接触,为了强化表面的抗磨能力,钻杆表层必须经高频淬火,但是为了不影响钻杆的抗疲劳性能,淬火加硬的表层深度必须控制在 1mm 以内。

钻杆连接螺纹是钻杆柱中最薄弱的部位,为了克服该弱点,常须把钻杆端部加热使管壁向外或向内墩厚,成为端部外加厚或内加厚的钻杆。为防止墩厚过程对钻杆造成热损伤,墩厚的钻杆必须进行正火、淬火和高温回火处理。

钻探管材螺纹将承受钻进过程中出现的拉、压、弯、扭等交变应力,既要求它有足够的强度,又要它能在经常拧卸中耐磨,所以钻探管材螺纹必须按照国家标准(YB/T 5052—1993)专门设计。螺纹部分还要承受冲洗液流的高压作用,所以其端部应设有专门的端面密封。

为保证钻杆质量,满足钻探施工要求,并能实现钻杆柱升降作业自动化,对钻杆的几何公差也有严格的要求。这些要求主要包括直线度、圆度和壁厚不均、通径要求等。其中,公称壁厚15mm以下的管材直线度应不大于1.50mm/m;公称壁厚15mm以上的管材直线度应不大于2.0mm/m,且全长直线度偏差不大于管材总长度的1.0%。对钻探管材的其他技术要求请参阅《地质钻探手册》。

三、地质岩心钻探用钻杆柱的代号

为适应地质钻探工作现代化的需求,我国有关部门已将不同类别、不同规格的地质岩心钻探管材编制了统一代号。钻具代号一般由类别、规格、类型、产品特征等信息组成。一般将代号字母刻印在钻具总成端面或外表面上。

由于钻具代号中要用到地质岩心钻探口径系列的规格代号,所以有必要先介绍钻探工程中最基础的口径系列规定。我国的地质岩心钻探口径系列依照国际通用的标准采用R、E、A、B、N、H、P、S作为代号,规格代号及对应的公称口径见表3-14。

表 3-14 地质岩心钻探规格代号及对应的公称口径

规格代号	R	E	A	B	N	H	P	S
公称口径*(mm)	30	38	48	60	76	96	122	150

注:* 公称口径只代表理论钻孔口径尺寸,以便于统一钻具的规格系列,实际的钻头、扩孔器外径尺寸可根据不同的钻进方法和地层情况在合理范围内确定。

地质岩心钻探用钻杆、套管的表示方法如下。

(1)绳索取心钻杆以C表示,其中,基本型(通用型)、加强型、薄壁型分别以S、P、M表示。

(2)普通钻杆:内加厚外丝钻杆、外加厚外丝钻杆、内丝钻杆分别以L、V、G表示。

(3)坑道钻探用外平钻杆以U表示。

(4)加重钻杆以H表示。

(5)套管分为接头连接式(以X表示)和直连式(以W表示)。

岩心钻探用钻杆、套管的代号汇总见表3-15。

表 3-15 地质岩心钻探用钻杆、套管代号一览表

类别	规格代号	类型与特征代号		代号组合示例
钻杆 R	A、B、N、H、P	绳索取心 C	通用型 S	R-NCS（N 规格通用型绳索取心钻杆）
			加强型 P	R-NCP（N 规格加强型绳索取心钻杆）
			薄壁型 M	R-NCM（N 规格薄壁型绳索取心钻杆）
	42、50、60、73、89	普通	外丝 内加厚 L	R-60L（60mm 内加厚外丝钻杆）
			外丝 外加厚 V	R-60V（60mm 外加厚外丝钻杆）
	R、E、A、B、N		内丝 G	R-NG（N 规格内丝钻杆）
	42、50、60.5、73、89	坑道	U	R-50U（50mm 坑道钻探用外平钻杆）
	68、83	加重	H	R-68H（68mm 加重钻杆）
套管 C	E、A、B、N、H、P、S、U	接头连接式 X		C-NX（N 规格 X 套管）
		直连式 W		C-NW（N 规格 W 套管）

四、钻杆柱的结构

1. 主动钻杆

主动钻杆（又称机上钻杆）位于钻杆柱的最上部，由钻机立轴或动力头的卡盘夹持，或由转盘内非圆形卡套带动回转，向其下端连接的孔内钻杆传递回转力矩和轴向力。主动钻杆上端连接水龙头，以便向孔内输送冲洗液。主动钻杆的断面尺寸大，便于卡盘夹持回转，不易变曲，其断面形状有圆形、两方、四方、六方和双键槽形。主动钻杆的长度应比钻杆的定尺长度与回转器通孔长度之和略长一些，常用的有 4.5m 或 6m。

2. 钻铤

在大口径钻进中常用到钻铤。钻铤直径大于钻杆，位于钻杆柱的最下部。其主要特点是壁厚大（相当于钻杆壁厚的 4~6 倍），具有较大的质量、强度和刚度。钻铤的主要作用是：①给钻头施加钻压；②保证复杂应力条件下的必要强度；③减轻钻头的振动，使其工作平稳；④控制孔斜。

3. 钻杆的连接方式

1）内丝钻杆

用接头连接的内丝钻杆两端内壁车有扁梯形螺纹。我国金刚石岩心钻探（非绳索取心）均采用内丝钻杆螺纹连接，这是金刚石钻进的特点所决定的。因为金刚石钻进孔径

小、转速高，必须使钻杆外径和孔壁之间环状间隙很小，因此要求整个钻杆柱的外表面基本是平滑一致的，从而决定了它只能用内丝钻杆连接方式。

2) 外丝钻杆

用接箍连接的外丝钻杆两端管壁有内、外加厚，并车有带锥度的三角螺纹。接箍外径较钻杆大，可减少钻杆磨损和它在孔内的弯曲程度，但占用较大的钻杆外环状间隙。在合金和钻粒钻进中，基本是采用外丝钻杆。

3) 用焊接接头连接

这种钻杆两端与钻杆接头之间用焊接的方法连接起来，接头之间再用螺纹连接。在水井、地热井钻进中常采用烘装焊接连接方式的钻杆，在金刚石绳索取心钻进中则采用对焊连接方式的钻杆。

为减少升降工序中拧卸钻杆的次数与时间，由2～4根钻杆连接成立根，一次升降一个立根，在钻孔过程中不再卸开。为了便于拧卸，立根之间用两个一组的公母锁接头连接，其外径与接箍相同。为了升降钻具拧卸与挂提引器方便，公母锁接头上均开有方切口。公母锁接头间的连接螺纹锥度大、螺距大，自动对中好，拧卸省力又省时。

对于内丝钻杆，立根间也用公母锁接头，但其螺纹为扁梯形，无锥度。公母锁接头还用于内丝钻杆间的连接。

常用的普通钻杆及其连接的规格见表3-16，用于大口径工程施工孔的钻杆可查阅石油钻杆规范，而金刚石岩心钻探用的钻杆规格可查阅《金刚石岩心钻探用无缝钢管》(YB/T 5052—1993)。

表3-16 普通钻杆及其连接的主要规格一览表

加厚方式	钻杆					接箍			锁接头				
	外径	内径	定尺长	每米质量(kg/m)	附加质量(kg/根)	外径	长度	质量(kg/个)	外径	内径	切口宽	公锁接头长	母锁接头长	连接后全长
无加厚	33.5	23		3.72					34	15				
内加厚	42	32	3000	4.56	0.65	57	130	1.4	57	22	40	165	230	355
	50	39	4500	6.04	096	65	140	17	65	28	45	190	255	395
	60	48	4500	7.99	144	75	140	2.04	75	38	50	215	290	445
外加厚	60	48	6000	7.99	1.5	86	140	2.7	86	44.5	50	241	310	481
	73	59	6000	11.4	25	105	165	47	105					
	89	69	8000	19.48	35	118	165	52	121	68	50	355	280	533

注：除单独说明者外，单位均为mm。

第四章　钻头与钻进规程参数

第一节　取心钻进与全面钻进

当今世界上所有的岩土钻进（井）方式可分为机械方式和物理方式两大类。物理方式中只有热力钻进法在俄罗斯有少量工业应用，其余的如等离子体法、水力法、电脉冲法还停留在实验室研究阶段。实际生产中绝大多数采用的是机械方式，主要有：①伴有循环冲洗介质的硬质合金、金刚石、PDC、钢粒、牙轮钻头回转钻进和长螺旋干式回转钻进；②采用冲洗液驱动（或压缩空气驱动）的孔底涡轮钻具、螺杆钻具回转钻进；③采用液动、气动孔底冲击器的冲击-回转钻进；④钢丝绳冲击钻进；⑤振动钻进。上述方法中使用最广泛的是回转钻进。冲击-回转钻进也是在回转的基础上增加孔底冲击载荷，以提高脆性岩石的破碎效果。而钢丝绳冲击钻进主要用于水井施工，振动钻进和长螺旋干式回转钻进主要用于在土壤和松散软岩中打浅孔。

选择回转钻进用钻头的一般原则是：在软岩层中用硬质合金回转钻头；在中硬和部分硬岩（可钻性Ⅶ—Ⅷ级，研磨性弱—中）岩层中用硬质合金、金刚石或金刚石-硬质合金复合片（PDC）回转钻头；在中硬及部分中硬以上岩层中采用铣齿牙轮钻头；在中硬—坚硬岩层中采用其粒度、胎体硬度与岩层硬度、研磨性相适应的金刚石钻头；在硬—脆岩层中采用镶齿牙轮钻头或钢粒钻头。钻孔的直径取决于钻进目的、钻孔结构和钻进方法。金刚石钻头（含 PDC 钻头）主要用于 60mm、76mm 的小口径；钢粒钻头主要用于 96mm 以上的口径；硬质合金和牙轮钻头则既可钻进小口径，又可钻进大口径水井、工程施工孔和浅井。必须指出，虽然钢粒钻头在硬—坚硬岩层中钻进具有成本低廉的优点，但因其钻进工艺较复杂，而且钻进速度慢，取心质量差，近年来已逐步被人造金刚石钻头所取代。

取心钻进是指以采取圆柱状岩矿心为目的的钻进方法与过程。全面钻进是指孔底岩石被钻头全部破碎成碎屑的钻进方法，亦称无岩心钻进。一个回次的钻进可进行到钻头切削具磨损到规定的限度，这样回次进尺（或钻头进尺）比取心钻进可增大很多倍。

第二节 硬质合金钻进

硬质合金钻头是指在钻头体上镶嵌硬质合金切削刀刃进行破岩的钻头。硬质合金钻进是地质钻探与工程钻探中的一种主要钻进方法,它用于软岩层及中硬岩层的钻进工作,一般硬合金钻头钻进岩石为可钻性Ⅱ—Ⅶ级的地层;针状硬质合金钻头可钻进钻进岩石为可钻性Ⅵ—Ⅷ级的岩石。

一、硬质合金钻进的孔底碎岩过程

(一)钻探用硬质合金

1. 硬质合金的特性

硬质合金是以微米级的高硬度难熔金属碳化物(WC、TiC)粉末为主要成分,以钴(Co)或镍(Ni)、钼(Mo)等粘结金属为粘结剂,在真空炉或氢气还原炉中烧结而成的粉末冶金制品。硬质合金分为钨-钴和钨-钴-钛合金,地质矿山工具通常用钨-钴类硬质合金作为切削具。骨架材料碳化钨的高硬度保证了切削具的耐磨性;粘结金属钴粉保证了硬质合金切削具的韧性。地质矿山工具用硬质合金采用代号 G 表示,G 后面用两位数字"05、10、20、…"的后缀构成组别号,根据需要还可在两个组别号之间增加一个中间代号"15、25、…"。表 4-1 中列出了各组别钨-钴类硬质合金的基本组成和性能。表 4-2 中列出了常用组别硬质合金新、旧牌号对比及推荐用途,其中后缀 C 表示成分中的 WC 为粗颗粒(后缀 X 则为细颗粒)。由表中数据可知,随着含钴量的增大,硬质合金的耐磨性有所减弱,而抗弯强度有所提高。在成分相同的钨钴类硬质合金中,WC 的颗粒越细,则硬质合金的硬度越大,耐磨性越强。反之抗弯强度提高,韧性增强。实践证明,采用含钴量不高的粗颗粒硬质合金切削具有助于提高钻进效率,并保证一定的钻头寿命。

2. 选用硬质合金切削具的基本原则

按照我国的行业标准,硬质合金切削具主要有薄片状、方柱状、八角柱状和针状等形状。在确定硬质合金的牌号后,选择切削具形状与规格的一般原则是:①片状硬质合金刃薄易于压入和切削岩石,但抗弯能力差,适用于Ⅰ—Ⅴ级软岩,它在钻头体上的出刃应大些。②柱状硬质合金抗弯能力较强,压入阻力也较小,主要适用于Ⅳ—Ⅶ级中硬岩石,其中八角柱状切削具抗崩能力强,利于排粉和破岩,并易于焊牢,故在较硬岩层和裂隙发育的地层中得到广泛的应用。③针状和薄片状硬质合金主要用于镶焊自磨式钻头,在硬地层或研磨性岩石中使用。

表 4-1 各组别硬质合金的基本组成和性能

硬质合金代号		基本组成(%)			力学性能		推荐适宜使用的岩层
		Go	WC	其他	洛氏硬度(HRA)	抗弯强度(MPa)	
G	05	3～6	其余	微量	≤88.0	≤1600	单轴抗压强度 σ_c<60MPa 的软岩或中硬岩
	10	5～9	其余	微量	≤87.0	≤1700	σ_c=60～120MPa 的软岩或中硬岩
	20	6～11	其余	微量	≤86.5	≤1800	σ_c=120～200MPa 的中硬岩或硬岩
	30	8～12	其余	微量	≤86.0	≤1900	σ_c=120～200MPa 的中硬岩或硬岩
	40	10～15	其余	微量	≤85.5	≤2000	σ_c=120～200MPa 的中硬岩或硬岩
	50	12～17	其余	微量	≤85.0	≤2100	σ_c>200MPa 的硬岩或坚硬岩

表 4-2 常用组别硬质合金新、旧牌号对比及推荐用途

新牌号	旧牌号	物理-力学性能		推荐的适用范围
		抗弯强度(MPa)	洛氏硬度(HRA)	
G05	YG4$_c$	≤1600	≤88.0	适用于钻进软硬互层岩层的地质钻探用钻头
G10	YG6	≤1700	≤87.0	适用于煤炭电钻钻头,钻进不含黄铁矿的煤层、无硅化片岩、钾盐等岩层
G20	YG8	≤1800	≤86.5	适用于钻进软岩层和硬煤层的取心钻头和刮刀钻头
G20	YG8$_c$	≤1850	≤86.0	适用于钻进中硬岩层的取心钻头和刮刀钻头,以及钻凿坚硬岩层的冲击钻头

(二)硬质合金钻进的孔底碎岩过程

1. 硬质合金钻进孔底过程的力学分析

分析硬质合金工具破碎岩石的孔底过程时,首先假定切削具在岩石中有一定的初始切入量。硬质合金钻头单个切削具的工作情况如图 4-1 所示。在轴向载荷 P 作用下切削具侵入岩石,在切削具刀刃上作用有岩石反作用力 N_1 和 N_2。切削具沿与水平线成 γ 角的螺旋线移动:

$$\gamma = \arctan \frac{v_m}{v_0} \tag{4-1}$$

式中：v_m——机械钻速，m/h；

v_0——钻头圆周上切削具的线速度，m/s。

可以看出，$v_0 \gg v_m$，所以 γ 角非常小。反作用力 N_1 和 N_2 的方向垂直于切削具前棱面和后棱面。切削具移动时，沿棱面会出现摩擦力 $N_1 \tan\varphi$ 和 $N_2 \tan\varphi$，其中 φ 表示切削具与岩石的摩擦角。

把图 4-1 中各作用力往垂直轴和水平轴上投影，建立平衡方程组：

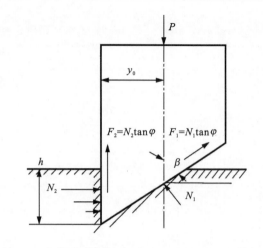

图 4-1 硬质合金钻头单个切削具的工作示意图

$$\begin{cases} \sum F_z = -P + N_2 \tan\varphi \cos\beta + N_1 \sin\beta = 0 \\ \sum F_y = N_2 + N_1 \tan\varphi \sin\beta - N_1 \cos\beta = 0 \end{cases} \quad (4-2)$$

由方程式(4-2)中的第 2 个方程可得出 N_2：

$$N_2 = N_1 \cdot \frac{\cos(\varphi - \beta)}{\cos\varphi} \quad (4-3)$$

改写式(4-2)中的第 1 个方程（推导过程从略），可得：

$$P = N_2 \cdot \frac{\sin\varphi}{\cos\varphi} + N_1 \cdot \frac{\sin(\varphi + \beta)}{\cos\varphi} \quad (4-4)$$

把由式(4-3)得到的 N_2 值代入式(4-4)：

$$N_1 = \frac{P\cos^2\varphi}{\sin\varphi \cdot \cos(\varphi - \beta) + \cos\varphi \cdot \sin(\varphi + \beta)} \quad (4-5)$$

N_1 的值可由下式算出：

$$N_1 = H_y \sin\beta \cdot bh/\cos\beta = bhH_y \tan\beta \quad (4-6)$$

式中：$H_y \sin\beta$——切削具刃后棱面上的压应力；

h——切削具的切入深度，m；

b——切削具的宽度，m。

由式(4-5)和式(4-6)可得：

$$h = \frac{\eta P}{bH_y \tan\beta} \quad (4-7)$$

式中：$\eta = \dfrac{\cos^2\varphi}{\sin\varphi \cdot \cos(\varphi - \beta) + \cos\varphi \cdot \sin(\varphi + \beta)}$。

切削具与岩石的摩擦角 φ 为 15°～25°，所以系数 η 的值在 0.93～0.97 之间变化。如果切削具不回转只压入岩石，则这种方式类似于压模压入岩石的情况。在这种情况下，可以在误差允许的范围内用岩石的压入硬度 H_y 来代替岩石强度 σ_c 的值。

式(4-7)从理论上确定切削具侵入岩石的深度 h 随着载荷 P 增大而增大，随着岩石

压入硬度 H_y 增大而减小,随着切削具刃尖角 β 减小而增大。但如果 β 太小,切削具尖刃在遇到坚硬夹层时容易崩断,生产中 β 一般取 $60°\sim80°$,最小值为 $45°\sim50°$。对于装有薄片状或针状硬质合金的自磨式钻头,因为 β 等于 $90°$,故不能采用式(4-7)。

2. 塑性岩石的孔底破碎过程

如图 4-2 所示,在钻进塑性岩石的过程中,切削具前面的岩石在分力 F 的作用下不断产生塑性流动,并向自由面滑移,即所谓切削作用。这和软金属的切削加工没有多大区别,切削过程基本上是平稳的,水平力 T 变化不大。同时,切削具在塑性岩石中形成的切槽与刃宽基本吻合。

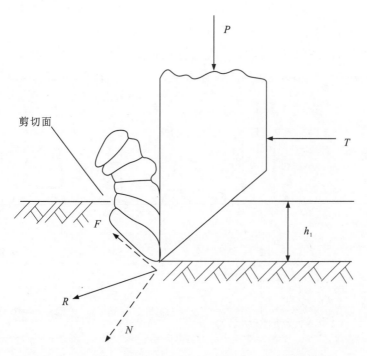

图 4-2　硬质合金切削具在双向力作用下破碎塑性岩石

实际上,由于孔底钻具的振动和重复破碎,加之冲洗液的循环,塑性岩石被切削下来的岩屑不可能像金属切削那样成为连续的切屑,而是碎裂成岩粉被冲洗液带至地表。图 4-2 中的切入深度为 h_1 而不是图 4-1 中的 h,这是由于在 P 和 T 共同作用下比在 P 单独作用下切入更容易,故 $h_1>h$。

3. 弹-塑性岩石的孔底破碎过程

在实际生产中,硬质合金钻头的主要钻进对象是弹-塑性岩石。硬质合金切削具破碎弹-塑性岩石的机理虽与塑性岩石有相似之处,但更有不同的特点。

从理论上来讲,只有当切削具与岩石接触面上的压强达到或超过岩石的压入硬度时,才能有效地切入岩石。但是弹-塑性岩石的压入硬度远大于塑性岩石,若仅靠 P_y 来形成 h_0 的切深,则需要在切削具上施加很大的轴向压力。例如,硬石膏的塑性系数为 $2.9\sim$

4.3,属弹-塑性岩石,其压入硬度为 1000~1500MPa,若用镶焊 6 块方柱状硬质合金的 ϕ96mm 钻头钻进,当切削具高度磨损 1mm 时,则算得要在钻头上施加 48~72kN 的轴压才能切入岩石。而在实际生产中,仅需施加 8~10kN 的轴压便可在硬石膏中获得理想的钻速。究其原因,主要是切削具并非以静压入的方式破岩,而是在双向力的共同作用下破碎岩石。在切削具与岩石接触的地方,双向力 P_y、P_x 的合力 R 将使岩石中形成椭圆形等应力球面,在危险极值带形成裂纹并向深部和边缘延伸,形成镰刀状极限状态区。岩石剪切破碎就发生在切削具刃前受压区中最大应力超过抗剪强度的球面上。同时,由于 P_y 的作用,在切削具移过的地方将出现拉应力区,为下一轮剪切破碎奠定基础。实验表明,在 P_y 和 P_x 共同作用下岩石中的剪切作用比纯压入时要大得多。前面关于切削具侵入深度的式(4-7)并未考虑这个因素,所以只能定性地反映切削具与孔底岩石相互作用的情况。

如果说塑性岩石破碎是以连续平稳的切削为主,那么弹-塑性岩石的破碎则有其显著特点,岩石在切削具作用下以跳跃式的剪切破碎为主(图 4-3)。岩石破碎大体分 3 个阶段。

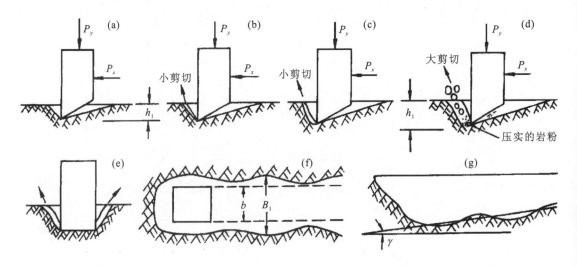

图 4-3 切削具破碎弹-塑性岩石的过程示意图

(1)切削具在双向力作用下压入岩石,使刃前岩石沿剪切面破碎,P_x 减小,继续前移,碰撞刃前岩石[图 4-3(a)]。

(2)切削具刃前接触岩石的部分面积很小,对前方岩石产生较大的挤压力,压碎刃前的岩石;随着 P_x 增大,岩石产生小的剪切破碎[图 4-3(b)]。继续向前推进可能重复产生若干次小剪切,碎裂的岩屑向自由面崩出[图 4-3(c)]。

(3)当切削具前端接触岩石的面积较大时,前进受阻。一方面切削具继续挤压前方的岩石(部分被压成粉状);另一方面 P_x 急剧增大,当 P_x 达到极限值时,迫使岩石沿剪切面产生大的剪切破碎,并在刃尖前留下一些被压实的岩粉,然后 P_x 突然减小[图 4-3(d)]。

切削具不断向前推进,重复着碰撞、压碎、小剪切、大剪切的循环过程。在每次循环中,切削具两侧的岩石也会和刃前岩石一样,分别产生一组相近似的小剪切体和大剪切体,使切槽断面近似于梯形[图 4-3(e)]。由于剪切过程发生在孔底局部夹持和小剪切、大剪切交替出现的条件下,故孔底和切槽边沿都是粗糙不平的,而且有规律地变化着。当数次小剪切使槽壁也产生侧崩时,便改善了切削具的夹持状态,为大剪切创造了条件,如图 4-3(f)、图 4-3(g)所示。图 4-3(f)中 b 为切削具刃宽,B_1 为大剪切时岩石的切槽宽。整个破碎过程沿着倾角为 γ 的螺旋面进行[图 4-3(g)]。必须指出,由于切削具切入弹-塑性岩石的深度非常有限,所以 γ 是一个接近于 0 的很小角度。图 4-3 中只是为了便于解释孔底过程,才将 γ 角画得较大。

综上所述,用切削具破碎弹-塑性岩石时,在每个剪切循环中和各个循环之间,水平力 P_x 都是跳跃式的有规律地变化着(图 4-4);而在塑性岩石中,水平力 P_x 则没有显著的变化,基本上可以认为是常量。

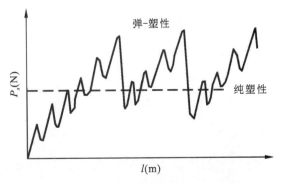

图 4-4 水平力的跳跃过程示意图

(三)硬质合金切削具的磨损

钻进中由于切削具被磨损,钻速将逐渐衰减,切削具磨损越快,则衰减越厉害。

1.关于切削具磨损和钻速问题的研究

费得洛夫等用鱼尾钻头对硬质合金切削具的磨损问题进行过大量研究,得出如图 4-5 所示的磨损曲线。该曲线反映了切削具单位时间磨损量 W 与

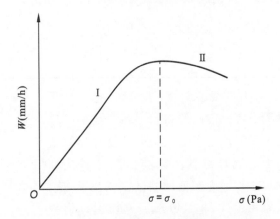

图 4-5 不同比压下切削具的磨损曲线示意图

Ⅰ.表面碎岩;Ⅱ.体积碎岩

切削具刃端面积上比压 σ 的关系。横坐标上的分界点 σ_0 表示岩石的压入硬度,在其前后属于两种不同性质的磨损。

(1)曲线Ⅰ(当 $\sigma<\sigma_0$ 时),切削具未能有效地切入岩石,钻进处于表面破碎状态。此时切削具单位时间的磨损量 W 正比于切削具上的比压 σ。

(2)曲线Ⅱ(当 $\sigma>\sigma_0$ 时),岩石呈体积破碎。随着切削具上的比压 σ 增大,单位时间的磨损量 W 不仅未增加,反而出现下降的趋势。即在体积破碎条件下,切削具的磨损主要不取决于轴向压力,而取决于岩石的硬度、切削具的材质及切削具的磨钝面积。

费得洛夫提出,在一定条件下切削具的磨钝面积与其初始面积和钻进时间有关:

$$S(t) = S_0 + \theta t \tag{4-8}$$

式中:S_0——切削具的初始面积,mm²;

t——磨损时间,min;

θ——取决于岩石性质的磨损系数,mm²/min。

硬质合金钻进的机械钻速随着切削具接触面积的增大而下降,其瞬时机械钻速 v_m 与切削具的磨钝面积的平方成反比:

$$v_m = \frac{A}{(S_0 + \theta t)^2} \tag{4-9}$$

式中:A——系数,当岩性、钻进规程及钻头一定时为常量,m⁵/s。

设钻进的初始钻速为 $v_0 = \frac{A}{S_0^2}$,式(4-9)可写成:

$$v_m = \frac{v_0 S_0^2}{S_0^2 + 2S_0 \theta t + \theta^2 t^2} = \frac{v_0}{(1 + k_0 t)^2} \tag{4-10}$$

式中:$k_0 = \theta/S_0$,k_0 为钻速下降的特征系数,1/min。

假定地层条件和钻进规程不变,则钻头在 t 时间内的总进尺为 $H = \int_0^t v_m dt$,将式(4-10)代入,则有 $H = \frac{v_0 t}{1 + k_0 t}$。因此,平均钻速为 $\bar{v}_m = \frac{v_0}{1 + k_0 t}$,通过变换可把平均钻速写成以进尺 H 为自变量的一元线性方程:

$$\bar{v}_m = v_0 - k_0 H \tag{4-11}$$

式(4-11)中,v_0 是在纵坐标上的截距,k_0 为直线的斜率,进尺 H 是在钻进过程中容易准确测得的参数。我们可以用一元回归分析的方法(一般的计算机和中高档计算器上都有回归分析的软件),在若干观察值的基础上求出 k_0 值,从而利用式(4-11)来预测切削具磨损对钻速的影响。

2. 切削具在孔底磨损的实际状况

前述理论分析的基础是假定切削具刃部为均匀磨损,实际上在钻进过程中,钻头硬质合金切削具出刃的内、外侧磨损量是不均匀的(图4-6),即

$$y_\text{外} > y_\text{内} > y, t_\text{外} > t_\text{内} > t$$

切削具底端也不是想象的那样,被磨损成平面,而是呈圆弧形,刃前缘和后缘磨损更厉害(图4-7)。

3. 减轻切削具磨损的措施

虽然切削具的磨损是不可避免的,

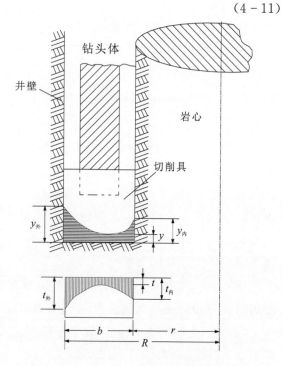

图4-6 切削刃的实际磨损情况

y.切削刃磨损高度;$y_\text{内}$,$y_\text{外}$.切削刃内、外侧磨损高度;t.刃端磨损宽度;$t_\text{内}$,$t_\text{外}$.刃端内、外侧磨损宽度;b.环槽宽度;r.环槽内径;R.环槽外径

但我们应设法把它控制在最低限度内。可采取的主要措施如下。

（1）避免切削具在表面破碎状态下工作。尤其在高转速、低钻压的条件下钻进研磨性岩石时，切削具磨损更快。

（2）切削具的磨损速度取决于切削具的硬度与所钻岩石的硬度之比、岩石的研磨性、裂隙性等性质，还取决于切削具在钻头唇面的布置。应根据岩性选用合适的硬质合金牌号和型号，采用合理的钻头唇面结构。

（3）每次下钻前应修磨切削具刃端，减小初始接触面积，以降低其磨损率。

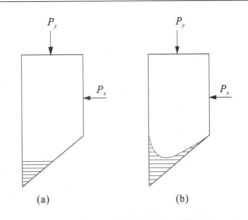

图 4-7 切削具刃端磨损的理想情况(a)与实际情况(b)示意图

（4）采取等强度磨损的原则，对磨损严重的钻头切削具内、外侧面进行补强。

（5）尽量采用具有润滑作用的乳化液或泥浆洗孔，以减轻切削具的磨损。

硬质合金钻头包括取心钻头和不取心全面钻头，本节仅讨论取心钻头。

二、硬质合金钻头

（一）取心式硬质合金钻头结构要素

一定数量的硬质合金切削具，按一定的形式排布在钻头体上，可形成钻进不同地层的钻头结构。这些决定钻头结构的因素称为硬质合金钻头的结构要素。

1. 钻头体

钻头体也称为空白钻头，是切削具的支撑体，它把轴载和扭矩传递给切削具，承受切削具破岩的反作用力和孔底的动载效应，并长时间处于孔底的摩擦环境中。因此，钻头体要用 DZ40 地质钻探用无缝钢管或 45 号无缝钢管制成。钻头体上端车有与岩心管连接的外螺纹，其内壁上有为卡取岩心设计的内锥度。

2. 切削具出刃

切削具出刃指的是切削具在钻头体内、外侧和底唇面突出的一定高度，其出刃高度取决于岩石的硬度、均质性和在该岩石中的钻进速度。

1）内、外出刃

内、外出刃的作用是保证钻头体与孔壁、钻头体与岩心之间留有一定的间隙，以避免钻头体承受来自孔壁和岩心的摩擦力，并为循环冲洗提供通道。硬质合金钻头出刃的参考值如表 4-3 所示。一般对于软岩层应取较大的出刃值。若钻进遇水膨胀或单位时间内产生大量岩粉的软地层，则一般的加大出刃也不能满足要求。这时必须在钻头体上加焊肋骨，以增大内、外环状空间。

表 4-3 硬质合金切削具出刃规格　　　　　　（单位：mm）

岩石性质	内出刃	外出刃	底出刃
松软、塑性、黏性、弱研磨性	2～2.5	2.5～3	3～5
中硬、强研磨性	1～1.5	1.5～2	2～3

2)底出刃

底出刃的作用是保证切削具能顺利地切入岩石,并为冲洗液及时冷却切削具和排除孔底岩粉提供通道。底出刃的概念应包括出刃大小和底刃排列方式两方面的内容。

底出刃大小包括切削具的切入深度和过水间隙(图 4-8),即 $H=h_1+h_2$。若 H 值过大,容易在硬岩和裂隙性岩层中造成切削具崩断,故应在钻头体上增加补强部分,会有很好的防崩效果。

钻头的底出刃可以排成平底式,也可以排成阶梯式。后者可使孔底岩石破碎成阶梯形(图 4-9),即在孔底形成掏槽,为上面一排切削具破碎岩石创造第二自由面,使体积破碎更容易,尤其对具有一定脆性及较硬的岩层效果更佳。

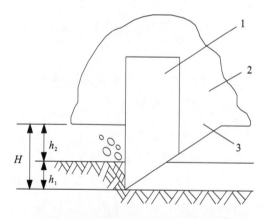

图 4-8　切削具底出刃和补强示意图

1.切削具;2.钻头体;3.补强

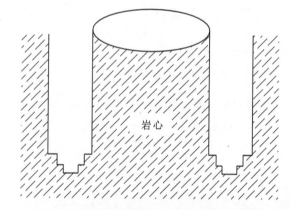

图 4-9　阶梯形环状孔底示意图

3.切削具的镶焊角度

针对不同性质的岩层,可以把具有一定刃角 β 的切削具以不同的前角(亦称镶焊角)镶焊在钻头体上,从而获得不同的钻进效果。

切削具在钻头唇面上有 3 种镶焊方式:切削具以正前角斜镶的称为正斜镶[图 4-10(a)],垂直摆放的为直镶[图 4-10(b)],以负前角斜镶的称为负斜镶[图 4-10(c)]。

不同刃角的切削具使用范围也不同,其推荐值如下。

(1)$\beta=45°\sim50°$,用于Ⅰ—Ⅳ级非裂隙性岩石。

(2)$\beta=65°$,用于Ⅴ—Ⅶ级岩石。

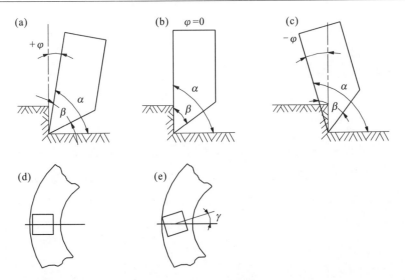

图 4-10 切削具的镶焊方式

α.切削角;β.刃角;φ.前角;γ.切削具相对于钻头径向的扭转角;
(a)、(b)、(c)、(d)、(e)为切削具在钻头体上的不同状态

(3)β=90°的小切削具,用于自磨式钻头。

切削角α的大小应根据所钻岩石性质来选择。一般来说,钻进软岩α应取小些,但也不宜过小,因为α过小可能使切削具后面直接与岩石表面摩擦。硬质合金钻头不同切削角形式所适用的地层情况见表 4-4。

表 4-4 不同切削角α适用的地层对照表

适用的地层	切削角α
Ⅰ—Ⅲ级均质软岩石	70°～75°
Ⅳ—Ⅵ级均质中硬岩石	75°～80°
Ⅶ级均质硬岩石	80°～85°
Ⅶ—Ⅷ级非均质有裂隙的硬岩石	90°～105°

究竟选择何种切削角形式(正斜镶、直镶、负斜镶),应考虑下述原则。

(1)对所钻岩石切入和回转阻力小。

(2)某种镶焊形式可保证钻头体上的切削具有较大的抗弯和抗磨损能力。

(3)有利于及时排除岩粉。

(4)磨损后的切削具应保持一定的切削能力,即端面的接触面积不能过快地增大。

上述条件很难同时满足,设计钻头时应根据岩性,有所侧重地考虑。

分析表明,在切入深度相同的条件下,切入岩石所需的轴向力 P_y 和水平力 P_x 在正斜镶情况下最大,直镶次之,负斜镶最小;当磨损体积相同时,切削刃端的磨损面积正斜镶最大,直镶次之,负斜镶最小;当三者出刃大小一致时,切削刃上的弯矩正斜镶最大,直镶次之,负斜镶最小;排粉条件是正斜镶最好,直镶次之,负斜镶最差。所以,通常正斜镶钻头在软岩中具有高钻速,而负斜镶钻头适用于硬岩和非均质岩层,最常用的是直镶。

4. 切削具在钻头体上的布置方式

硬质合金钻头切削具的排列方式很多,按切削具在钻头体唇面上的分布圈数,可分为单环排列、双环排列和多环排列(图 4-11)。再加上切削具摆放的密集程度,是否扭转一定的角度等因素都可有所变化,从而构成多种类型的钻头形式。确定切削具布置方式时应考虑以下原则。

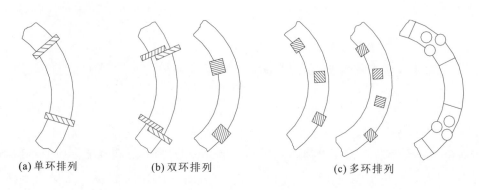

(a)单环排列　　　　(b)双环排列　　　　(c)多环排列

图 4-11　切削具在钻头体上的布置示意图

(1)能保证钻头在孔底工作平稳。

(2)双环、多环排列或分组排列时,每个切削具只破碎孔底的一部分,叠加起来完成整个环状切槽的切削,如果各环之间能相互造成自由面,则破岩效果更佳。

(3)尽量使每个切削具负担的破岩量接近,避免局部磨损过大。

(4)切削具之间应保持一定的距离,以利于排粉。

(5)对切削具的镶焊和修磨方便。

5. 切削具在钻头体上的数目

一般钻头上切削具数目越多,同时参加破岩的切削点就多,钻头寿命较长。但是,由于轴向载荷有限,单个切削具上的载荷不足,只能形成表面破碎;加之切削具数目太多,则岩石破碎处于相互夹持状态,使剪切体变小,造成重复破碎,孔底冷却效果变差,最终严重影响钻进效率。实验表明,钻头体上两组(粒)切削具间的距离 l 与切削具厚度 b 应满足 $\frac{l}{b} \geqslant 2.5$。

切削具数目取决于岩性、钻头直径和切削具形状。对软岩取较少的数量,对较硬和非均质及研磨性岩石,保证一定的钻头寿命是主要目的,一般应取密集式排列。

6. 钻头的水口和水槽

钻头上一定数量的水口和水槽(水槽下端应与水口顶端相通),是冲洗液流经钻头,冲洗孔底并返回钻柱外环空间的通道,它直接影响着切削具的冷却和孔底及时排粉的效果。硬质合金钻头体上的水口形状可以有矩形、半圆形、梯形和三角形,但效果最好的是三角弧形水口。水口的数目应等于钻头体上切削具的数目或组数。水口的总面积应大于或等于钻头外环空间(包括回水槽)的面积,以减少钻头处的水马力损失。

(二)取心式硬质合金钻头分类及举例

按切削具的磨损形态,可把硬质合金钻头分成磨锐式和自磨式两大类。

1. 磨锐式硬质合金钻头

磨锐式硬质合金钻头的切削具被磨钝后,可重新用砂轮修磨成具有锐角的单斜面切削刃,以利切入岩石。当然,修磨后的切削具下孔钻进时又会被磨损,随着切削具的磨损,机械钻速将逐渐下降,如图4-12的曲线Ⅰ所示。

按钻头体的外形可把磨锐式钻头分成肋骨钻头和普通环状钻头。肋骨钻头是在钻头体外侧均匀地焊上数块肋骨片,并在肋骨上镶焊小刃角的切削具,从而保证很大的外出刃和外环通水面积,可用于水敏性地层和松软岩层。普通环状钻头使用最为广泛,可钻进中硬或中硬以上的弱研磨性地层,其主要问题是如何提高钻头破岩效率和耐磨性。

2. 自磨式硬质合金钻头

钻进坚硬岩石时,除了采用金刚石钻头、钢粒钻头外,还常用自磨式硬质合金钻头。自磨式钻头的切削具断面小,被磨损后其接触面积保持不变,不存在磨锐式钻头切削具逐渐变钝的弱点,故它的机械钻速基本平稳,如图4-12的曲线Ⅱ所示。由于小断面切削具的抗折断能力很差,所以必须用齿状软钢支撑切削具。如图4-13所示,在软钢支撑体上贴焊了薄片式硬质合金。在钻进过程中软钢的磨损超前于硬质合金,使切削具能永远保持一定的出刃。为了加强这种自磨出刃的效果,有时在软钢支撑体上钻两个小孔。如果

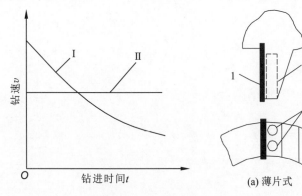

图4-12 两种钻头的钻速曲线
Ⅰ.磨锐式;Ⅱ.自磨式

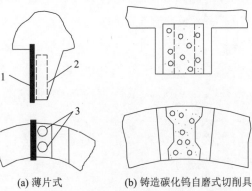

(a) 薄片式 (b) 铸造碳化钨自磨式切削具

图4-13 自磨式切削具示意图
1.硬质合金薄片;2.软钢支撑体;3.小孔

把粗颗粒的铸造碳化钨焊在钻头唇面上,这种自磨式钻头可在高转速、大钻压、较小泵量的规程下钻进强研磨性岩石。

3.典型钻头结构举例

1)螺旋肋骨钻头

钻头体外侧焊有3块与底唇面呈45°的螺旋肋骨(图4-14)。回转钻进时,它可帮助液流上返,提高了排除孔底岩粉能力。切削具正斜镶,利于切削软岩石。由于通水截面积大,循环阻力小,使孔底比较干净,避免了重复破碎,从而提高钻进效率。该钻头适用于钻进Ⅱ—Ⅳ级(部分Ⅴ级)松软岩层、粘土层、风化砂岩及铝土页岩等。

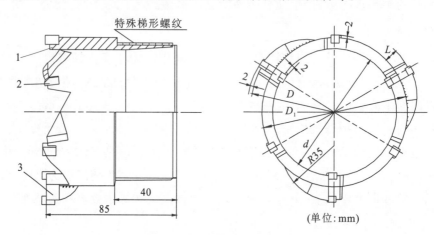

图4-14 螺旋肋骨钻头
1.钻头体;2.肋骨;3.切削具

2)薄片式硬质合金钻头

该钻头切削具锋利,采用掏槽刃的结构(图4-15),容易切入岩石,而且出刃较大,保证有较大的间隙来冲洗岩粉,主要用于钻进粘结性较小的软岩。

3)"品"字形硬质合金钻头

该钻头把3颗硬质合金切削具焊成一组,呈"品"字形(图4-16)。中间的切削具出刃较大,一般用小八角柱状合金,起掏槽作用;两边的切削具一般用四方柱状或大八角柱状合金,底出刃较小,起扩槽破碎作用。该钻头在软硬互层的条件下应用很普遍,主要用于钻进Ⅳ—Ⅵ级岩石。切削具可以直镶也可以正斜镶。

4)CM6切削型硬质合金钻头

俄罗斯常用的 CM6 切削型钻头(图4-17)切削

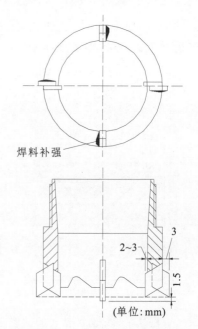

图4-15 薄片式硬质合金钻头

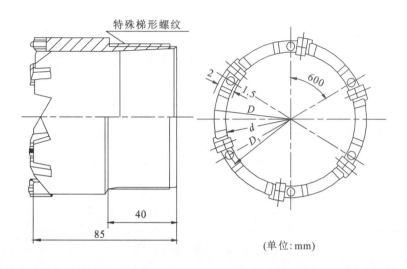

图 4-16 "品"字形硬质合金钻头

部分用截面 3mm×3mm,高 8mm,顶角 18°的硬质合金补强。切削具以负斜镶 15°,扭角 15°和 100°的方式布置。由于钻头增加了辅助保径切削具,从而可提高钻头的寿命,用于钻进可钻性Ⅵ—Ⅶ级和部分Ⅷ级的弱—中等研磨性、完整的或裂隙性岩石(灰岩、蛇纹岩、橄榄岩等)。

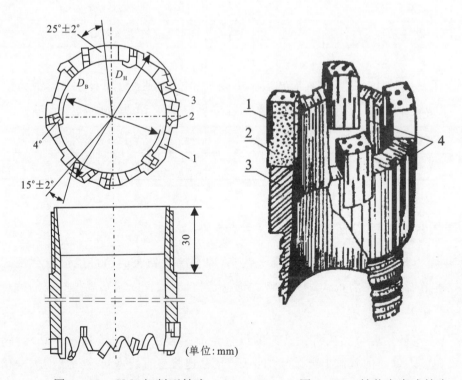

图 4-17 CM6 切削型钻头
1.钢体;2.中环切削具;3,4.外环和内环切削具

图 4-18 针状自磨式钻头
1.针状硬质合金;2.胎体;3.钻头体;4.水槽

5)针状自磨式钻头

该钻头把预制好的胎块焊在钻头体上(图4-18)。作为硬支点的针状硬质合金在胎块中的摆放原则是:保证切削具能均匀对孔底环状断面进行破碎,不留下空隙;内、外保径处的针状合金数应适当增加。作为支撑体的胎体硬度要合适,以保证超前磨耗利于自磨出刃。这种钻头可用于钻进Ⅵ—Ⅶ(部分Ⅷ)级的中等研磨性岩石。

(三)硬质合金钻头选型

实际生产中,可参考表4-5选择适应所钻岩性的硬质合金钻头,以取得更好的钻探经济效益。

表4-5 常用硬质合金钻头及其使用范围表

类别	钻头类型	I	II	III	IV	V	VI	VII	VIII	适用岩石
磨锐式钻头	螺旋肋骨钻头	—	—	—						松散可塑性岩层
	阶梯肋骨钻头		—	—	—					页岩,砂页岩
	薄片式钻头		—	—	—					砂页岩,碳质泥岩
	方柱状钻头			—	—	—	—			均质大理岩,灰岩,软砂岩,页岩
	单双粒钻头				—	—	—			中研磨性砂岩,灰岩
	"品"字形钻头					—	—			灰岩,大理岩,细砂岩
	破扩式钻头					—	—			砂砾岩,砾岩
	负前角阶梯钻头				—	—	—	—		玄武岩,砂岩,辉长岩,灰岩
自磨式钻头	胎体针状钻头						—	—	—	中研磨性片麻岩,闪长岩
	钢柱针状钻头						—	—	—	研磨性石英砂岩,混合岩
	薄片式自磨钻头						—	—		研磨性粉砂岩,砂页岩

三、硬质合金钻进规程参数

生产中用得最多的是磨锐式硬质合金钻头,而自磨式钻头的钻进规程与磨锐式有共同之处,故本节着重讲述磨锐式钻头的规程选择,对自磨式仅强调其规程参数的特点。

(一)钻头压力的选择

钻压是决定硬质合金钻头机械钻速的最重要参数。在图4-19所示的钻压-钻速曲线中,如果在 a 点钻压的基础上继续增加钻压,其钻速将呈直线增长。钻压增大一倍时钻速增长率的试验曲线(图4-19)也证明了这一点。图4-19表明,对不同岩石而言,其钻速增长率对钻压的敏感程度是不同的。其中以中硬—硬(Ⅵ—Ⅶ级)岩石最敏感,也就是说,这类岩石增大钻压最有效。而Ⅳ—Ⅴ级岩石如果钻压过大,将使孔底排粉和冷却条件恶化,从而阻碍了钻速的成比例上升;另外Ⅷ—Ⅸ级岩石基本不适宜用硬质合金钻进,在钻杆强度允许的范围内很难通过增大钻压来使钻速呈直线增长。

在钻进中,应充分发挥切削具初刃的切入破岩优势。实践证明,硬质合金钻进开始时就应以允许的最大初始钻压钻进。如果初始钻压不足,在切削具磨钝后,再增大钻压也不可能获得好的钻效。

以上从两个方面分析了增加钻压的意义。在岩石方面,钻压是产生体积破碎的决定性因素,尤其在中硬岩层中钻进时,增加钻压对提高钻速更为有效;在切削具方面,初始钻压应取合理的最大值,以充分发挥切削具初刃的优势。随

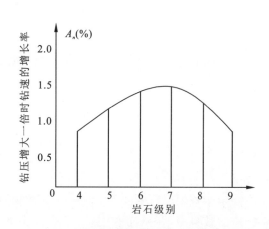

图 4-19 钻压增大一倍时,钻速增长率与岩石级别的关系

着切削具被磨钝,应逐渐补充钻压。但须注意,在钻进过程中频繁调整钻压可能导致岩心堵塞及钻孔弯曲。同时,由于孔内钻柱的振动等原因,钻头上的实际瞬时钻压值与地表的测量值有较大差距。目前,还没有一个公认的能反映上述影响因素的钻压公式。在实际生产中,一般根据经验(表4-6)首先选择每颗切削具上的压力值 p,然后在钻进过程中根据钻速的变化情况,适时加以调整。

钻头上的总压力为

$$P_{总} = p \times m \tag{4-12}$$

式中:p——每颗切削具上应有的压力;

m——钻头唇面上的切削具数目。

表 4-6 G20(旧牌号 YG8)硬质合金切削具的单位压力推荐值

岩层	切削具形状	单位压力推荐值 p(kN/颗)
Ⅰ—Ⅳ级 软—部分中硬岩石	片状	0.40~0.70
Ⅴ—Ⅶ级 中硬—部分硬岩石	方柱状	0.80~1.20
	中八角柱状	0.90~1.40
	大八角柱状	1.50~1.80
研磨性大的岩石	方柱状	1.20~1.40
	中八角柱状	1.20~1.70

岩石愈硬,可钻性级别愈高,p 值可取上限;岩石的研磨性越高,p 值越大,以免切削具未能有效地切入岩石即被磨钝;对粘性大,易糊钻的软岩,应取比推荐值更小的 p 值,以免进尺过快,排粉、冷却困难酿成事故;对裂隙性岩石,也应取较小的 p 值,以免发生崩刃。

(二)钻头转速的选择

人们长期习惯用转速 n 来表述钻头的回转速度,实际上用钻头切削具的线速度 v 更科学,它消除了口径的影响。两者的关系为

$$v = \frac{1}{60}\pi Dn \quad (\text{m/s}) \tag{4-13}$$

式中:D——钻头平均直径,m;

n——钻头转速,r/min。

选择钻头转速的主要依据是岩石的性质和破岩的时间效应影响。在软岩层中钻进时提高转速的效果最明显,而在中硬、研磨性强的岩层中由于破岩的时间效应影响更显著,故钻速随转速而增大的趋势下降。

所谓时间效应指的是,岩石在切削具作用下,从发生弹性变形→形成剪切体→跳跃式切入岩石至一定深度,需要一个短暂的时间 Δt,即要求承受载荷的切削具在即将发生破碎的岩石表面停留一个短暂的时间 Δt,使裂隙得以沿剪切面发育至自由面,才能形成剪切体。如果转速超过临界值($n>n_0$),则切削具作用于岩石的时间小于 Δt,岩层中的裂隙尚未完全发育载荷便移走了,从而造成破岩深度减少,甚至使岩石破碎状态转化为表面破碎。

岩石的研磨性影响也从另一个角度影响了时间效应。转速过高($n>n_0$)时,不仅破岩深度减小,而且单位时间内切削具与岩石的摩擦功明显加大,切削具快速被磨钝,造成接触面上比压降低,从而使得岩石中裂纹发育所需的时间间隔更长,对破碎岩石更加不利。

综上所述,对于较软的、研磨性较小的岩石,可以用增大转速的办法来提高钻速;在硬的、研磨性较强的岩石中,转速过高不仅不能提高钻效,而且对钻进过程无益有害。一般推荐的转速值用线速度表示(表 4-7),选择转速的取值范围时,还应考虑到钻头形式、冲

表 4-7 硬质合金切削具的线速度推荐值

岩石性质	线速度取值范围(m/s)
软的、弱研磨性岩石	1.2~1.6
中硬的、具有研磨性的岩石	0.9~1.2
中硬—硬的研磨性岩石	0.6~0.8
裂隙性岩石	0.3~0.6

洗液类型(有无润滑剂)、钻机能力、钻杆柱的强度和切削具的情况,通过综合分析来确定所需的转速值。

(三)冲洗液泵量及其性能的选择

在冲洗液的排粉、冷却、润滑和护壁诸功能中,以排粉所需的泵量最大,故应以孔底岩粉量的多少为主要依据来选择泵量。同时,还必须注意到液流的阻力与流速的平方成正比,如果泵量过大,引起的孔底脉动举离力将抵消一部分钻压,造成在岩心管内、外环间隙中流速过高,可能冲毁岩心或孔壁。因此,合理的泵量值应在满足及时排粉的前提下兼顾其他工艺因素。

可根据下式来确定冲洗液的泵量:

$$Q = m\frac{\pi}{4}(D^2 - d^2)v_1 \quad (\text{kL/min}) \tag{4-14}$$

式中:v_1——冲洗液在外环空间的上返速度,m/min;

D、d——分别为钻孔直径和钻杆外径,m;

m——由于孔壁、孔径不规则引起的上返速度不均匀系数,m 取 1.03～1.1。

上返速度的推荐值:清水时取 0.25～0.6m/s;泥浆时取 0.20～0.5m/s;对于少数怕冲蚀的岩层推荐的上返流速可稍低于 0.2m/s。必须兼顾的其他技术因素是:孔径大、钻速高、岩石研磨性强、钻头水口水槽宽者可取上限,反之亦然。

为了提高钻速,在可能的条件下应尽量选用清水作冲洗液;若用泥浆时,其粘度和密度值宜小不宜大,并尽量采用低固相不分散泥浆。

(四)P、n、Q 参数间的合理配合

不同钻孔口径条件下硬质合金钻进的 P、n、Q 参数推荐取值范围见表 4-8。

表 4-8 硬质合金钻进的 P、n、Q 参数推荐取值范围

钻进参数	单位	钻孔口径			
		N	H	P	S
钻压(P)	kN	5～7	6～8	8～11	9～12
转速(n)	r/min	100～500	70～400	50～300	30～200
泵量(Q)	L/min	50～120	60～150	80～180	100～200

在实际钻进过程中,钻进规程的 3 个主要参数:钻压 P、转速 n 和泵量 Q 都不是单独起作用的,它们之间存在着交互影响。如果我们只是"单打一"地追求各参数的最优值,而不考虑其交互影响,则不仅达不到高钻速低成本的效果,甚至可能导致相反的结果。

关于 P、n、Q 参数间合理配合的一般原则可概括为：①软岩石研磨性小，易切入，应重视及时排粉，延长钻头寿命，故应取高转速、低钻压、大泵量的参数配合；②对研磨性较强的中硬及部分硬岩石，为保持较高的钻速并防止切削具早期磨钝，应取大钻压、较低的转速、中等泵量的参数配合；③介于两者之间的中等研磨性的中软岩石，则应取两者参数配合的中间状态。

总之，定性分析的原则是：钻进Ⅳ—Ⅴ级及其以下的岩层，应以较高转速为主；钻进Ⅴ—Ⅵ级及其以上的岩层，应以较大的钻压为主。若要进行定量分析，可借助方差分析法在统计资料的基础上找出对钻速或成本影响最显著的因素。

(五)自磨式硬合金钻头的规程特点

自磨式钻头与磨锐式钻头的主要区别在于，切削具与孔底接触面积恒定，要求切削具能正常自磨出刃，其破岩过程以微剪切和磨削为主，钻速比较平稳等。自磨式钻头的钻进规程特点如下。

1. 钻压

自磨式钻头唇面有软钢等材料制成的支撑体或胎体，与岩石的接触面积大，总的钻压应大于磨锐式钻头。以胎块式针状合金钻头为例，一般钻压比磨锐式大 20%～25% 可取得较理想的效果。

2. 转速

由破岩机理可知，自磨式钻头必须采用比磨锐式更高的转速，以提高单位时间的破岩次数。

3. 泵量

自磨式钻头的胎块或支撑体之间的过水断面大，为了净化孔底，应采用大于磨锐式的泵量。同时，随着胎块的磨耗，过水断面减小需及时调小泵量，以防憋泵。

针状自磨式硬质合金钻头的 P、n、Q 参数推荐取值范围见表 4-9。

表 4-9 针状自磨式硬质合金钻进的 P、n、Q 参数推荐取值范围

钻头名称	岩石可钻性级别	压力(kN)	转速(r/min)	泵量(L/min)
四齿针状	Ⅴ—Ⅵ	6～8	150～300	80～130
六齿针状	Ⅵ	9～12	100～200	80～120
四齿肋骨针状	Ⅳ～Ⅵ	6～8	100～250	100～130

第三节 金刚石钻进

一、金刚石钻进的孔底碎岩过程

(一) 钻探用金刚石

1. 钻探用金刚石的分类

金刚石是迄今为止人类发现的最坚硬研磨切削材料,它在机械、采矿、冶金、光学仪器、电子等工业部门得到广泛应用。地质钻探用金刚石约占世界工业金刚石用量的20%。

钻探用金刚石有天然金刚石和人造金刚石两大类。国际上用于制造钻头的天然金刚石可分为"包布兹"(Bortz)、"刚果"(Congo)、"卡邦纳多"(Carbonado)、"巴拉斯"(Ballas)和"雅库特"(Якут)5类。其中,"包布兹"主要用于制造表镶钻头,"刚果"主要用于孕镶钻头,"卡邦纳多"和"巴拉斯"现已很少用于钻头,"雅库特"主要在俄罗斯境内使用。

但是天然金刚石资源非常有限,而且十分昂贵,因此,人造金刚石成为人们推崇的破岩磨料。人造金刚石包括单晶、聚晶和金刚石复合片等品种。目前我国已成为全球人造金刚石第一生产大国,世界上每年的人造金刚石总产量中有80%来自中国。我国在地质钻探领域大量使用以人造金刚石单晶为原料的孕镶钻头。

2. 与钻探有关的金刚石物理力学性质

1) 硬度

硬度是金刚石最重要的性能之一。金刚石的硬度极高,莫氏硬度为10级,显微硬度为95 000~100 600MPa,研磨硬度是刚玉的150倍,是石英的1000倍。

2) 强度

金刚石具有极大的抗静压强度。天然金刚石的抗压强度大约为8600MPa,约为刚玉的3.5倍,硬质合金的1.5倍,钢的9倍。用于钻探的人造金刚石一般要求强度达2500MPa以上。

3) 耐磨性

金刚石的弹性模量极大(8800MPa),在空气中与金属的摩擦系数小于0.1,所以具有极高的耐磨性,是刚玉的90倍,硬质合金的40~200倍,钢的2000~5000倍。用于钻探的人造金刚石聚晶体一般要求与中硬碳化硅砂轮的磨耗比在1∶30 000以上。

4) 热性能

金刚石是热的良导体,它散热比硬质合金刃具快。金刚石的线膨胀系数很低,仅为硬质合金的1/5~1/4,钢的1/10~1/8,但随温度的升高而增长较快,这对金刚石钻头的包镶和使用产生不利影响。金刚石容易受到热损伤,虽然温度尚低于其燃烧温度,但金刚石的强度、耐磨性已受到严重影响。

金刚石作为钻头切削具也存在着明显的弱点：①它的脆性较大，遇到冲击载荷会出现碎裂。②热稳定性较差，在高温下遇氧便氧化并被转化为石墨，称为"石墨化"。因此，在金刚石工具的制造过程中，须隔氧，避免长时间承受高温。在使用中，须避免承受冲击载荷并及时冷却切削刃，防止发生金刚石钻头烧钻事故。

3. 钻探用金刚石的粒度和品级

1) 钻探用金刚石的粒度

国际上通用的金刚石计量单位是克拉（carat）（1 克拉＝0.2g）。钻探用金刚石常用 1 克拉多少粒或用过筛网目数（每英寸长度内的网格数）"目"来衡量。

钻探用的金刚石粒度：粗粒——5～20 粒/克拉；中粒——20～40 粒/克拉；细粒——40～100 粒/克拉；粉粒——100～400 粒/克拉。

其中，粗、中粒多用于表镶钻头和表镶扩孔器，细、粉粒多用于孕镶钻头和孕镶扩孔器，石油钻井表镶钻头常用 0.5～15 粒/克拉的金刚石。

金刚石颗粒的粒度与尺寸的对应关系见表 4-10。

表 4-10 金刚石颗粒的粒度与尺寸对照表

金刚石粒度(粒/克拉)	2～5	5～10	10～20	20～30	30～40	40～60
平均线性尺寸(mm)	3.3～4.0	2.5～3.3	1.8～2.5	1.5～1.8	1.3～1.5	1.1～1.3
金刚石粒度(粒/克拉)	60～90	90～120	120～200	200～300	300～400	400～600
平均线性尺寸(mm)	1.0～1.1	0.9～1.0	0.8～0.9	0.7～0.8	0.6～0.7	0.5～0.6

2) 人造金刚石单晶

人造金刚石单晶是我国制造人造金刚石钻头的主要原料。用于钻探的国产人造金刚石单晶分级方法及性能指标如表 4-11 所示。

表 4-11 中人造金刚石单晶抗压强度的测定方法是，在混匀的批料中按四分法抽取出约 1 克拉的样品，取一粒金刚石置于抗压强度测定仪台面上，测其尺寸后，再在垂直方向逐渐增大压力，直至其破裂，记下负荷值，共测 40 粒，剔除无用数据后求出算术平均值，即为所测金刚石单晶的抗压强度。

表 4-11 中提及的完整晶形、等积形、连晶、聚晶等形态的具体含义如下。

(1) 完整晶形：晶面、晶棱清晰，晶体生长饱满；没有两个及以上孪生或共生晶体；允许有 1/4 的缺角或蚀坑。

(2) 等积形：晶体长轴与短轴之比不超过 1.5∶1 的为等积形。

(3) 连晶：凡有两个及以上晶面或晶棱的晶体及若干非完整晶体连生者为连晶。

(4) 聚晶：许多微小的晶体无规则地聚合丛生称为聚晶。

表 4-11 国产钻探用人造金刚石单晶分级方法及性能指标

金刚石品级	代号	品级要求	粒度(目)					适用地层
			36#	46#	60#	70#	80#	100#	
特级	JRT	抗压强度(N)	100	90	80	70	60	50	硬—坚硬
		完整晶形比例(%)	15	15	18	20	20	25	
		热冲击韧性(TTI)(%)	>87						
优质级	JRY	抗压强度(N)	60	55	50	45	40	35	硬
		完整晶形比例(%)	8	8	8	12	12	12	
		热冲击韧性(TTI)(%)	80~86						
标准级	JRB	抗压强度(N)	55	50	45	40	35	30	中硬—硬
		完整晶形比例(%)	7	7	7	10	10	10	
		热冲击韧性(TTI)(%)	70~80						

注：表中 J 表示金刚石；R 表示人造金刚石；T 表示特级；Y 表示优质级；B 表示标准级。
其他要求：①等积形不低于 80%；②连、聚晶体不超过 3%；③高于强度规定值的颗粒不低于 45%。

3) 人造金刚石聚晶

所谓"聚晶"是由许多细颗粒单晶在高温高压下烧结而成。聚晶中的晶粒呈无序排列，其硬度、耐磨性在各方向上相对接近，同时具有很好的断裂韧性。国内外在钻探工具中常用的人造金刚石聚晶材料有两种：一种是在硬质合金衬垫底上烧结一层细粒人造聚晶金刚石，形成金刚石-硬质合金复合片（简称 PDC），具有金刚石耐磨性高和硬质合金韧性好的优点。金刚石复合片具有很高的强度、耐热性和冲击韧性。另一种是利用人造金刚石微粉进行二次聚合，形成尺寸较大的圆柱形、圆锥形和三角形聚晶金刚石。金刚石聚晶体的特点是热稳定性好，可以耐 1000~1100℃ 的高温，并可直接烧结成切削齿的形状，但耐磨性、抗冲击性较差。在 PDC 生产技术尚未成熟的一段时间内，这类产品在国内曾大量应用于石油、煤田及地质钻探，取代大颗粒天然金刚石表镶钻头。大颗粒聚晶还可用作钻头保径。

国内用磨耗比作为人造金刚石聚晶品级的分类依据，借助 JS-71A 型磨耗比测定仪测得的 PDC 和砂轮失重量来确定 PDC 的磨耗比。虽然这种方法的检测误差较大，但仍是目前国内使用最广泛的聚晶分级依据。国产人造金刚石聚晶品级分类见表 4-12。

(二) 金刚石钻进的孔底碎岩过程

1. 金刚石钻进孔底过程的力学分析

单粒金刚石切入并破碎弹-脆性岩石的过程如图 4-20 所示。在金刚石上作用着轴向载荷 P_y 和保证其沿孔底位移的切向力 P_x，这时金刚石切入岩石深度为 h。

表 4-12　人造金刚石聚晶品级分类

聚晶级别	代号	磨耗比
特级	RJT	>1∶30 000
优质级	RJY	1∶30 000～1∶20 000
标准级	RJB	1∶20 000～1∶15 000

钻头每转一圈金刚石的切入深度 h 取决于机械钻速和钻头转速,可用下式表示：

$$h = \frac{kv_m}{nm} \quad (4-15)$$

式中：k——反映与岩石接触的钻头唇面上金刚石分布状况的系数；

v_m——机械钻速,mm/min；

n——钻头转速,r/min；

m——钻头唇面上的金刚石粒数。

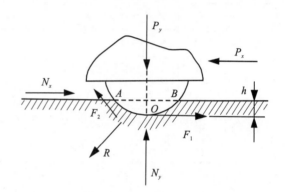

图 4-20　单粒金刚石破碎岩石示意图

设金刚石切入岩石时遇到的切入阻力和正面切削阻力为 N_y 和 N_x,切削具切入岩石的阻力可表示为

$$N_y = S_0 H_y = \pi d h H_y \quad (4-16)$$

式中：S_0——切削具切入岩石时岩石的承压面积,即球冠 AOB 的表面积(据数学公式球冠表面积$=2\pi Rh$,其中 R 为球的半径,h 为球冠高度),m²；

H_y——岩石的压入硬度,MPa；

d——金刚石粒径,m。

岩石抵抗切削具位移的阻力为

$$N_x = S_1 \sigma_{ck} = \frac{\pi d h}{2} \sigma_{ck} \quad (4-17)$$

式中：S_1——金刚石刃前被剪切破碎的岩石面积,即球冠 AOB 表面积的一半,m²；

σ_{ck}——岩石的抗剪强度,MPa。

金刚石将在合力 R 作用下切入岩石,于是有

$$R^2 = N_y^2 + N_x^2 \quad (4-18)$$

代入 N_y、N_x 的值,得：

$$R^2 = (\pi d h H_y)^2 + (\pi d h \sigma_{ck}/2)^2 \quad \text{或} \quad R = \pi d h \sqrt{H_y^2 + \left(\frac{\sigma_{ck}}{2}\right)^2}$$

$$(4-19)$$

于是由式(4-19)可得：

$$h = \frac{R}{\pi d \sqrt{H_y^2 + \left(\frac{\sigma_{ck}}{2}\right)^2}} \quad (4-20)$$

考虑到式(4-15)中的 h 值，则有 $\dfrac{R}{\pi d \sqrt{H_y^2 + \left(\dfrac{\sigma_{ck}}{2}\right)^2}} = \dfrac{kv_m}{nm}$。

同时，考虑到金刚石的颗粒很小（即钻头的切削具出刃很小），可以接受 $R_m \approx P$（其中 P 为钻头上的轴向载荷，即图4-20中的 P_y），于是有

$$v_m = \frac{P n}{k \pi d \sqrt{H_y^2 + \left(\frac{\sigma_{ck}}{2}\right)^2}} \quad (4-21)$$

因此，金刚石钻头破碎岩石的效果取决于钻探规程参数：钻头转速 n、金刚石颗粒平均直径上的载荷 P/d、钻头唇面上金刚石的分布系数 k 及岩石的强度，主要是岩石的压入硬度 H_y，其次为岩石的抗剪强度 σ_{ck}。

2. 表镶金刚石钻头的孔底碎岩过程

表镶金刚石钻头的岩石破碎过程取决于岩石的力学性质和金刚石的几何形状等因素。钻进坚硬的脆性岩石时，主要的破碎形式是岩石被压皱和压碎，在弹-塑性岩石中占优势的将是切削过程。

单粒金刚石切入时，岩石破碎的实际深度 h_P 超过了金刚石的侵入深度 h_{P_1}（图4-21）：

$$h_P = k_P h_{P_1} \quad (4-22)$$

式中：k_P——取决于岩石的性质（表4-13）。

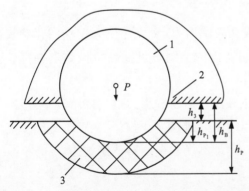

图4-21 单粒金刚石的岩石破碎过程示意图
1.金刚石；2.胎体；3.岩石；h_3.胎体与孔底间的间隙；h_B.金刚石在胎体上的出刃；h_P.岩石破碎的实际深度；h_{P_1}.金刚石侵入岩石的深度

表4-13 系数 k_P 的数值

岩石	k_P
大理石	1.3～1.5
硅质页岩	3.0～4.0
角岩	4.2～8.0
玢岩	3.0
辉长岩	9.0
石英岩	10
花岗岩	9～10
石灰岩	10～12

当金刚石沿坚硬和弹脆性岩石表面移动时,岩石破碎过程中往往伴有压皱和碾压作用。由于岩石被剪切的瞬间金刚石接触点上的压力下降,然后又升高到破碎必需的数值,所以金刚石钻头钻进硬岩和弹脆性岩石时也具有与硬质合金钻头类似的"跳跃式"特征,只是因为金刚石颗粒小,其幅度要小得多。这时形成的破碎穴宽度是金刚石切入宽度的1.2~1.8倍,而破碎穴的深度是切入深度的1.3~5倍。钻渣分布在破碎穴的两侧,且破碎穴底部钻渣被压实(图4-21)。

在弹-塑性岩石地层中钻进时通常伴有微切削作用。在这种情况下,金刚石前面的棱面不断地与岩石接触,岩石破碎穴的大小接近于金刚石切入岩石部分的大小。实际情况是,金刚石与岩石仅有很小的点接触,一般只有几微米到30~40μm。

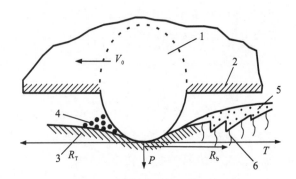

图4-22 单粒金刚石破碎岩石的示意图
1.金刚石;2.钻头胎体;3.岩石;4.钻渣;
5.被压皱的岩石;6.被裂纹削弱的岩石

如图4-22所示,切入岩石的单粒金刚石前棱面将出现压应力,而在后面为拉应力。岩石在轴向载荷P和切向力R_T作用下发生破碎。金刚石上作用的扭矩消耗在克服岩石破碎的阻力R_b和摩擦力T上:

$$R_T = R_b + fP = R_b + T \tag{4-23}$$

式中:R_T——消耗于岩石破碎和摩擦的力,N;

R_b——岩石破碎的阻力,N;

f——金刚石与岩石的摩擦系数;

T——摩擦力,N。

钻进过程中有70%~75%的扭矩用于克服孔底摩擦力,所以建议采用椭圆化和表面抛光的金刚石,它们与岩石的摩擦系数低。采用这样的金刚石可提高机械钻速并降低金刚石的磨损程度。

金刚石的抗弯和抗剪强度不高,因此在钻进裂隙性岩石和出刃过大的情况下,金刚石会碎裂,导致钻头过早报废。在实践中出刃的大小应控制在金刚石粒径5%~25%范围内。在非常破碎的岩石中应采用出刃较小的钻头,即细颗粒金刚石孕镶钻头。

3.孕镶金刚石钻头的孔底碎岩过程

孕镶金刚石钻头的孔底碎岩过程不同于表镶钻头,它用的金刚石颗粒小,且埋藏于胎体之中。孕镶金刚石钻头孔底碎岩过程的特点是以唇面上多而小的硬质点(金刚石)对岩石进行磨削或部分微切削,并随着硬质点的逐渐磨损、消失及胎体的不断磨耗,新的硬质点又裸露出来参加工作。人们把这种自磨出刃的过程称为"自锐",只有能保证自锐过程的钻头才能维持钻速不衰减。如果胎体性能与所钻岩石不适应或没有保证足够的钻压,胎体不能超前磨耗并让丧失破岩能力的金刚石颗粒自行脱落,则无法实现自锐。在孔底过程中表现为钻头"打滑",钻速迅速下降。

金刚石颗粒在胎体中的布置方式对钻进效果有重要影响。假设金刚石钻头某个扇形块唇面布置了 1~8 粒金刚石(图 4-23),那么每一粒将从孔底切去一层岩屑。而排在最前端的金刚石颗粒将承担最大的工作负荷(如图 4-23 中的第 1 和第 9 粒),所以它们的磨损量也最大。如果金刚石颗粒拥有不同的出刃大小,也会出现类似情况。各金刚石颗粒应尽可能承担均衡的破岩负荷。

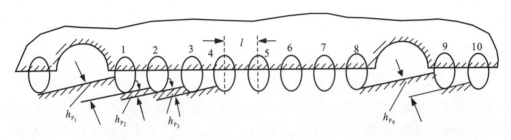

图 4-23 金刚石颗粒在扇形块唇面上的布置示意图

增加金刚石对岩石的切入深度是有一定限度的。由金刚石的质量指标可知,金刚石颗粒在 50~100N 的力作用下便开始劈裂。因此,提高金刚石钻进的机械钻速 v_m 只能靠增大高浓度金刚石钻头的转速来实现(我国规定金刚石钻头线速度 $v_0=1.5$~3.0m/s,而俄罗斯推荐 $v_0=3.5$~5.0m/s)。

$$v_m = h_0 n \tag{4-24}$$

式中:h_0——工具每转的切入深度,mm;

n——工具的每分钟转速,r/min。

可以认为

$$h_0 = i h_{p_i} \tag{4-25}$$

式中:i——工具切削线上的金刚石数量;

h_{p_i}——第 i 粒金刚石的实际切入深度(图 4-23),于是 $v_m = i n h_{p_i}$。

必须指出,如果金刚石上的轴向载荷过大(超过允许值)可能导致金刚石碎裂。碎裂的金刚石碎片又会破坏其他完整的金刚石颗粒,使钻头很快失效。钻头即将进入失效阶段的规程称为"临界规程"。向临界规程的过渡是跳跃式的,这时不仅机械钻速和磨损量增大,而且孔底消耗的功率也急剧增大(图 4-24)。

金刚石对其工作的温度环境非常敏感。当温度超过 900~1000℃时金刚石将石墨化并失去作为岩石破碎工具的能力。金刚石钻进规程要求保证其工作温度不超过 150~200℃。温度进一步升高将对金刚石的强度特性产生负面影响。例如,当温度达 500℃时其强度指标将近下降一半(图 4-25)。

我们知道,孔底的钻渣必须从钻头水口排出。在钻头回转过程中,钻渣总是以小于扇

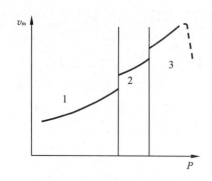 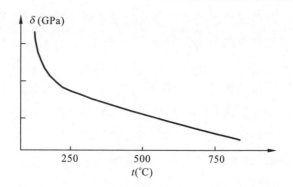

图 4-24 机械钻速与金刚石上轴向载荷的关系曲线　　图 4-25 金刚石强度与温度的关系曲线

1.临界规程;2.过渡规程;3.工作规程

形块回转的速度就近定向移动,结果在钻头唇面以下总会残留一些钻渣。当钻头水口与钻渣所在位置重合时,钻渣才顺利从孔底排出。钻渣能否完全排出取决于冲洗液的供给强度和钻头的水口结构。

在一定的条件下(冲洗液的供给不足,扇形块长度太大,钻头水口结构不合理),钻渣会积存在扇形块回转方向的后部,甚至完全充填胎体和孔底之间的间隙。如果出现这种情况,则金刚石的冷却条件急剧恶化,将出现金刚石的石墨化过程(烧钻)。最好采用长度较小的扇形块,以利于排渣。观察钻头扇形块唇面可明显看出,离轴心越远的切削线上金刚石数量越多,因此,离轴心越远单粒金刚石上的载荷越小,其切入深度便较小,同时它们的回转线速度又最大,结果导致金刚石被抛光。解决这一问题的途径之一是尽量采用薄壁钻头。

二、金刚石钻头和扩孔器

在针对硬和坚硬地层的钻探工作中,使用最多的是表镶和孕镶金刚石钻头,其结构如图 4-26、图 4-27 所示。

(一)表镶金刚石钻头

1. 金刚石的粒度和选择

表镶金刚石钻头常选用粒度 15~40 粒/克拉的天然金刚石或粒度更细的人造金刚石,具体的粒度大小主要取决于岩石性质(表 4-14)。表镶用的金刚石原料随其质量不同往往事先进行圆化处理,或用热处理消除其内应力。

2. 金刚石在唇面的排列

在钻进过程中,钻头外侧的规径刃和内边棱部的金刚石负担最重,其次为底刃,再次为侧刃,所以制造钻头时须选择优质金刚石作规径刃和内边刃,用回收的金刚石作侧刃,以求均衡磨损。

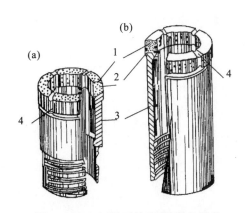
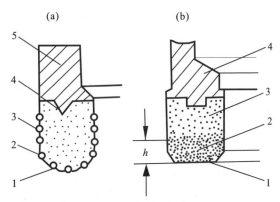

图 4-26　金刚石钻头的基本结构

(a)表镶钻头；(b)孕镶钻头

1.金刚石；2.胎体；3.钻头体；4.水口

图 4-27　金刚石钻头刃部结构

(a)表镶钻头；1.底刃金刚石；2.规径金刚石；3.侧刃金刚石；4.胎体；5.钻头体。(b)孕镶钻头；1.金刚石；2.工作部分胎体；3.非工作部分胎体；4.钻头体；h.孕镶层高度

表 4-14　表镶钻头推荐的金刚石粒度与岩性对应表

粒度级别	粗粒	中粒	细粒
粒度(粒/克拉)	10~25	25~60	60~100
适用岩层	中硬	硬	坚硬

金刚石在钻头唇面上的排列方式有放射排列、螺旋排列和等距离排列等(图 4-28)。金刚石在钻头唇面厚度方向多采用同心环排列,并在径向必须有一定的重叠度,以保证钻进中不会在孔底形成"岩脊"。

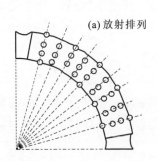
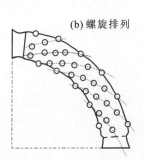
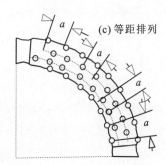

图 4-28　金刚石在钻头唇面上的排列方式

3. 钻头的端部断面形状

表镶金刚石钻头的端部断面形状应根据岩性、钻头的壁厚和工作稳定性来选择。小口径钻头有以下 5 种标准的端部胎体形状剖面(图 4-29)。

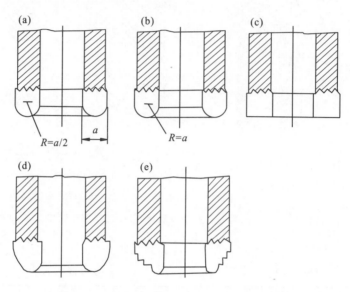

图 4-29 金刚石钻头端部的 5 种标准剖面

(1)圆形端部,见图 4-29(a)。具有圆形半径 R,R 等于胎体厚度的一半($a/2$)。这种剖面特别适合于在胎体表面切削部分均衡地布置金刚石,并有利于金刚石的固定,可较好地保护钻头的内外径,适用于中硬和硬岩层,使用范围广。

(2)半圆形端部,见图 4-29(b)。半径与胎体厚度 a 相等。可布置较多的金刚石,保证金刚石较好地固定在剖面拐弯处,缓解了边刃的过度磨损。半圆形剖面广泛应用于钻进坚硬和软硬互层的研磨性岩层。

(3)平底端部,见图 4-29(c)。在端部容纳的金刚石量最少,机械钻速高。其不足是端部边缘金刚石的固定效果不好,可能造成过早剥落和在钻头端面形成磨损的倒角(这种剖面常用于孕镶钻头)。

(4)双圆形端部,见图 4-29(d)。有沿胎体外侧的大半径和沿胎体内侧的小半径。这种胎体形状可沿外径布置较多金刚石,适用于强研磨性和破碎的岩层及容易引起钻头内边刃过早磨损的岩层,也可钻进砾岩,用于厚壁钻头,在钻进裂隙性破碎岩石时增加钻头的寿命。

(5)阶梯形端部,见图 4-29(e)。沿外径方向上胎体的表面积增大,使得可以在其表面布置更多的金刚石,增加钻头的寿命。这种钻头可在孔底形成附加的自由面,从而加速岩石破碎过程,并使钻头工作更稳定。这种剖面的钻头主要用于壁厚大的绳索取心钻进,适用于中硬和硬岩层,有利于破岩和导向。

4. 钻头的水口与水槽

钻头的水路直接影响着孔底冲洗及钻进效果。常用的水口形状见图 4-30。由于表镶钻头的主水路是唇面与孔底之间的间隙,故水口和水槽的数目不能太多,这样可强制让冲洗液从主水路通过,以便有效地冷却唇面金刚石和及时排除孔底岩粉。

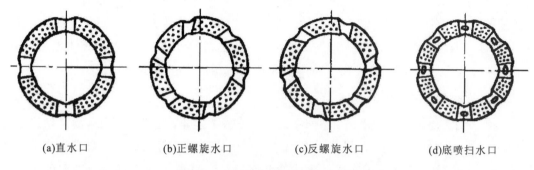

(a)直水口　　　(b)正螺旋水口　　　(c)反螺旋水口　　　(d)底喷扫水口

图 4-30　表镶金刚石的水口形式

(二)孕镶金刚石钻头

我国钻探生产中主要采用孕镶金刚石钻头,与表镶钻头相比孕镶钻头的优越性在于:①对金刚石品级的要求低于表镶钻头。②孕镶钻头抗冲击载荷的能力较好,如果钻头唇面的金刚石发生剪崩,对钻进效果的影响小于表镶钻头,对违反操作规程的敏感程度也小于表镶钻头。③因为不必按规定用手工布置摆放金刚石颗粒,孕镶钻头的工业制造过程更简单。

1. 孕镶钻头用金刚石

孕镶钻头使用的天然和人造金刚石粒度取决于所钻岩性(表 4-15)。

表 4-15　孕镶钻头用的金刚石粒度推荐表

适用地层	岩石类别	中硬			硬			坚硬		
	可钻性级别	Ⅳ—Ⅵ			Ⅶ—Ⅸ			Ⅹ—Ⅻ		
	研磨性	弱	中	强	弱	中	强	弱	中	强
天然或人造金刚石粒度(目)	20~40	—	—	—	—	—	—	—	—	—
	40~60	—	—	—	—	—	—	—	—	—
	60~80	—	—	—	—	—	—	—	—	—
	80~100	—	—	—	—	—	—	—	—	—

2. 金刚石在胎体中的含量

钻头胎体用于包镶金刚石并与钢体牢固连接。孕镶钻头用浓度来表示金刚石在胎体中的含量，它是影响孕镶钻头性能的重要结构参数。浓度的算法沿用砂轮制造业的"400%浓度制"，当金刚石的体积占胎体工作层体积的 1/4 时，其浓度为 100%，全部都是金刚石时，浓度为 400%。选择金刚石浓度的依据是所钻岩性、金刚石的品级和粒度，同时必须兼顾胎体的包镶能力和钻压值的大小，即岩石越坚硬致密，金刚石质量越好，粒度越细，浓度宜较低；唇面比压较大时可选较高的浓度，这样对提高胎体耐磨性也有好处。合适的浓度为 70%～120%，过高了将影响胎体的包镶能力和钻速。

3. 钻头的胎体性能

金刚石钻头对胎体性能有一系列要求：胎体不仅要能牢固包镶金刚石，满足钻进条件下的强度、抗冲击性能要求，而且对其在钻进过程中的磨损速度也有严格要求。对孕镶钻头而言，根据所钻岩石性质正确选择胎体硬度（耐磨性）显得更为重要。为了保证孕镶金刚石能及时出刃，在钻进过程中孕镶钻头胎体的磨损应稍超前于金刚石。合适的胎体耐磨性应能使唇面金刚石正常出刃，并且在每粒金刚石的后面形成蝌蚪状支撑（图 4-31）。随着金刚石的磨钝，胎体应在岩粉的磨蚀下超前磨耗，帮助新的金刚石出刃。

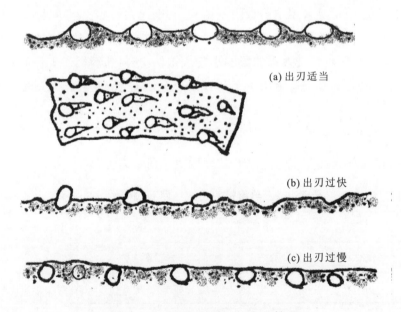

图 4-31 孕镶金刚石的出刃情况

当岩石更硬时，金刚石磨损得更快，但这时产生的岩屑更薄，数量更少，因此岩屑对胎体的磨蚀作用弱于稍软的岩石。所以在坚硬的岩石中钻进时，必须选择低耐磨性（硬度较小）的胎体。

由于测定硬度的方法简单，虽然胎体的硬度不能完全代表其耐磨性，但目前仍习惯于用胎体的硬度来表示其耐磨性。我国孕镶金刚石钻头制造业采用的胎体硬度（耐磨性）指标如表4-16所示。

表4-16 孕镶金刚石钻头的胎体硬度和耐磨性

代号	级别	胎体硬度（HRC）	耐磨性	适应岩层
0	特软	<20	低	坚硬致密的弱研磨性岩层
1	软	20~30	低中	坚硬弱研磨性岩层，坚硬中等研磨性岩层
2	中软	30~35	中等	硬的弱研磨性岩层，硬的中等研磨性岩层
3	中硬	35~40	中高	中硬的中等研磨性岩层，中硬的强研磨性岩层
4	硬	40~45	高	硬的强研磨性岩层
5	特硬	>45	特高	硬-坚硬的强研磨性岩层，硬、脆、碎岩层

另外，胎体的强度（多用抗弯强度）和抗冲击韧性也是胎体性能的重要指标，不过常规的胎体配方是可以满足要求的。

4. 钻头的唇部形状

钻头的唇部形状选择取决于钻头的用途和使用条件。表4-17列举了国内外常用的金刚石钻头胎体唇部形状，并简述了其特性及使用领域。孕镶金刚石钻头的胎体唇面多选用平底形，在孔内磨合一段时间后便自然形成圆弧形。如果坚硬、弱研磨性的岩石或钻头壁较厚，可把钻头唇部做成同心环槽、锯齿状或阶梯形，以使比压集中并在孔底形成破岩自由面。孕镶金刚石钻头常用聚晶保径，可取得满意的钻进效果。

表4-17 国内外常用的金刚石钻头胎体唇部形状

唇部形状	特性简述用途和使用领域	唇部剖面
平底形	制造孕镶钻头时通常采用平底胎体，主要用于钻进低研磨性的中硬和坚硬岩石。这可解释为，该类钻头的胎体周边刃磨损增大也不会引起钻头过早失效。相反，如果胎体高度加大并保持平底，则有利于保持钻进过程中钻头的工作直径	
短半圆形	倒成圆角的切削部分有利于发挥钻头外径和内径的作用。这种形状的金刚石钻头常用于取心钻进。胎体端部圆的半径总是大于胎体壁厚的一半	
半圆形	胎体端部的圆形半径等于胎体壁厚的一半。完全做成圆形的切削部分可更好地利用外表面，特别适合钻进裂隙性、很坚硬和频繁互层的研磨性岩石	

续表 4-17

唇部形状	特性简述用途和使用领域	唇部剖面
外锥形	切削唇面有不对称的形状。胎体端部的这种剖面通常用于双管厚壁取心钻头。外锥形有利于在钻进容易破碎的软岩时提高岩心采取率并减少钻孔弯曲	
导向形	在钻进垂直孔时该钻头有利于保持钻孔方向。常用于钻进中硬岩石	
专用导向形	与上述形状相同。常用于钻进坚硬和中硬岩石	
二阶梯形	适于胎体端部宽的双管取心钻头。切削性能比前述形状更弱。常用于钻进中硬岩石	
多阶梯形	在钻头标准中宽度最大的钻头,广泛用于绳索取心钻进。能较好地保持钻孔方向,常用于钻进中硬岩石和坚硬岩石。适于胎体端部宽的钻头	
反锥形	适于胎体端部宽的双管取心钻头。常用于钻进强研磨性和破碎岩石,这时所钻岩石将加速钻头胎体内径方向周边的金刚石超前磨损	
锯齿形	适于中硬岩石的单管取心钻进和绳索取心钻进	
掏槽形	常用于钻进沉积岩和变质岩,可以获得很高的机械钻速	
高胎体双层水口	孕镶的金刚石层高,适用于强研磨性地层或深孔条件下增加纯钻进时间,从而减少起下钻作业,提高钻探效率	

5. 钻头的水口与水路

因为孕镶钻头的金刚石出刃非常小，故它的主水路不是钻头唇面与孔底的间隙，而是水口。在唇面扇形块的下面只存在漫流（或湿润）区，用于冷却和排粉的水流主要通过水口和水槽。因此，孕镶钻头往往设计成多水口、小水口，这样对防止烧钻有利。

（三）金刚石扩孔器

在硬岩和研磨性岩石中钻进地质勘探孔时广泛采用金刚石扩孔器。

金刚石扩孔器是一个钢制空心圆筒，扩孔器外表面的槽子中镶焊有超硬材料（包括金刚石聚晶）或金刚石，扩孔器表面带冲洗液水槽。扩孔器位于钻头和岩心管之间，两端都有与金刚石钻头及岩心管连接的螺纹。根据用途，扩孔器的螺纹可以是内螺纹或外螺纹。扩孔器的直径应略大于钻头直径（一般大 0.5mm），其结构如图 4-32 所示。其主要功能是：①在钻进过程中修整孔壁，保持和扩大孔径，以防钻进过程中钻头外径过早磨损，从而减少新钻头下孔时的扫孔工作量；②金刚石扩孔器可帮助稳定下部钻杆柱和岩心管的工作状态，从而明显降低孔内钻具振动和减少钻孔弯曲。

俄罗斯用于可钻性Ⅷ—Ⅹ级硬—坚硬岩石单管钻进的金刚石扇形扩孔器如图 4-33 所示。每个金刚石扇形块长 21mm，宽 17mm，扇形块朝向钻头的前缘部分带有一个 8°圆锥形导入角，卡心装置安装在扩孔器钢体 1 的锥形内壁上，扩孔器与岩心管的内螺纹相连。另外，在靠近金刚石扇形块 2 的外径上有方便管钳操作的圆孔。双管扩孔器与单管扩孔器的区差别在于卡心装置的安装位置、内孔大小、总长度和连接螺纹不同。

（四）金刚石钻头及扩孔器选型表

金刚石钻头和扩孔器的选用见表 4-18。

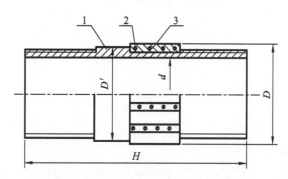

图 4-32 金刚石扩孔器结构示意图
1.钢体；2.金刚石；3.胎体；D'.扩孔器钢体外径；
d.扩孔器内径；H.扩孔器长度；D.扩孔器外径

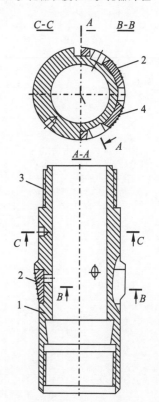

图 4-33 俄罗斯金刚石扇形扩孔器
1.钢体；2.含金刚石的扇形块；
3.连接丝扣；4.金刚石

表 4-18 金刚石钻头和扩孔器选用推荐表

常见岩石举例			泥灰岩,绿泥石片岩,页岩,千枚岩,泥质砂岩,硬质片岩	大理岩,灰岩,泥灰岩,蛇纹岩,辉绿岩,安山岩,辉长岩,白云岩,硬砂岩,橄榄岩			片麻岩,玄武岩,闪长岩,石英二长岩,混合岩,矽卡岩,伟晶岩,花岗闪长岩,流纹岩,花岗岩,钠长岩			石英斑岩,高硅化灰岩,坚硬花岗岩,碧玉岩,霏细岩,石英岩,石英脉,含铁石英岩		
可钻性		类别	软	中硬			硬			坚硬		
		级别	Ⅰ—Ⅲ	Ⅳ—Ⅵ			Ⅶ—Ⅸ			Ⅹ—Ⅻ		
研磨性			弱	弱	中	强	弱	中	强	弱	中	强
表镶钻头	聚晶金刚石烧结体		●	●	●		●	●				
	天然金刚石粒度(粒/克拉)	10～25		●	●							
		25～40			●	●	●	●				
		40～60					●	●	●			
		60～100						●	●	●	●	●
	胎体硬度(HRC)	20～30		●			●					
		35～40			●	●		●			●	
		>45							●			●
孕镶钻头	人造或天然金刚石(目)	20～40		●	●	●	●	●				
		40～60			●	●	●	●	●			
		60～80					●	●	●		●	
		80～100						●	●	●	●	●
	胎体硬度(HRC)	10～20								●		
		20～30		●			●			●	●	
		30～35			●		●	●				
		35～40			●							
		40～45				●			●			
		>45										●
扩孔器		表镶		●	●	●	●	●				
		孕镶			●	●	●	●	●	●	●	●

(五)金刚石钻头及扩孔器的制造

1. 无压浸渍法

将金刚石放入石墨模具上按设计加工好的坑内,再把骨架金属放入模槽并安放钻头钢体。装模后轻轻敲击模壁使骨架粉末密实,再把粘结金属碎片放于模心内并撒上助熔剂和保温砂,即可放入马弗炉中烧结。当温度达 1100℃时,粘结金属熔化并渗入骨架金属中形成有硬质点的胎体,把金刚石与钻头钢体粘结在一起,便制成了表镶金刚石钻头。在整个烧结过程中无需加压。此方法尤其适用于制造表镶金刚石钻头和聚晶体钻头、特殊形状钻头和金刚石扩孔器。

2. 热压法

热压法主要用于制造孕镶金刚石钻头。先将胎体的骨架金属粉末和粘结金属粉末按设计的比例混合,并在胎体的工作层中混入一定浓度的金刚石,装入石墨模具内。在电阻热压炉上烧结,边加温边加压,按照设计的烧结工艺流程(一般全压为 10~15MPa,最高温度 1000℃左右)即可制成孕镶金刚石钻头。此方法是目前国内外常用的制造钻头方法。

3. 电镀法

利用电镀方法制造孕镶金刚石钻头在我国发展较快,该方法的主要优点是在制造工艺中金刚石不接触高温。其原理是在电镀槽内将镍、钴一类的金属沉积到钻头体上,同时分层分次把金刚石微粒撒到电镀面上,利用沉积的金属把金刚石孕镶在胎体之中。金刚石扩孔器也可采用该方法来制造。该方法的缺点是生产周期长。

4. 二次镶嵌法

该法先用热压法或无压浸渍法烧结好含有金刚石的胎块,然后用钎焊法将胎块焊接到预先烧结好的钻头体上。

三、金刚石钻进规程参数

金刚石钻头是目前最锐利的钻岩工具,从理论上讲它应该可以顺利地钻进各类地层,但在实践中往往出现一些反常现象:如在某些地层中,钻头金刚石耗量很大而钻头进尺很少;在另一些地层中,钻头的钻速很低,甚至出现钻头"打滑"不进尺的情况;有时某种钻头在一个矿区钻进效果很好,而在另一个矿区却效果很差。这些现象归结起来说明一个问题,金刚石钻进中所选用的钻头必须和所钻的岩性相适应,这是提高金刚石钻进技术经济指标的关键环节之一。

(一)金刚石钻进规程

评定金刚石钻进规程优劣的主要依据是钻速、钻头总进尺和单位进尺的金刚石耗量 3 个指标。

1. 钻压

随着钻压加大,机械钻速将增大。然而过大的轴向载荷使金刚石切入岩石深度加大,胎体紧贴孔底,与岩石的间隙减小,使钻头下的岩粉很难排出,钻头冷却状况恶化,导致机械钻速下降。当轴向载荷低于临界值时,金刚石切入量不足,胎体几乎不能有效地被磨损,出现金刚石表面磨损并被抛光,岩石破碎过程也非常低效。所以,为了实现体积破碎,必须针对不同类型的钻头选择最优钻压值。

钻压与钻速和金刚石耗量的关系曲线如图4-34所示,可分为3个区:Ⅰ区为表面研磨破碎,钻速极低;Ⅱ区为疲劳破碎,依靠多次重复使裂纹扩展才能破碎岩石;Ⅲ区为体积破碎区,钻速随钻压增长很快,但单位进尺的金刚石耗量也增长很快。过大的钻压将导致钻速有所下降,因此建议在图中的最优区内取钻压值。

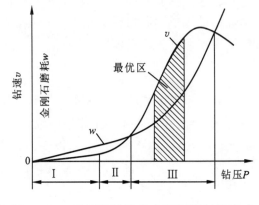

图4-34 钻压对钻速和金刚石耗量的影响

1)表镶金刚石钻头的钻压 P
$$P = Gp \quad (kN) \tag{4-26}$$

式中:G——钻头上的金刚石粒数;

p——单粒金刚石上允许的压力,kN/粒。对细粒金刚石 $p=0.010\sim0.015$ kN/粒,中粒金刚石 $p=0.015\sim0.020$ kN/粒,粗粒金刚石 $p=0.020\sim0.030$ kN/粒,特优质级金刚石 $p=0.050$ kN/粒。

2)孕镶金刚石钻头的钻压 P
$$P = qS \tag{4-27}$$
$$S = \frac{\pi}{4}(D_1^2 - D_2^2) - mba \tag{4-28}$$

式中:q——单位底唇面面积上允许的压力,kN/cm²;

S——钻头工作端面的面积,cm²;

D_1、D_2——钻头的外、内径,cm;

m——钻头上水路通道的数量;

b——水路通道的宽度,cm;

a——胎体厚度,cm。

我国《地质岩心钻探规程》推荐孕镶钻头单位底唇面压力值为 $q=0.4\sim0.8$ kN/cm²,《地质钻探手册》推荐对中硬—硬地层 $q=0.5\sim0.7$ kN/cm²,硬地层 $q=0.7\sim0.9$ kN/cm²,坚硬地层 $q=0.9\sim1.0$ kN/cm²。而俄罗斯规定为 $q=0.7\sim1.3$ kN/cm²。

表4-19列出了不同类型金刚石钻头推荐采用的钻压值,可供选择时参考。

表 4-19 不同规格金刚石钻头钻进时适用的钻压值　　　（单位：kN）

钻头种类		钻头规格					
		A	B	N	H	P	S
表镶钻头	初始压力	0.5~1.0	1.0~2.0		2.5	3.0	3.5
	正常压力	3~6	4~7.5	6~10	8~11	10~13	11~14
孕镶钻头		4~7	4.5~8.5	6~11	8~15	12~17	14~19

选择和施加钻压时还应注意以下几点。

(1)在钻进过程需要均匀调整轴向载荷,不允许急剧增大或减小载荷,因为这样可能引发孔内事故。不允许采用大于临界值的轴向载荷。过大的载荷会导致金刚石急剧崩裂并极大地增加金刚石耗量。过小的比压同样是不容许的,因为这样可能引起金刚石在完整的弱研磨性岩石中被抛光,并造成金刚石无法切入岩石。

(2)应根据岩石性质来选择钻压。对表镶钻头,在岩石坚硬完整的情况下可采用较高的单粒压力;反之,应采用较低的单粒压力。对孕镶钻头,钻进中硬的弱研磨性或破碎、非均质岩层时,宜选下限钻压,在完整、中硬—坚硬或强研磨性岩层中应取上限。

(3)应根据金刚石来选择钻压。钻头上的金刚石质量好、数量多、粒度大时宜选用上限钻压,反之亦然。

(4)确定轴向载荷时必须考虑由于钻柱与孔壁摩擦和冲洗液上举力引起的钻头载荷下降。根据孔底传感器的数据,实际的轴向载荷几乎只有地表仪表读数值的1/2。用新钻头钻进时,在前5~10min钻头接触孔底时应以大约2~3kN的小钻压和150~200r/min的转速。当钻头与孔底磨合之后可逐渐把钻探规程参数加到优化值,即注意施加钻压的阶段性。

(5)孔底实际钻压。一般地表测得的钻压值都是钻具自重加上或减去油压的指示值,而由于钻孔弯曲、泵压的脉动和岩性不均质造成钻具振动,使孔底实际的瞬时动载钻压可能是地表仪表指示值的1~3倍。因此,对于深孔、斜孔和非均质岩层应取较小的钻压。

2. 转速

由金刚石钻进的机理可知,转速是影响金刚石钻头钻速的重要因素,在一定的条件下,转速越快,钻速也越高。转速与金刚石磨损的关系比较复杂,若其他条件不变,钻头转速存在着临界值,即在某一转速下金刚石磨损量最小。随着钻孔加深,功率消耗和加在钻杆柱上的载荷增大,岩石的研磨性和裂隙性增大,应降低金刚石钻头的转速。

选择回转速度时,通常是根据钻头线速度的经验推荐值 v_0 来估算。

1)表镶金刚石钻头的线速度 v_0

表镶金刚石钻头所用的金刚石粒度较大,出刃量也较大,允许有较大的切入量,所以转速应低于孕镶钻头。我国《地质岩心钻探规程》和《地质钻探手册》推荐的表镶钻头线速度为 $v_0=1\sim2\text{m/s}$,而俄罗斯规定为 $v_0=1\sim3\text{m/s}$。

2)孕镶金刚石钻头的线速度 v_0

孕镶金刚石钻头所用的金刚石粒度很小(一般粒径为 0.2mm 左右),出刃量微小,主要靠高转速来获取钻进效率。我国《地质岩心钻探规程》和《地质钻探手册》推荐的孕镶钻头线速度为 $v_0=1.5\sim3\text{m/s}$,而俄罗斯规定为 $v_0=2\sim4\text{m/s}$。

转速的计算公式:

$$n=\frac{60v_0}{\pi D} \tag{4-29}$$

式中:v_0——钻头的回转线速度,m/s;

D——钻头的平均直径,m,$D=(D_1+D_2)/2$,其中 D_1、D_2 为钻头的外径和内径。

推荐的各类表镶和孕镶钻头的适用转速如表 4-20 所示。

表 4-20 各类金刚石钻头的适用转速推荐表 (单位:r/min)

钻头种类	钻头规格					
	A	B	N	H	P	S
表镶钻头	500~1000	400~800	300~550	250~500	180~350	150~300
孕镶钻头	750~1500	600~1200	400~850	350~700	260~520	220~440

选择合理的转速时,还应考虑以下几点。

(1)岩石性质。选择钻头转速时必须考虑岩石的硬度、研磨性和裂隙性。如果岩层较破碎、软硬不均、孔壁不稳时,宜选用下限转速。

(2)钻孔。如果钻孔结构简单、环空间隙小、孔深不大时,应尽量选用高转速,反之亦然。小口径钻孔取上限,大口径钻孔取下限。

(3)设备和钻具。采用高转速的限制是钻机动力机的功率和钻柱的强度。

3. 冲洗液泵量

金刚石钻头的出刃量很小,如果孔底积聚大量岩屑将减少金刚石的切入深度。因此,金刚石钻进过程中快速清除孔底岩屑有助于提高机械钻速。冲洗液在金刚石钻进中除了完成排粉、冷却、护壁功能外,还将起到润滑钻具、帮助孕镶钻头自锐的作用。

一般根据液流上返速度来确定金刚石钻进所需的泵量 Q:

$$Q=6vF \quad (\text{L/min}) \tag{4-30}$$

式中:v——环隙空间的上返流速,m/s;

F——钻孔的环空面积,cm^2。

还可以按每米钻头直径上的推荐泵量 q 来估算合理的冲洗液消耗量(L/min):

$$Q = qD \tag{4-31}$$

式中：q——每米钻头直径上的单位泵量，L/min；
　　　D——钻头外径，cm。

我国《地质岩心钻探规程》和《地质钻探手册》推荐的金刚石钻进上返速度为 0.3～0.7m/s，而俄罗斯规定每厘米钻头直径上的冲洗液耗量取 4～8L/min。钻进软岩石时机械钻速大，岩粉量多，所以 q 应取大值，而钻进致密的坚硬岩石时应减小。

由于表镶、孕镶金刚石钻头钻进时钻孔环状间隙很小，冲洗液的流动阻力很大，所以金刚石钻进基本是以不大的泵量和较高的泵压来工作的。但压力过大导致钻头举离孔底，抵消钻压，甚至可能冲蚀胎体和岩心。冲洗液的压力脉动还会增大钻柱的附加振动。另外，泵压是反映孔底工况的敏感参数之一，必须密切加以注意。例如，钻进中突然钻速降低而泵压猛增时，可能是发生岩心堵塞或"烧钻"的预兆；泵压逐渐下降则可能是钻杆产生裂纹并正在逐渐扩大。

表 4-21 中的数据可供选择金刚石钻进泵量时参考，同时还应综合考虑下述内容。

(1)岩层性质。钻进坚硬致密的岩层时，单位时间产生的岩粉量少，可选择下限泵量，反之亦然。钻进强研磨性岩层时，需要较大泵量吸收摩擦产生的热量，但携带岩粉磨粒的高速液流会严重冲蚀胎体，诱发金刚石颗粒过早脱落。因此，应权衡利弊选择合理的泵量。

(2)钻头类型。孕镶金刚石钻头出刃微小，钻头唇面与岩面间只存在漫流区，主要靠多个水口循环，加之常以高转速钻进，因此宜用较大的泵量，以防止发生烧钻。而表镶钻头的出刃较大，排粉和冷却条件也较好，故可选用较小的泵量。

(3)防止烧钻。试验表明，用于冷却钻头所需的泵量并不大，只需泵量达每厘米钻头直径 0.2～0.3L/min 就可满足胎体迅速散热的需要。但当转速为 800r/min，钻头唇面压力为 10MPa 时，钻头每转一圈，胎体温度将升高 1.73℃。所以，钻进中若冲洗液停止循环 1～2min，便可能造成烧钻的恶性事故。

(4)钻头水口的大小，直接影响钻头内外的冲洗液压差，保持适当的压差，有利于钻头底部岩粉的排出和冷却。随着钻头胎体消耗，钻头水口要进行修磨，修磨后其高度不得小于 3mm。

(5)金刚石钻进时最好的冷却液是水、乳化液和聚合物溶液。应限制使用粘土冲洗液，只有在钻进不稳定的风化复杂岩层时才使用。

表 4-21　金刚石钻进适用泵量　　　　（单位：L/min）

钻头规格	A	B	N	H	P	S
适用泵量	25～40	30～45	40～65	50～80	60～100	80～120

(二)金刚石钻进的临界规程

随着金刚石钻进的普及与推广,科研人员不满足于前述传统的规程问题定性结论,而是通过分析钻进中的热物理过程,对钻进规程参数与胎体温度、破岩功率消耗、机械钻速、胎体磨损之间的关系进行了定量研究,并在此基础上提出了金刚石钻进的正常规程和临界规程的见解。正常规程下,钻头胎体温升正常,功率消耗平稳,同时钻头磨损轻微;而临界规程下,钻头胎体温升将急剧上升,功率消耗剧增,钻头磨损严重,甚至出现烧钻。

1. 胎体温度与钻压 P 和转速 n 的关系

用人造金刚石(粒度 $200\sim400\mu m$)孕镶钻头钻进花岗岩时,测得的胎体温度和 P、n 之间的关系如表 4-22 所示。当钻压 P 和转速 n 达某一值时,胎体温度由 $100\sim200℃$ 急剧升至 $600\sim700℃$ 的高温。这时的钻进规程已由正常规程转入了临界规程。对于具体的岩石而言 $P \cdot n$ 的临界值基本上是个常量。表 4-22 中的加粗字＋灰底色划出了正常规程与临界规程的分界线。胎体温度和功率消耗与 $P \cdot n$ 值的关系如图 4-35 所示,图中斜线部分为 $P \cdot n$ 临界值的范围。

表 4-22 钻头胎体温度(℃)与轴向压力 P 和转速 n 的关系

钻头转速 n (r/min)	轴向压力 P(kN)									
	1.0	2.0	3.0	4.0	5.0	6.0	7.0	8.0	9.0	10.0
600						60	160	190	190	**560**
750					100	70	100	**590**		
950				70	80	80	**620**	**650**	**670**	
1180			90	120	**640**					
1500	50	70	120	**550**						

2. 功率消耗、机械钻速与钻进规程的关系

试验还发现,钻进时的功率消耗、机械钻速也与临界规程有直接关系。表 4-23 中功率消耗的规律与胎体温度升高的趋势完全一致,即当胎体温度急剧升高时,功率消耗也由 $2.04\sim2.64kW$ 突然增至 $5.3kW$ 以上,功率消耗与胎体温升同步进入临界状态。钻进花岗岩的钻速也发生在同一 $P \cdot n$ 临界值的条件下,即用该孕镶金刚石

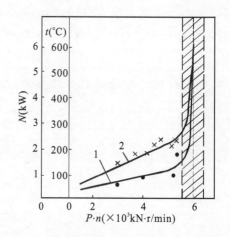

图 4-35 胎体温度和功率消耗与 $P \cdot n$ 值的关系

钻头钻进该花岗岩时，其最高钻速不得超过临界值 37mm/min，否则将出现胎体温度剧增的严重后果。

3. 胎体温度与冲洗液的关系

试验表明，当钻进过程进入临界状态后，冲洗液的冷却效果也是有限度的。由表 4-24 的数据可知，当泵量由 15L/min 增至 30L/min 时，胎体温度和功率消耗虽有某种程度的降低，但泵量增大一倍并不能使钻进过程从临界状态转化为正常规程。也就是说，若 $P·n$ 已达临界值，想单纯依靠增大泵量来解决防止烧钻的问题是不可能的。

表 4-23　钻进功率消耗(kW)与轴向压力 P 和转速 n 的关系

钻头转速 n (r/min)	轴向压力 P(kN)									
	1.0	2.0	3.0	4.0	5.0	6.0	7.0	8.0	9.0	10.0
600						1.71	1.86	1.92	2.32	5.34
750					1.80	1.86	2.04	5.67		
950				1.95	2.31	2.79	5.37	6.56	6.91	
1180			2.16	2.64	5.52					
1500	0.48	1.44	2.16	5.56						

表 4-24　泵量对胎体温度和功率消耗的影响

指标	冲洗液泵量(L/min)		
	15	20	30
胎体温度(℃)	725	640	550
钻进功率消耗(kW)	5.67	5.22	5.13

4. 钻头磨损与钻进规程的关系

图 4-36 显示了钻头胎体相对磨损量（量纲为单位破碎功的体积磨耗）与钻进规程（钻头轴压与回转线速度的乘积）间的关系。图中 a 线为正常规程，b 线为临界规程，无论在实验室还是在生产条件下，当由正常规程转入临界规程时，钻头磨耗都是突然急剧增大。图中显示，曲线Ⅱ的磨耗量要比曲线Ⅰ高 3 倍，这可能与野外条件下孔内的动载，进入临界规程后钻头上的高温持续时间长使金刚石强度和胎体硬度明显降低有关。

综上所述，可以得出两点结论。

(1)金刚石钻进每种岩石都存在着临界规程，其 $P·n$ 值基本是个常数。也就是说，钻压 P 和转速 n 两个参数之间存在着明显的交互影响，必须同时考虑它们的取值。进入临界规程的主要表现是胎体温度急剧升高，钻头严重磨耗，虽然此时钻速也很高，但可能导致烧钻事故。因此，必须保证钻进工艺处在小于临界规程的状态下。

(2)钻进过程中的胎体温度和钻头非正常磨耗是重要的孔内工况指标,但不便于测量。而功率消耗便于在地表检测,又与上述两指标同步进入临界规程,因此可通过测量钻进功率来判断钻进过程正常与否。一旦出现功耗突变,便可发出进入临界规程的报警。这是由凭经验打钻走向科学钻进的一个重大进步。

(三)金刚石钻头的合理使用

通过分析机械钻速的变化也可确定金刚石钻头的使用是否合理。各种类型钻头机械钻速的变化速率是不同的。在正确选择规程参数组合的条件下,孕镶钻头的机械钻速应变化不大。表镶钻头的初始机械

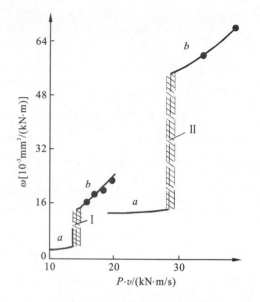

图 4-36 钻头磨耗与钻压及线速度乘积的关系
Ⅰ.实验室条件下;Ⅱ.生产条件下

钻速较高并在短时间内呈增长趋势,达到最大值后将开始下降。但是,目前还无法根据仪器检测结果和已有的准则来确定应何时起钻换钻头,通常还是根据机械钻速的变化特征,用目测的方法观察钻头磨损情况来评估金刚石钻头的使用程度。

对于表镶钻头在下列情况下应结束钻头的工作回次并更换。

(1)胎体的外径、内径和高度磨损严重。根据保径金刚石粒度不同,胎体的内外表面磨损量已达 0.5~0.7mm。根据主体金刚石粒度不同,对于粒度为 90~60 粒/克拉、60~40 粒/克拉和 30~20 粒/克拉,金刚石胎体允许的高度磨损量分别为 0.5mm、0.7mm、0.9mm。

(2)正常的胎体剖面已经被改变,在内外表面已出现了锥度,以及在胎体端部外缘或中部已出现了深度超过 0.5mm 的拉槽和倒角。

(3)金刚石出刃过大(超过了其线性尺寸的 1/3),可能导致金刚石脱落和破坏。

(4)胎体冲蚀严重,使其强度下降,可能导致某个扇形块脱落或整个包镶金刚石的胎体层脱落。

(5)胎体和钻头钢体存在机械损伤(胎体出现鼓包、被磨圆、裂纹,钻头钢体或螺纹被磨损等)。

(6)由于胎体硬度与岩石的研磨性或钻探规程参数、所钻岩石的性质不匹配,造成钻头上的金刚石被抛光。

孕镶钻头可一直用到主体金刚石被完全磨完,只是当胎体内外侧面出现倒角,且倒角的深度超过了孕镶层厚度时,才认为钻头已经报废,必须更换新钻头。建议不要使用胎体、钢体或螺纹有缺陷的孕镶钻头,以及主体金刚石已经被抛光的孕镶钻头。

第四节 复合片钻进

一、PDC 钻头及其孔底碎岩过程

近十几年来,继石油、天然气钻井之后,国内外地质勘探和矿山钻探领域也大量使用金刚石-硬质合金复合片(PDC)钻头,其发展势头之猛,甚至有逐步取代硬质合金钻头和金刚石聚晶表镶钻头的趋势。但目前国内外对于复合片工具的理论研究明显落后于工程实践,对其孔底岩石破碎机理尚无权威性的统一观点。

(一)钻探用复合片

大部分复合片做成双层的[图 4-37(a)]。复合片上部为聚晶金刚石薄层(聚晶金刚石是经过特殊工艺将金刚石微粒粘结在一起形成的复合材料),作为切削齿的刃口,硬度及耐磨性极高,但抗冲击性较差。复合片下部为碳化钨基片,聚晶金刚石片与碳化钨基片的有机结合,使得 PDC 齿既具有金刚石的硬度和耐磨性,又具有碳化钨的结构强度和抗冲击能力。烧结复合片时以碳化钨、含钴材料作为胶结物,使由于金刚石和垫板热膨胀系数不同而引起的层间应力最小。PDC 具有良好的自锐性能,聚晶金刚石晶粒在切削岩石的过程中不断脱落,使刃面能及时更新自锐。此外,碳化钨基片先磨损有利于形成锋利的刃口,同时其良好的抗冲击性能将为金刚石提供良好的弹性依托。

美国 General Electric 公司生产的复合片 Stratopax(片径 13.5mm,厚度 3.5mm,其中聚晶金刚石层厚 0.5mm)在钻探作业中得到了最广泛的应用。南非 De Beers 公司生产的圆形 Sindit 由 1.0~1.5mm 厚金刚石层和硬质合金垫板组成,在金刚石层和垫层之间还有一个 50μm 厚的中间层,它由很细小(1~5μm)的烧结金刚石微粒组成,从而可避免在钻进过程中因发热使复合片遭受破坏。日本 Sumitomo Electric 公司生产了 3 种型号的复合片,其中有免加工的三角形、方形和菱形复

图 4-37 钻探用金刚石复合片
(a)普通复合片;(b)波浪形结合面的复合片

合片,其刃长 3~6mm、厚度 1.5~5.0mm,具有高耐磨性。独联体生产的岩石破碎用复合片有直径 8.5mm、厚度 3.0mm 和直径 13.5mm、厚度 3.5mm 两种规格,其中金刚石层 0.7~0.8mm 厚。该复合片在切削石英砂岩中可钻进 700m 以上,寿命超出了类似尺寸的

Stratopax 复合片。

为增加两层间的结合力可做成如图 4-37(b)所示波浪形结合面的复合片或牙嵌式结合的复合片。

目前我国的金刚石-硬质合金复合片(PDC)产量已跃居世界首位。常用的国产复合片型号如表 4-25 所示。

表 4-25 常用的国产复合片型号及尺寸

产品代号	直径(mm)	高度(mm)	金刚石层厚度(mm)
0803	8.20	3.56	1.5±0.2
0808	8.20	8.00	1.5±0.2
1004	10.00	4.50	1.5±0.2
1304	13.30	4.50	1.5±0.2
1308	13.44	8.00	2.0±0.2
1313	13.44	13.20	2.0±0.2
1604	16.00	4.50	2.0±0.2
1608	16.00	8.00	2.0±0.2
1613	16.00	13.20	2.0±0.2
1905	19.05	5.00	2.0±0.2
1908	19.05	8.00	2.0±0.2
1913	19.05	13.20	2.0±0.2
1916	19.05	16.31	2.0±0.2

(二)PDC 钻头的孔底碎岩过程

1. PDC 切削刃的受力分析

一般认为,PDC 钻头在弹-塑性岩石中的破岩机理与孕镶金刚石钻头有着本质的区别。PDC 钻头破碎岩石的方式是以切削(剪切)破碎为主,挤压破碎为辅。

根据金属切削理论,单个 PDC 在有一定切入量的情况下切削破碎岩石时的受力如图 4-38 所示。其中,P_{ym}、P_{xm} 为施加在单个 PDC 片上的轴向载荷和切向力;P_n、P_s 为 PDC 切入岩石部分前端面对岩石的压持作用力和与岩石的摩擦力;P_b、P_t 为 PDC 底端所受岩石的反力以及与岩石的摩擦力。可以写出下述方程:

$$\begin{cases} \sum F_y = 0, P_{ym} - P_b - P_n\sin\gamma - P_s\cos\gamma = 0 \\ \sum F_x = 0, P_{xm} - P_t - P_n\cos\gamma - P_s\sin\gamma = 0 \end{cases} \quad (4-32)$$

$$P_s = f \cdot P_n = P_n\tan\varphi, P_t = f \cdot P_b = P_b\tan\varphi \quad (4-33)$$

设
$$K = \frac{P_x}{P_y} = \frac{mP_{xm}}{mP_{ym}} \quad (4-34)$$

式中：f——切削具与岩石间的摩擦系数，一般 $f=0.3\sim0.4$；

φ——切削具与岩石间的摩擦角，(°)；

k——切削力系数，一般与切入深度、切削面积和切削角等因素有关；

m——参与工作的切削刃数量。

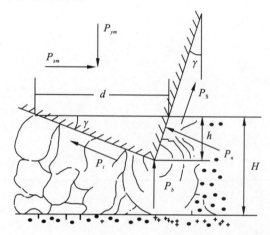

图 4-38 有一定切入量的单个 PDC 切削破碎岩石时的受力示意图

切削刃破碎岩石的条件为

$$P_n = \sigma_c S_a = \frac{\pi}{2} H_y \cdot \sqrt{R} \cdot \left(\frac{h}{\cos\gamma}\right)^{3/2} \quad (4-35)$$

式中：σ_c——岩石的极限抗压强度，由于在这里是切削具局部切入岩石表面，更符合压入硬度的概念，所以可用压入硬度 H_y 来替代它，MPa；

S_a——切削刃前端面与岩石间的压入面积，m²；

R——圆形复合片的半径，m；

γ——复合片的安装角度，(°)；

h——单个切削刃切入岩石的深度，$h=H/m$，m；

H——每转给进量，m。

由式(4-32)至式(4-35)，可确定金刚石切削具前表面使岩石变形和破碎所需的切向力：

$$P_x = mP_{xm} = \frac{\pi}{2} k \cdot K_o H_y \cdot \sqrt{\frac{R}{m}} \cdot (\cos\gamma)^{-1/2} \cdot H^{3/2} \quad (4-36)$$

其中，$K_o = (1-\tan^2\varphi)/(k-\tan\varphi)$。考虑到钻进过程是动态过程，并可能具有一定的冲击作用，以及用不同尺寸切削具切削或切入深度不同时岩石力学性能的变化等因素，在式(4-36)中引进一个动载系数 B（一般取值 $B=0.1 \sim 0.9$，动载越强 B 值越小），于是：

$$P_x = \frac{\pi}{2} Bk \cdot K_o H_y \cdot \sqrt{\frac{R}{m}} \cdot (\cos\gamma)^{-1/2} \cdot H^{3/2} \qquad (4-37)$$

据式(4-37)，可确定回转切削型 PDC 钻头的机械钻速：

$$V_M = nH = n \cdot \left(\frac{m \cdot \cos\gamma}{R}\right)^{1/3} \cdot \left(\frac{2P_y}{\pi BK_o H_y}\right)^{3/2} \qquad (4-38)$$

式中：n——转速，r/min；

B——动载系数。

可见，影响切削刃机械钻速的因素有复合片的尺寸结构（切削刃的尺寸 R 和负斜镶安装角度 γ）、岩石性质（岩石的压入硬度 H_y、研磨性和弹-塑性等）和钻进规程（主要指钻压 P_y 和转速 n）。

式(4-37)表明：岩石的压入硬度越大，复合片的尺寸和安装角越大，轴向载荷（切入深度）越大，则所需的切向力 P_x 越大。所以，在岩石较硬的情况下不宜盲目追求大直径复合片、较大的负斜镶安装角和增大轴向载荷（切入深度）。

式(4-38)表明：轴向载荷 P_y 和转速 n 越大，岩石的压入硬度和复合片尺寸越小，机械钻速将显著增加。此外，还应考虑切削不均匀、冲击作用的影响和钻杆柱的稳定性等其他因素。

2. PDC 钻头的孔底碎岩过程分析

在生产实践中，金刚石-硬质合金复合片不仅可以钻进软—中硬岩石，还可以钻进部分中硬以上的（Ⅶ—Ⅷ级）岩石。PDC 钻进不同岩层的工作机理是一个复杂问题。在上述分析切削刃受力情况的基础上，可以对 PDC 钻头的孔底碎岩过程进行如下定性分析。

1）单片 PDC 的孔底碎岩过程分析

PDC 在垂直力和水平力共同作用下(图4-39)，比压最大处位于前端面刃尖附近（图中圆点处），接触点的压力使岩石内部产生弹性应力和应变并逐渐增大，岩石中的初始裂纹也应在此处首先开始萌生并发展。此处会出现3种性质的微裂纹：一是

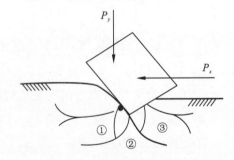

图4-39 PDC 作用下岩石中裂隙发育情况示意图
①剪切微裂纹；②压入微裂纹；③拉伸微裂纹

受剪切作用的剪切裂纹，将向自由表面发展；二是受前端面压力作用的压应力裂纹，具有向深部发展的趋势；三是因底部摩擦拉应力产生的张裂纹，有向深部和后侧表面发展的趋势。这3种微裂纹在外载增加的情况下都会迅速发展并分岔。

由于岩石的抗拉和抗剪强度比抗压强度低得多,因此 PDC 前端接触岩石的剪切裂纹发育得快些。剪切裂纹分岔后,一部分裂纹向表面发展并相互贯穿,有利于岩石产生体积剪切破碎;另一部分裂纹向深部发展,由于受深部岩石各向压缩阻力作用而再转向水平方向,虽然对当前的破碎没有直接影响,但它与张裂隙一起为后续 PDC 破碎岩石准备了预破碎区。可以认为,岩石破碎是在外载下岩石内部裂纹产生、扩展和贯通的过程。

在较软和塑性较明显的地层中,PDC 钻进类似于车刀切削金属的连续切削(剪切)破碎过程。复合片切削刃在轴向和水平载荷作用下切入岩石并前移,当刃前的岩石内某一位置剪应力达到其屈服极限时,岩石开始沿剪切力相等的"初滑移面"产生塑性滑移而实现切削破碎(图 4-40,其中 OA 面为滑移面,该面左边代表弹性变形区,右边代表塑性变形区)。这时岩石实质是在挤压过程中以滑移变形方式成为切屑。破碎区的深度和宽度与金刚石复合片的切入深度和宽度相当。

在中硬及部分硬的、脆性较明显的地层中,PDC 钻进的破碎过程是碰撞→多次压碎及小剪切→大剪切的不连续(波动)过程。钻头上的载荷和破碎区的深度及宽度亦是变化的,一般大于金刚石复合片的切入深度和宽度。

2) 组合 PDC 的孔底碎岩过程分析

PDC 钻进破碎岩石的外载荷不仅取决于岩石性质和单个 PDC 的几何特性,还取决于多个组合 PDC 的空间布置特性,因为前面切削刃产生的预破碎区和切槽自由面会极大影响后续 PDC 破碎岩石的效果。

如图 4-41 所示,设岩面上同时作用两个安装距离为 D_1 的 PDC,单个 PDC 作用下岩石的变形及裂纹发育范围为 D_2,则影响岩石破碎效果的重要因素之一是变形交叉带的性质。

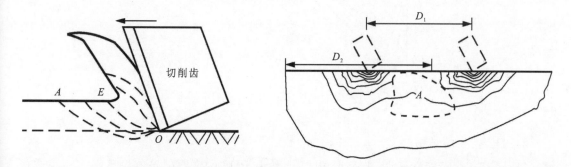

图 4-40 PDC 沿滑移面切削破碎软岩石示意图　图 4-41 组合 PDC 的孔底碎岩过程示意图

若 $D_1 < D_2$,则两变形带相交,变形发展相互关联。这样,两相邻 PDC 之间区域 A 在多数情况下可以被破碎。当作用于 PDC 的载荷进一步增大时,区域 A 的破碎岩石被挤出,产生更大的体积破碎。当然,如果两 PDC 过于接近,区域 A 中的岩石受到扩大的各向压缩作用,可能使得岩石破碎反而更加困难。

若 $D_1>D_2$，两变形带不相交，变形发展相互关联微弱，不利于形成体积破碎，但前面切削具产生的裂纹可为后续 PDC 破碎岩石提供良好的预破碎作用。

可见，钻头上两相邻 PDC 布置过密或过疏都不利于产生良好的岩石破碎效果。

(三)PDC 钻头

1. PDC 钻头的结构

1)胎体式 PDC 钻头和钢体式 PDC 钻头

按钻头体材料及切削具的结构，可把钻头分成胎体式 PDC 和钢体式 PDC 两大类。胎体式用粉末冶金方法烧结钻头体，烧结时将复合片直接焊接在钻头唇面上预留的窝槽中。钢体式钻头的钻头体用合金钢制成，先把复合片焊接在齿柱上制成切削齿，再将切削齿镶焊在钻头体上，并用金刚石聚晶或其他超硬耐磨材料镶嵌体实现保径(图 4-42)。

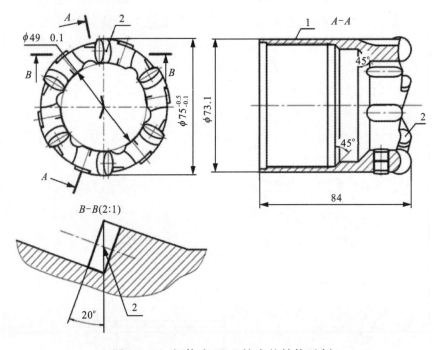

图 4-42　钢体式 PDC 钻头的结构示例

2)PDC 钻头的结构要素

(1)研究和生产实践表明，非整形 PDC 比整形 PDC 的岩石破碎效果更好。在工艺成本允许的条件下应优先选用经二次切割的非整形 PDC。表 4-26 列出了常用非整形复合片的形状和尺寸。一般用电火花和金刚石砂轮切割两种方法沿径向把复合片分割成 2~4 部分，再借助专用支架，用焊料把复合片焊牢在钻头钢体或胎体上。

(2)保证相邻 PDC 之间具有合理距离(即发挥组合切削具预破碎区的作用)并保证钻头端面载荷均匀分布的基础上，钻头上布置的切削具数量应尽量少(图 4-43)，保证单个 PDC 上具有较大的破岩载荷。国内 PDC 钻头的切削具数量推荐值见表 4-27。

表 4-26 非整形 PDC 复合片的形状与尺寸

形状	尺寸 l(mm)	端面面积 S(mm²)
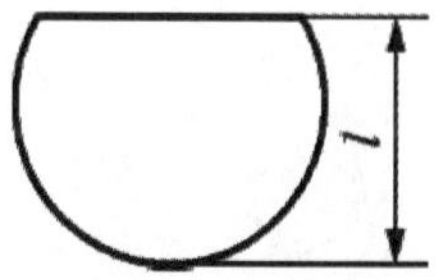	11.2	127.5
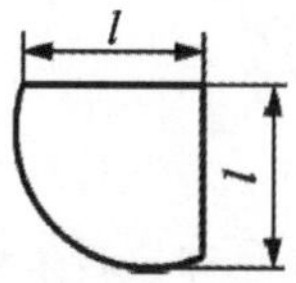	11.2	112.1
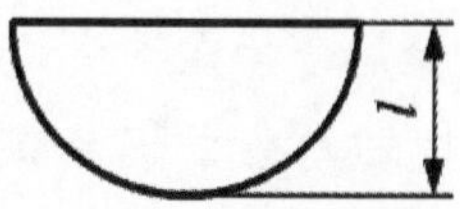	6.2	64.1
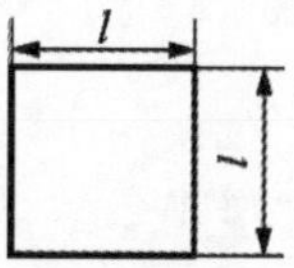	9.2	84.6
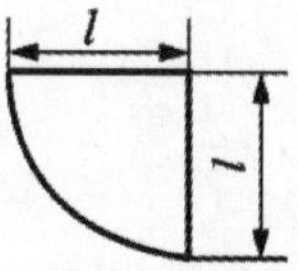	6.2	28.7

表 4-27 单管和双管 PDC 钻头的复合片数量

规格代号	外径 D/内径 d(mm)		复合片数量（片）	
	单管	双管	单管	双管
A	48/38	48/33	3~4	4~5
B	60/48	60/44	4~5	5~6
N	76/60	76/58	5~6	6~7
H	96/76	96/73	7~8	8~9
P	122/98		10~12	

(3)为了有效地清除岩粉,减轻因孔底积聚岩屑对钻头端面的影响并防止烧钻,应在保证复合片切削具强度的条件下尽量设计大的出刃量。

(4)关于 PDC 的工作角设计(图 4-43)。试验研究和生产实践都表明,PDC 以负斜镶方式切削破碎岩石最有效。这种情况下 PDC 以较小的作用力(轴向力和切向力)即可获得给定的压入深度。而且可对切削齿起到保护作用,延长钻头寿命。理论上负前角 γ 的取值范围是 $0°\sim20°$,但常用 $5°\sim20°$,软地层负前角 γ 取小值,硬地层可大一些。

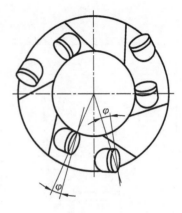

图 4-43 钻头上 PDC 的布置、负前角和扭转角示意图

关于 PDC 钻头的扭转角 φ,主要考虑的因素是钻头旋转时 PDC 能对岩屑施加侧向推力,有利于及时排出孔底岩屑。同时,一定的扭转角 φ 可减少复合片在钻头切向与岩石的接触面积,有利于切削破岩。因此,当冲洗液为正循环时,扭转角 φ 应设为正角,即 PDC 前端面法向指向孔外侧;当冲洗液为反循环时,则 φ 应为负角,前端面法向指向孔内侧。一般认为,最优的 PDC 扭转角为 $10°\sim15°$。

2. PDC 钻头的制造

PDC 钻头破碎岩石过程中主要的损坏形式是:①复合片焊接不牢或胎体冲蚀磨损严重而"脱片";②焊接温度过高使复合片耐磨性、切削能力下降,工作寿命减短;③孔底震动条件下复合片出现崩刃、断裂、分层。

其中,前两条都与焊料及工艺有关,第③条主要取决于复合片质量。因此,复合片的焊接工艺是决定 PDC 钻头效率和寿命的关键技术。

因钻头钢体与 PDC 基底硬质合金的性能差异较大,加之金刚石层中有触媒金属,PDC 热稳定性不好,可能导致复合片在加热至 1000℃ 以上时性能下降,在金刚石层中出现径向裂纹,甚至与硬质合金衬底分层,所以必须用低温方法把其焊在钻头钢体或胎体上,以保护其切削与耐磨能力。一般低熔点焊接的强度低,而 PDC 钻头的孔底过程要求焊接强度高,以防产生脱片现象。目前国内外主要采用银基焊料焊接复合片。我国要求焊接温度不大于 $750\sim800℃$,但对复合片在钻头钢体上的焊接强度和抗冲击力没有具体要求。在超硬材料领域处于高水平的乌克兰,其低温焊接国家标准是:焊料的熔化温度为 $590\sim610℃$,应保证复合片在钻头钢体上强度达 $360\sim420MPa$,抗冲击力不少于 $20kN$。

二、PDC 钻进规程参数

(一)PDC 钻头的钻压

PDC 钻头在较低的钻压条件下,就可在中硬地层(例如沉积岩)中获得很高的钻进速度,综合经济效益显著。

PDC钻头的总钻压按下式估算:

$$P = mp \quad (kN) \quad (4-39)$$

式中:m——钻头上的复合片个数;

p——每个复合片上允许的压力,kN/片,p的取值范围为0.5～1.0kN,随着复合片磨钝,接触面积增加,钻压可逐渐增大。

(二)PDC钻头的转速

复合片在钻头体上出刃量大,主要靠剪切破碎岩石,不宜用太高的转速。推荐的线速度范围为0.5～1.5m/s。转速的计算公式同式(4-29)。

从某些文献资料可以看出,PDC钻头可以在比孕镶金刚石钻头更低的规程参数组合下,实现中硬—部分硬岩石正常钻进,但PDC钻头的规程参数组合中钻压不能低于5.0kN,转速不能低于300r/min。

(三)PDC钻头的泵量

PDC钻头的出刃量大,底唇部分水流面积大,所以选择冲洗液泵量时应以及时排粉为主,以冷却、润滑、护壁和其他工艺因素为辅。可根据式(4-14)来确定冲洗液的泵量。我国《地质岩心钻探规程》和《地质钻探手册》推荐的PDC钻进冲洗液在外环空间的上返速度v_1取0.3～0.7m/s(清水)或0.25～0.6m/s(泥浆),而俄罗斯规定复合片钻进的泵量可超过表镶或孕镶钻头泵量的20%～50%。对孔径大、钻速高、岩粉多、岩石研磨性强、钻头出刃量大者可取上限,反之亦然。

第五节 牙轮钻进

一、牙轮钻头及其孔底碎岩过程

牙轮钻头在油气钻井和大口径施工钻进中应用广泛,其中油气钻井中牙轮钻进的工作量占80%左右。牙轮钻头多数用于不取心全面钻进。牙轮钻头(铣齿式、镶齿式)主要以压碎-剪切方式破碎岩石,其中效果最好的是Ⅵ—Ⅹ级岩石。

(一)牙轮钻头的结构

按牙轮的数量可分成单牙轮钻头、双牙轮钻头、三牙轮钻头和用于取心的四牙轮钻头、六牙轮钻头,其中三牙轮钻头(图4-44)使用最广泛,双牙轮钻头主要用于小口径钻进。

按钻头体的结构可把牙轮钻头分成无体式和有体式。直径较小的(46～320mm)多为无体式,它把单独的结构单元——带牙轮的牙掌相互焊接成一体,然后在钻头体上车连接螺纹。有体式多为大口径(346~490mm),它在钻头体上焊接带牙轮的牙掌,并在钻头体上加工内螺纹。

牙轮钻头分为铣齿式和镶齿式。铣齿是铣或锻压出来的,主要钻进软和中硬岩石(部分硬岩)。镶齿式是用硬质合金镶嵌体作为齿冠,主要钻进硬和坚硬岩石。

牙轮钻头的冲洗机构分为中心冲洗式和圆周冲洗式两种形式。带喷嘴的水力喷射式钻头更有利于提高软岩中的钻速。

牙轮钻头的轴承承受着由钻柱重量和孔底振动造成的很大载荷,是最容易磨损的薄弱环节,必须注意加强润滑和保护。

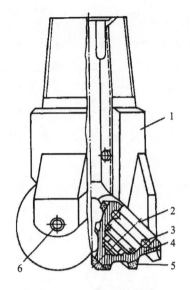

图 4-44 牙轮钻头的结构
1.牙掌;2.轴颈;3.轴承;4.牙轮;
5.铣齿或镶齿;6.销钉

(二)牙轮钻头的孔底碎岩过程

牙轮在孔底的运动有顺时针公转、逆时针自转、纵振和径向、切向滑动。由纵向振动引起的冲击载荷对孔底岩石产生冲击压碎作用;由牙轮超顶、复锥和移轴引起的牙齿滑动对孔底产生剪切破碎作用,有利于切削破碎齿间岩脊。

1. 牙轮的公转与自转

牙轮钻头工作时,固定在牙轮上的牙齿随钻头一起绕钻头轴线顺时针旋转运动,称为公转,公转的速度就是钻机转盘的回转速度。牙轮上各排牙齿的公转线速度是不同的,外排齿公转的线速度最大。牙齿绕牙轮轴逆时针旋转称为自转,自转转速与公转的转速及牙齿对孔底的作用有关。牙轮自转是破岩时牙齿与地层岩石之间相互作用的结果。如果只有公转,没有自转,牙轮钻头将失去由纵向振动造成孔底冲击破碎的优越性。

2. 钻头的纵向振动及对地层的冲击、压碎作用

钻进时,钻头上承受的钻压经牙齿作用在岩石上,除静载以外还有冲击载荷,这是由牙轮的牙齿与孔底单齿、双齿交替接触造成的(图 4-45 齿接触孔底时,牙轮的中心处于最高位置;双齿接触时牙轮的中心下降。牙轮在滚动过程中,牙轮中心的位置不断上下交替,

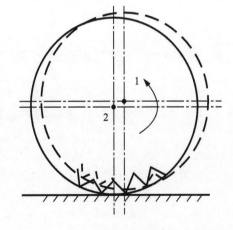

图 4-45 单、双齿交替接触孔底引起的
牙轮纵向振动
1.单齿接触时重心;2.双齿接触时重心

使钻头在承受钻杆柱自重的情况下沿轴向做上下往复运动,这就是钻头的纵向振动。实际钻进过程中,在此基础上还由于孔底凹凸不平叠加了振幅较大的低频振动。

钻头在孔底的纵向振动使钻杆柱不断压缩与伸张,这种周期性变化的弹性能通过牙齿转化为对地层的冲击作用以破碎岩石,与静载压入一起形成了钻头对地层的冲击、压碎作用,这种破岩方式是牙轮钻头的主要形式。

3. 牙齿对地层的剪切作用

牙轮钻头除对岩石产生冲击、压碎作用外,还对地层有剪切作用。剪切作用主要是通过牙轮在孔底滚动的同时还伴有牙齿对孔底的滑动来实现的,产生滑动的原因在于牙轮采用了超顶、复锥和移轴 3 种结构。

1) 超顶引起的滑动

如图 4-46 牙轮锥顶超过钻头轴心的结构称为超顶,超过的距离 OB 为超顶距 C。以下定性地分析由超顶引起的滑动。

设钻头工作时牙轮上每一点的公转与自转转速分别为 ω_B 和 ω_C。

由 ω_B 引起的牙轮与地层接触的母线上每一点 X 的速度凡是呈直线分布的,在 OA 段方向向前,在 OB 段向后,在钻头中心 O 处速度 $v_{BO}=0$。由 ω_C 引起的速度 v_{CX} 也是呈直线分布的,方向向后,在 B 点 $v_{CB}=0$。速度合成后,在 OB 段形成一个向后的滑动速度 v_{SX},此时牙轮受到一滑动阻力 P_S(其方向与滑动方向相反),因而有滑动阻力矩 $M_S(-)=P_S R$。该速度使牙轮的角速度 ω_C 降低。由于牙轮角速度降低,则在 OA 段由 v_{BX} 和降低的 v_{CX} 合成一个滑动速度 v_{SX}(此滑动速度在靠近 O 的一端向后,靠近 A 的一端向前),同时在靠近 O 的部分产生一个与 $M_S(-)$方向相同的滑动阻力矩 $M'_S(-)$,在靠近 A 的部分产生一个与 $M_S(-)$方向相反的滑动阻力矩 $M_S(+)$。$M_S(-)$、$M'_S(-)$ 及 $M_S(+)$ 达到平衡,使 $\sum M_S=0$。于是牙轮的角速度便稳定在一个新数值下,不再减慢。$\overline{v_{SX}}=\overline{v_{BX}}+\overline{v_{CX}}$ 即牙轮相对于岩石的滑动速度,如图中的 $\overline{v_S}$,呈直线分布,它与 AB 线交于 M 点,$v_{SM}=0$ 为纯滚动点。点 M 相对于地层无滑动,BM 段滑动是向后的,AM 段滑动是向前的。

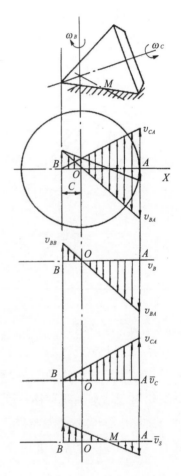

图 4-46 超顶产生的滑动

牙轮由超顶产生的滑动速度随超顶距 C 的增大而增大。

2) 复锥引起的滑动

复锥牙轮包括主锥和副锥(图 4-47),副锥可以有一个或几个。

如图 4-48 所示，主锥顶（锥顶角 $2\alpha_1$）与钻头中心 O 点重合，而副锥锥顶（锥顶角 $2\alpha_2$）的延伸线是超顶的。

复锥牙轮之所以产生滑动，主要是由于牙轮线速度 v_{CX} 不再作直线分布，而是作折线分布。假设 $v_{CA}=v_{CB}$，就只会出现向后的 v_{SX} 它构成了 $M_S(-)$，将 ω_C 刹慢一些，以达到一个新的平衡点，此时在母线 AO 对侧出现向前的 v_S 和 $M_S(+)$，这样 $\sum M_S=0$，牙轮在新 $\omega_C=$ 常数条件下运转。

通过以上分析可以看出，复锥牙轮产生的切线方向滑动有一纯滚动点 M（位于副锥上）。$\bar{v}_S\approx\alpha_1/\alpha_2$，要增加 $\bar{v}_S$，就要增大 α_1 或减小 α_2。

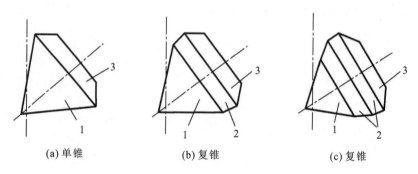

(a) 单锥　　　　(b) 复锥　　　　(c) 复锥

图 4-47　牙轮的几何形状与复锥
1. 主锥；2. 副锥；3. 背锥

3) 移轴引起的滑动

在钻头的水平投影面上，让牙轮轴线沿钻头旋转方向相对于钻头径向平移一段距离，这种结构称为牙轮的移轴。图 4-49 中 O 点为钻头轴线的水平投影，O' 点为牙轮锥顶，牙轮轴线相对于钻头轴线平移一段距离 $S=OO'$ 称为偏移值。

当牙轮作公转时，牙轮与岩石接触母线上任一点 A 的线速度 $v_{BA}=\omega_B\cdot OA$。v_{BA} 的方向垂直于 OA，它可以分解为垂直于牙轮轴的分速度 v'_{BA} 和沿牙轮轴方向的分速度 v_{SA}。其中：

$$v_{SA}=v_{BA}\cdot\sin\theta=\omega_B\cdot OA\cdot\frac{S}{OA}=\omega_B\cdot S \qquad (4-40)$$

同样：
$$v'_{BA}=\omega_B\cdot O'A=\omega_B\cdot X \qquad (4-41)$$

在牙轮锥顶 O' 点处，因 OO' 与牙轮轴垂直，即 $\theta=90°$，所以：

$$v'_{SO}=\omega_B\cdot S,\ v'_{BO}=0$$

考虑到牙轮是一个刚体，因此在接触母线上各点会同时产生一轴向滑动速度：

$$v_S=v_{SA}=v'_{SO}=\omega_B\cdot S \qquad (4-42)$$

通过分析可知，移轴后将产生牙轮与偏移值成正比的轴向滑动。

综上所述，超顶和复锥引起的切线方向滑动，除以冲击、压碎作用破碎岩石外，还可以剪切掉同一齿圈相邻牙齿破碎坑之间的岩脊；移轴产生的轴向滑动，可以剪切掉齿轮之间的岩脊。

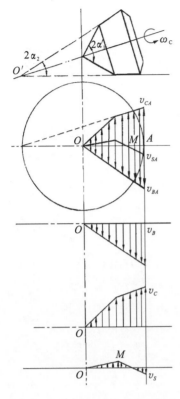
图4-48 复锥产生的滑动图

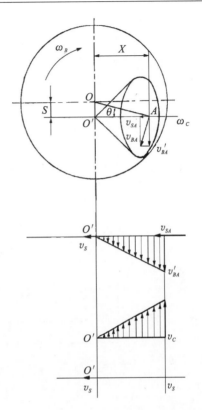
图4-49 移轴产生的滑动

牙齿的滑动虽然可以提高破岩效率,但也造成牙齿磨损剧烈,因此须注意牙齿(尤其对铣齿)的加固。实际上,用于软—中硬地层的钻头一般兼有移轴、超顶和复锥;一部分用于中硬或硬地层钻头有超顶和复锥;用于坚硬和强研磨性地层的牙轮钻头是纯滚动而无滑动的(即单锥,不超顶,也不移轴)。

4. 牙轮钻头的自洗

牙齿钻头在软地层钻进时,牙齿间易积存岩屑产生泥包,影响钻进效率。为此,出现了自洁式钻头(图4-50)。这类钻头各牙轮的牙齿互相啮合,一个牙轮的牙齿间积存的岩屑由另一个牙轮的牙齿剔除。钻进塑性和粘结性岩石时,常采用自洗式牙轮钻头。

(三)牙轮钻头的分类法

1. 我国牙轮钻头的分类和代号

牙轮钻头型号由钻头直径代号、钻头系列代号、钻头分类号和附加结构特征代号组成。如图4-51所示。

(1)钻头直径代号用数字(整数或分数)代表钻头直径的英寸数。钻头的直径应符合SY/T5264的规定,特殊订制的非标准尺寸钻头用公制尺寸表示。

(2)钻头系列代号用1~3个字母组成,表示钻头的结构特征,其代表意义如下:

(a)非自洗式布置　　(b)自洗不移轴布置　　(c)自洗移轴布置

图 4-50　牙轮布置方案

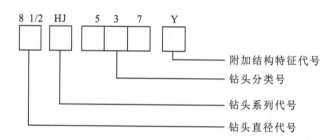

图 4-51　牙轮钻头型号标识图

第一个字母(表示轴承结构特征):H——滑动轴承;G——滚动轴承;F——浮动轴承;W 系列—非密封滚动轴承。

第二个字母(表示密封结构):A——橡胶密封;J——金属密封;W 系列无第二个字母,表示非密封。

第三个字母(表示特殊结构):T——特殊保径;S——副齿。

(3)钻头分类号采用 3 位数字组成的 SY/T5164 分类规定。第 1 位数表示钻头切削结构类别及地层系列号;第 2 位数表示地层分级号;第 3 位数为钻头结构特征代号。

2. IADC 牙轮钻头分类方法及编号

近年来国际上趋向于采用国际钻井承包商协会 IADC 的牙轮钻头分类标准和编号,以便于识别和选用。钻头根据地层分为软、中、硬、极硬 4 类,而每一类又分为 4 个等级,根据钻头结构特征分为 9 类,根据钻头附加结构分为 11 类。

IADC 规定,每一种钻头用 4 位字码进行分类及编号,各字码的意义如下。

(1)第 1 位字码为系列代号(共有 8 个系列),表示钻头牙齿特征及所适应的地层。①铣齿,软地层(低抗压强度,高可钻性);②铣齿,中—中硬地层(高抗压强度);③铣齿,硬、研磨性或半研磨性地层;④镶齿,软地层(低抗压强度,高可钻性);⑤镶齿,软—中硬地层(低抗压强度);⑥镶齿,中硬地层(高抗压强度);⑦镶齿,硬、研磨性或中等研磨性地层;⑧镶齿,极硬(高研磨性地层)。

(2)第 2 位字码为岩石级别代号,表示在第 1 位数码表示的所钻地层中再依次从软到硬分成 1、2、3、4 共 4 个等级。

(3)第 3 位数码为钻头结构特征代号,用 9 个数字表示,其中①～⑦表示钻头轴承及保径特征,⑧与⑨留待未来的新结构钻头用。①～⑦表示的意义如下:

①非密封滚动轴承;②空气清洗、冷却,滚动轴承;③滚动轴承,保径;④滚动密封轴承;⑤滚动密封轴承,保径;⑥滑动、密封轴承;⑦滑动、密封轴承,保径。

(4)第 4 位字码为钻头附加结构特征代号,用以表示前面 3 位数字无法表达的特征,用英文字母表示。目前 IADC 已定义了 11 个特征。

A. 空气冷却;C. 中心喷嘴;D. 定向钻进;E. 加长喷嘴;G. 附加保径/钻头体保护;J. 喷嘴偏射;R. 加强焊缝(用于顿钻);S. 标准铣齿;X. 模型镶齿;Y. 圆锥形镶齿;Z. 其他形状镶齿。

有些钻头其结构可能兼有多种附加结构特征,则应选择一个主要的特征符号表示。

二、牙轮钻进规程参数

(一)牙轮钻进的规程参数

牙轮钻头的钻进效率取决于孔底钻压、钻头转速和冲洗液泵量等钻进规程参数。

1. 钻压、转速的选择

进行孔底全面钻进时,常采用可自由给进的钻机(例如转盘钻机)仅靠钻具自重来施加轴向载荷,这种钻机可实现较长的回次进尺。为了防止孔斜,牙轮钻进时通常采用钻铤或加重钻杆来提供孔底岩石破碎所需要的钻压。通过取舍加接在钻头上的加重钻杆长度和直径来调节钻压的大小。因此,必须非常重视孔内钻具组合方案,尽量减少下部钻具与孔壁的径向间隙,并解决好大钻压在钻具组合中的传递问题。使用加重钻杆的直径应仅比牙轮钻头的直径小一级。

根据钻孔直径和所钻岩石的性质推荐 3 种钻具组合(图 4-52)。

第一种钻具组合适用于钻进小口径孔(76～122mm)。第二种适于钻进口径超过 150mm 的孔。第三种适用于在脆性岩石中钻进大口径孔,这种情况下产生的岩屑颗粒大,冲洗液流很难把大颗粒岩屑直接排至地表。

加重钻杆的重量应比孔底所需钻压大 25%,使钻进过程中可用绞车吊住上部钻具,仅靠加重钻杆与钻头的重量给孔底提供钻压(即孔底加压方式),从而有利于维持钻孔的方向。加重钻杆的长度(m)由下式算出:

$$L = \frac{1.25P}{q(1-\frac{\rho}{\rho_p})} \tag{4-43}$$

式中:P——轴向载荷,kN;

q——每米加重钻杆的重量,kN/m;

ρ——冲洗液密度,kg/m³;

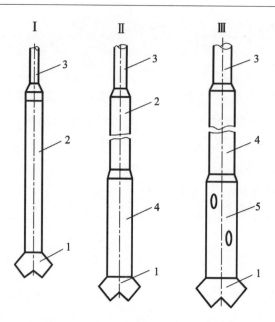

图 4-52 钻具组合（Ⅰ—Ⅲ）

1.钻头；2.加重钻杆；3.钻杆；4.钻头上部的粗径加重钻杆；5.闭式取粉管

ρ_p——加重钻杆材料的密度，kg/m³；

1.25——轴向载荷增大系数。

钻头上的轴向载荷按下式计算：

$$P = pD \tag{4-44}$$

式中：p——每厘米钻头直径上的比钻压，kN/cm；

D——钻头直径，cm。

根据岩石的物理力学性质和钻头类型来选择比钻压。表 4-28 中列出了俄罗斯钻探界根据实际经验和实验研究结果得出的比钻压值，其中下限用于钻进塑性岩石和裂隙性岩石，上限用于钻进坚硬和研磨性岩石。

表 4-28 比钻压的推荐　　　　　　（单位：kN/cm）

钻头类型	可钻性级别					
	Ⅰ—Ⅱ	Ⅲ	Ⅳ—Ⅴ	Ⅵ—Ⅶ	Ⅷ—Ⅸ	Ⅹ—Ⅻ
M	1.5~2.0	2.0~3.0	—	—	—	—
C	—	—	2.0~3.0	2.0~3.0	—	—
T	—	—	—	2.5~3.5	2.5~4.0	—
K	—	—	—	—	2.5~4.0	—
OK	—	—	—	—	3.0~5.0	4.0~5.0

牙轮钻头的转速选择方法与硬质合金钻头和金刚石钻头一样,以推荐的回转线速度为基础进行估算,再结合所钻岩石性质和孔内情况加以选择。当钻进弱研磨性岩石时,建议钻头的回转线速度为 1～2m/s,而在研磨性岩石中应不超过 1m/s,因为高转速将引起钻头磨损加剧。一般在地质勘探孔中牙轮钻头的转速应不超过 300r/min。

2.水力参数的选择

在牙轮钻头的水力参数中必须计算的 4 个主要水力参数是:射流喷速 v_0、射流冲击力 F_j、钻头压降 P_b 和钻头水功率 N_b。各水力参数随泵量 Q 的变化情况如图 4-53 所示。

从清洗孔底的要求来看,希望这 4 个水力参数都越大越好。但从图 4-53 中可以看出,这一要求是不可能办到的。分析钻进过程中与水力因素有关的各变量可以看出,当地面泵设备、钻具结构、孔身结构、冲洗液性能和钻头类型确定以后,真正对各水力参数大小有影响的可控参数就是冲洗液泵量和喷嘴直径。因此,水力参数优选的主要任务也就是确定钻进冲洗液泵量和选择喷嘴直径。

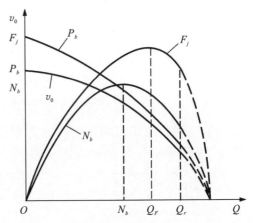

图 4-53 各水力参数随泵量变化的规律

确定钻进过程所需最低泵量的方法与硬质合金钻头和金刚石钻头一样,主要考虑排除岩粉的需要,以推荐的冲洗液上升速度为基础进行估算,再结合所钻岩石性质和孔内情况加以选择。而喷嘴直径的最优值是随着最优泵量和孔深而变化的。

为了有效地清除孔底岩屑,钻进软岩的上升液流速度应不小于 0.8m/s,钻进硬岩为 0.4m/s。

(二)牙轮钻进的工艺特点

1.关于牙轮钻进的机械钻速

在钻过程中,牙轮钻头的瞬时机械钻速是逐渐下降的,它受到岩石的物理力学性质、钻进规程参数等多种因素的影响。钻进中的平均机械钻速随着钻头进尺的增加而以近似于线性关系的形态下降,在 v_m-h 坐标系中,纵坐标上的截距就是初始机械钻速 v_{m_0}。在实验研究的基础上可建立牙轮钻头初始机械钻速 v_{m_0} 的数学模型:

$$v_{m_0} = \frac{a\omega^{\beta}P^{\alpha}}{1+(bP)^k} \tag{4-45}$$

式中:ω——钻头回转角速度,s^{-1};

P——轴向载荷,kN;

a、b、β、α 和 k——给定条件下的常数项系数。系数 a、b、β、α 和 k 的值通过实验来

确定。

牙轮钻进的瞬时机械钻速 v_m 与钻头进尺 h 的关系可写成：

$$v_m = v_{m_0} - \varphi h \qquad (4-46)$$

式中：v_m——机械钻速的瞬时值，m/s；

h——钻头进尺，m；

φ——反映一个回次中机械钻速的下降速率，s^{-1}。

生产实践表明，机械钻速下降的速率与钻头类型、钻探规程参数及岩石的研磨性有关。处理实验数据可得出整个机械钻速下降速率的关系：

$$\varphi = K_n P^q \omega a^r \qquad (4-47)$$

式中：K_n、q、r——经验系数；

a——据巴隆法确定的岩石研磨性指标。

由式(4-47)可以看出，机械钻速的下降速率与钻头的角速度成正比，并与钻压的 q 次方和岩石研磨性的 r 次方成正比。经验系数 q、r 均为小于 1 的系数。综合分析上面 3 个公式，可以得出下述定性分析的结论。

(1)在根据岩层性质和钻机能力选定牙轮钻头后，应针对牙轮钻头的工况特点来确定工艺参数。例如，针对"滚动＋滑动"破碎岩石的牙轮钻头应以较高转速度为主；对于"多滚动＋少滑动"或"纯滚动"的牙轮钻头应以较大钻压为主。

(2)虽然增大牙轮钻头的钻压和转速可提高其初始机械钻速 v_{m_0}（式 4-45），但机械钻速的下降速率也将增大（式 4-47），其中钻头角速度的影响尤其显著。也就是说，在钻孔比较深的情况下，不能片面追求初始机械钻速，而要考虑整个回次钻速是否最优。

(3)岩石研磨性对机械钻速下降速率的影响程度取决于系数 r。而系数 r 的取值又来源于钻头类型。对钻进软—中硬岩石的铣齿牙轮钻头而言，岩石的研磨性越大，钻进时机械钻速下降的速率增长越快；对钻进硬—坚硬岩石的镶齿牙轮钻头而言，岩石研磨性对机械钻速下降速率影响不大。

2. 牙轮钻头的正确使用

(1)在每个回次开始的时候应以小钻压（最优值的 10%～20%）和低转速试钻 10～15min，探索机械钻速与钻压和转速的关系。然后，均匀地把钻压加至最优值，并将转速开到必须的快挡，此后则不要轻易改变钻进参数，应在稳定的规程下进行。

(2)应根据钻头在孔底磨耗的基本特征来确定钻头在孔底的工作时间。如果机械钻速急剧下降或完全停止进尺，并伴有钻具的不均匀转动（跳动），这是牙轮轴承已揳死或钻头完全被磨损的信号；如果在均质岩石中机械钻速逐渐下降，增大钻压钻速仍没有明显增长，则说明牙轮的破岩单元被磨损了。

(3)钻头停止使用的条件：钻头上被磨损的硬质合金齿超过 80% 或牙齿高度磨损超过 2/3；当钻头牙轮轴承出现了大于 4mm（60mm 和 76mm 钻头）、5mm（96mm 钻头）、6mm（122mm 钻头）和 7mm（150mm 钻头）的间隙时；牙轮齿峰完全被磨损时；钻头直径磨损超过 3mm 时。

(4)用牙轮钻头和金刚石钻头交替钻进地质勘探孔时需要用牙轮扩孔器或金刚石扩孔器来保径和减小孔身弯曲。

第六节　钢粒钻进

一、钢粒钻头及其孔底碎岩过程

用未镶焊切削具的钻头压住可连续补给的钢粒,并带动它们在孔底翻滚而破碎岩石的钻进方法称为钢粒钻进(亦称为钻粒钻进)。钢粒钻进曾广泛应用于Ⅶ—Ⅻ级的岩石,随着金刚石钻进的普及,它在中、小口径钻进中已逐渐被淘汰。但是,由于金刚石钻头价格昂贵,故钢粒钻进在大口径硬岩钻进(包括桩基础)中仍占有一席之地。

(一)钢粒及钢粒钻进用钻具

1. 钢粒的特性

钻探用钢粒应具有较高的抗压碎强度、硬度和耐磨性,以减少破岩过程中自身的消耗;应具有较高的屈服极限,使其在轴向载荷下不至于产生明显的塑性变形,以利于在孔底翻滚。为了保证钢粒在孔底容易翻滚,应把钢粒切制成高度和直径基本相等的圆柱形。

2. 钢粒钻头与钻具

钢粒钻头的功能是将轴向载荷和水平回转力传递给钢粒,带动其在孔底翻滚。钻头呈圆筒形,下部开有弧形水口,用于排除岩粉、分选钢粒和"导砂"(即利用水口的弧形面把完好的钢粒引导到钻头底唇面下)。整套钻具(图4-54)由钻头、岩心管、异径接头、取粉管和钻杆柱组成。它的主要特点是:钻头体上不镶焊切削具,钻头体上只有一个高而倾斜的水口,异径接头上带有取粉管。

(二)钢粒钻进的孔底碎岩过程

圆柱形钢粒在钻头给予的轴向力和回转力(应理解为钻头唇面与钢粒间的联系力)作用下,在孔底岩石表面不断翻滚,主要以动压入体积破碎方式和动疲劳破碎(碳压)方式破岩。

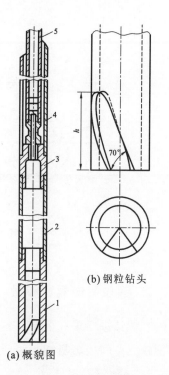

图 4-54　钢粒钻进用钻具
1.钻头;2.岩心管;3.异径接头;
4.取粉管;5.钻杆柱

1. 动压入体积破碎

圆柱形钢粒在孔底每翻滚一次都会给岩石一个微动载作用。当完整钢粒的棱边与岩石接触时,类似于楔形工具动压入破岩的情况[图 4-55(a)],这时钢粒 A、B 与岩石的接触面积很小,造成压应力集中,使其周围的岩石首先出现裂纹,继而产生跳跃式体积破碎。由于孔底不平,可能轴载瞬时集中在少数钢粒上,更加强了这种动压入体积破碎。

2. 动疲劳破碎

钢粒在不断翻滚中,逐渐被磨成椭球形或球形。它以一定的压力压于岩石表面时,可以看成类似于球形压模动压入岩石的情况,其下部岩石中存在着两个危险极值带,其中压力边缘处存在拉伸应力,有助于产生一定深度的表面裂纹[图 4-55(b)]。随着众多钢粒的重复碾压,裂纹加深加密,加上冲洗液的侵蚀作用,使交叉发育的裂纹以岩屑的形式被剥离下来离开母体,这就是钢粒钻进的主要破岩方式——动疲劳破碎。轴载越大造成疲劳破碎所需要的重复次数越少,破岩效果越好。

在实际生产过程中,上述两种破岩方式往往是同时发生的,只是新鲜的圆柱形钢粒以第一种分式为主,被磨圆的钢粒以第二种分式为主。由于孔底不平,经冲洗液分选后的钢粒形状不一、尺寸不均、压力不均,加之孔底环状间隙大,这些都造成钢粒钻具振动加剧,这种振动对钢粒动压入、动疲劳破岩是有利的。

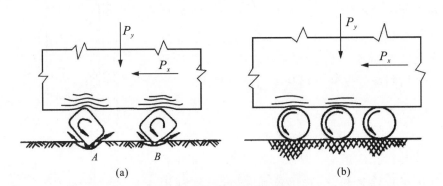

图 4-55 钢粒钻进的碎岩过程示意图
P_y.轴向压力;P_x.回转水平力

二、钢粒钻进规程参数

钢粒钻进要求孔内有一定量的钢粒储备,因而其规程中除了钻压、转速、泵量外,还包括投砂方法与投砂量两个规程参数。

(一)投砂方法及投砂量

1. 一次投砂法

在回次开始之前,把回次进尺所需要的钢粒一次投入孔内的方法称为一次投砂法。投砂量取决于岩石性质和回次进尺的长短。投砂量不足将造成钻速很低、钻孔缩径,甚至发生挤卡钻具的事故。但投砂过多,不利于排粉和孔底的钢粒分选,也影响钻速和取心质量。一般按下式估算钻进Ⅷ—Ⅹ级岩石的一次投砂量 G:

$$G = KD \quad (kg) \tag{4-48}$$

式中:D——钻头直径,cm;

$K=0.15\sim0.3$kg/cm,岩石可钻性级别高、研磨性强者取上限。

2. 结合投砂法

对可钻性达Ⅺ、Ⅻ级的岩石宜采用结合投砂法。结合投砂法是在回次开始前先投入所需钢粒的50%~60%,待到确认孔底钢粒已消耗得差不多时,再从钻杆中分1~2次补投其余的钢粒。结合投砂法可适当延长回次纯钻进时间,主要用于钢粒消耗量大的Ⅺ、Ⅻ级坚硬或强研磨性岩石。

(二)钻压的选择

钢粒钻头上钻压的大小决定着孔底的破岩方式。一般按下式计算总的钻压值 P:

$$P = kp\frac{\pi}{4}(D^2 - d^2) \quad (N) \tag{4-49}$$

式中:k——考虑水口使钻头唇面面积减少的系数,$k=0.7\sim0.8$;

p——钻头唇面的单位压力,Pa;

D、d——钻头外径和内径,m。

实验室研究和生产实践证明,随着单位压力 p 的增大,机械钻速几乎呈直线上升,但当 p 达到一定值(p_{max})后,这一线性关系就不复存在了。这时,钢粒可能被压碎或"嵌入"钻头唇面,故造成钻速明显下降。影响 p_{max} 大小的因素有钢粒钻头的唇面硬度、钢粒的强度、岩石的可钻性和钻头的转速。岩石愈硬,钢粒的相对强度和耐磨能力愈低,则所需的 p_{max} 压力也较低;在钢粒钻进中,随转速加快钢粒在孔底翻滚的脉动频率升高,对提高钻速有利,所以,当转速较快时 p_{max} 值下降。

(三)转速的选择

由于钢粒在孔底的翻滚受到孔壁和岩心的限制,故其运动的速度滞后于钻头的线速度。加之钢粒钻进主要用于脆性岩石,岩石破碎的时间效应不明显。同时钢粒可在孔底自动分选与补给,所以,钢粒钻进可以采用较高的转速。

钢粒钻进的转速参考值如表4-29所列。一般选择转速时应综合考虑钻头的口径、钢粒的相对抗压碎强度、孔深和钻杆强度等因素。其中,钢粒的相对抗压碎强度与岩石硬度及孔底的脉动频率有关,所以在坚硬岩石中宜采用较低的转速。

(四)泵量的选择

在钢粒钻进规程中,泵量是个非常重要的因素,因为它除了排粉、冷却的功能外,还在孔底钢粒的补给、分选中起主要作用。这是硬质合金和金刚石钻进中冲洗液所不具备的特殊功能。

表 4-29 φ110mm 钢粒钻头的转速选择参考表

岩石级别	Ⅶ—Ⅸ			>Ⅹ	
孔深(m)	0~200	200~400	>400	0~300	>300
转速(r/min)	180~250	180	140~180	180	150~180

泵量也存在着最优值。若泵量不足,无法正常地排除孔底岩屑和已丧失工作能力的碎钢粒,使完整钢粒的翻滚阻力增大,甚至较少接触孔底,故钻速很低。若泵量过大,会把孔底完整钢粒冲上来,既破坏了钻头唇面附近钢粒新陈代谢的动平衡,又将加剧岩心管的磨损,必然导致钻速下降,甚至酿成岩心管折断或钢粒卡钻的恶性事故。泵量的选择取决于岩性、钢粒规格、钻头直径、水口尺寸、钻压和转速的大小、冲洗液性能及一次投砂量等因素。估算泵量 Q 的公式为

$$Q = q_0 D \quad (\text{L/min}) \tag{4-50}$$

式中:D——钢粒钻头直径,cm;

q_0——单位钻头直径上的泵量,使用清水时 $q_0 = 3\sim5 \text{L/(min·cm)}$,使用泥浆时 $q_0 = 1.5\sim3 \text{L/(min·cm)}$。当岩石级别较高、钢粒钻头水口较小、钻压较低、转速较高、孔底存砂量较少时,q_0 取下限,反之亦然。

实际生产中,随着进尺的增加,钻头水口将逐渐被磨短,水口处的流速将加快;另外这时的孔底钢粒也已被磨小,钻头处的工作钢粒数量减少。因此,在整个回次钻程中应分段逐次改小泵量,到回次末取允许的最小泵量。现场人员称此过程为"改水"。

第七节 翼片式全面钻头

钻进中不采取岩心,对孔底岩石进行全面破碎的钻进方法称为全面钻进,全面钻进所使用的钻头称为全面钻头。使用全面钻头不受回次进尺的限制,可节约大量升降钻具和取心的辅助作业时间,因此在油气钻井、水井钻探和工程施工钻井中得到广泛应用。全面钻头包括硬质合金全面钻头、金刚石全面钻头、钢粒全面钻头、牙轮钻头和螺旋钻头等。本节着重讨论硬质合金全面钻头。

一、翼片式全面钻头

翼片式全面钻头主要包括刮刀钻头和翼片钻头,刮刀钻头刀翼呈曲面形,切削具正斜镶,刃尖角较小,多用于钻进松软岩层钻进;翼片钻头的翼片切削具采用直镶,多用于钻进软—中硬岩层。一般按翼片数量命名,如三刀翼的称为三刮刀钻头或三翼钻头,两刀翼的常叫做鱼尾钻头。

1. 刀翼的结构角

结构角(图 4-56)包括刃尖角、切削角、刃前角和刃后角。

刃尖角 β：刃尖角是刀翼尖端前后刃之间的夹角，它表示刀刃的尖锐程度。β 越小，切入岩石的能力越强，但刀翼强度减小。钻软岩层时，β 角可以稍小，取 $8°\sim10°$；岩石较硬时，β 角应适当增大，取 $12°\sim15°$；夹层多，孔较深时，β 角也应适当增大。

切削角 α：切削角 α 是刀翼前刃与水平面之间的夹角。α 角越大，切入深度越深，但 α 角过大时，刃前岩石的剪切破碎困难，钻进阻力大。一般 $\alpha=70°\sim85°$，软地层 α 角应小一些，硬地层 α 角大一些。

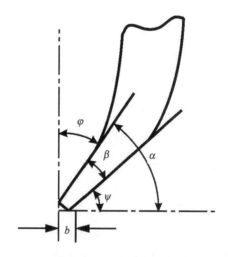

图 4-56　刀翼的结构角

刃前角 φ：与切削角 α 互为补角，$\varphi=90°-\alpha$。

刃后角 ψ：$\psi=\alpha-\beta$。刃后角必须大于孔底碎岩倾角(碎岩螺旋面与水平面的夹角)，以免刀翼背部直接与孔底接触而影响钻速。

2. 刀翼背部几何形状

钻进时，刀翼的受力类似于悬臂梁，根据等强度要求，刀翼背部应成抛物线形状，且刀翼的厚度随距刃尖的距离增加而逐渐增厚。

3. 刀翼底部几何形状

刀翼底部有平底、正阶梯、反阶梯和反锥形几种形状(图 4-57)。底部形状不同，破碎岩石形成的孔底形状也不同。平底刀翼形成的孔底只有一个裸露自由面，而阶梯钻头可形成较多自由面，钻进碎岩速度较快，扭矩和功率消耗也较小。实验表明，在轴向压力一定的条件下，阶梯刮刀钻头的钻速比平底钻头快，而所需的扭矩和功率消耗比平底钻头低。

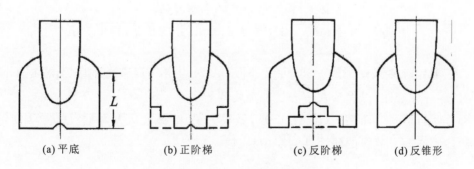

(a) 平底　　(b) 正阶梯　　(c) 反阶梯　　(d) 反锥形

图 4-57　刀翼底部几何形状

虽然多阶梯钻头破岩效率高,但正阶梯[图 4-57(b)]容易磨损成锥形,而使钻孔缩径。反阶梯刮刀钻头可在一定程度上解决缩径问题,但刀翼外侧底刃既起掏槽作用又起保径作用,鳖钻严重。大庆油田根据反阶梯钻头的特点,设计了反锥形刮刀钻头,刀翼的底刃可设计一个或两个斜面,使孔底形成一两个截锥体。

4. 提高刀翼的耐磨性

为保证足够的强度,刀翼一般用高强度合金钢锻制而成。刀翼表面平铺一层 YG8 硬质合金块以增强刀翼的耐磨性和防止泥浆对刀翼的冲刷。刀翼的侧部镶焊 YG8 硬质合金以保径。

5. 典型翼片钻头

(1)常用的二翼、三翼钻头(图 4-58)适用于可钻性 Ⅰ—Ⅳ 级的岩层。三翼钻头在大口径钻进中应用广泛,它的钢体上装有可更换喷嘴的水眼,使水流加速,提高机械钻速。

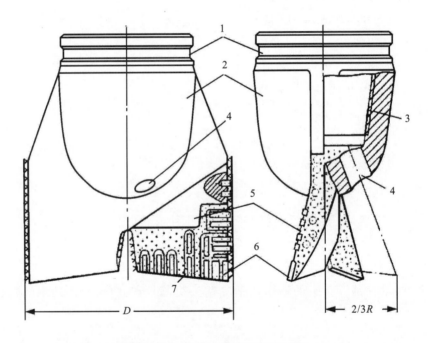

图 4-58 常用二翼、三翼片钻头
1.标记槽;2.钻头钢体;3.螺纹;4.水眼;5.翼片;6.硬质合金薄片;7.刮刀

(2)三翼片阶梯钻头(图 4-59)可钻进 Ⅲ—Ⅴ 级岩层。阶梯翼片直焊,根据不同岩性取不同的翼片偏心距,以保证在中心处能剪切碎岩。

(3)针状自磨式全面钻头(图 4-60)可做成三翼、四翼或六翼,耐磨性能好,使钻速保持均匀,适宜在 Ⅴ—Ⅶ 级的研磨性岩层中钻进。

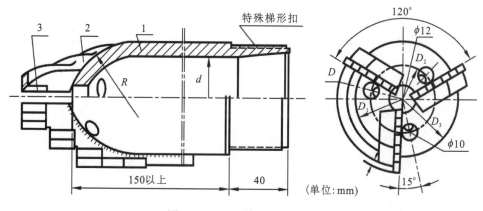

图 4-59 三翼片阶梯钻头

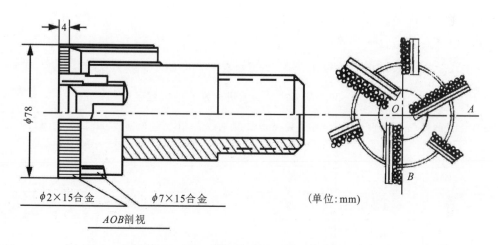

图 4-60 六翼针状自磨式全面钻头

二、翼片式全面钻头钻进规程参数

1. 泵量

$$Q = vF \quad (\text{L/min}) \tag{4-51}$$

式中：v——冲洗液在环空的上返速度，dm/min；

F——孔壁与钻杆环隙面积，dm²。

通常冲洗液在环空上返速度 v 不小于 2.5~5dm/s，与取心钻进大致相当，机械钻速越高则应取 v 值越大。当钻头直径较大（大于 600mm）、孔深较浅（小于 100m）时，小型泥浆泵难以达到排量要求时，可以选用离心式水泵，其排量大，但泵压小。

2. 钻头转速

$$n = 120 \sim 300 \quad (\text{r/min})$$

上述转速是钻孔直径在 ϕ90~300mm 条件下的转速取值，直径越小，转速取值 n 越大;当钻孔直径大于300mm时,可按照磨锐式硬质合金取心钻头的最优线速度换算取值。

3. 轴向载荷

$$P = q_{cm}D \quad (N) \tag{4-52}$$

式中:D——钻头直径,cm;

q_{cm}——每厘米钻头直径上的载荷,N/cm。

q_{cm}值一般为1000~2500N/cm,岩石越硬则应取q_{cm}值越大。大直径钻进时,为了防止钻杆弯曲与折断,一般采用在钻柱的下部加接钻铤或配重的方式实现加载钻压,加重钻铤的合理长度h按下式计算:

$$h = kP/q_T \quad (m) \tag{4-53}$$

式中:P——钻头载荷,N;

q_T——钻铤(或配重)每米重量,N/m;

k——经验系数,$k=1.25~1.4$。

翼片式全面钻头钻进时推荐的规程参数如表4-30所示。

表4-30 刮刀式钻头钻进时推荐的规程参数

钻头直径(mm)	钻头高度(mm)	水眼直径(mm)	轴向载荷(kN)	转速(r/min)	泵量(L/min)
94±0.5	158	14	16~18	150~200	150~200
	144	14	20~22		
113±0.5	160	18	20~22	150~200	200~250
	150	18	24~27		
133±0.6	150	25	24~26	150~200	200~250
		25	30~32		
153±0.6	165	28	27~30	150~200	200~250
		28	33~36		

第八节 井底冲击、旋转与喷射动力

一、冲击回转钻进

冲击回转钻进是在钻头承受一定轴向静载荷的同时,再给钻头施加一定频率的冲击力来破碎岩石的钻进方法。如图4-61所示,由于静载$P_静$、冲力$P_冲$的作用叠加,与常规回转钻进相比,冲击回转钻进只要用以不大的冲击力,便可以收到高效破碎坚硬岩石的效果。

这种技术的设想始于1887年,德国沃·布什曼发明此钻探法并在英国获得专利。20世纪60年代,美国、苏联等国尚在试验阶段。苏联20世纪70年代发展出较成熟的$\varphi 56$、$\varphi 76$普通液动锤钻具,80年代初发展出$\varphi 59$、$\varphi 76$绳索取心液动锤。我国50年代末到60年代中,是液动锤技术资料收集和研发起步阶段,由地质矿产部勘探技术研究所等单位进行。1966年在湖南某多金属矿中试用,最大钻深430m,效果好,取得初步成效。现在该技术已应用于固体矿产勘探、水井钻探、石油与天然气钻井等众多领域。

从冲击发生位置看,冲击回转钻进分顶驱式和潜孔式;从驱动介质看,分液动式和气动式。由于受钻杆传递振动能衰

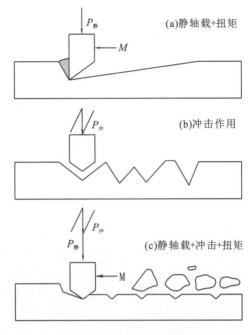

图4-61 冲击回转钻进的碎岩方式

减和气体压缩传递振动能衰减的限制,顶驱式和气动式用于较浅井段,而潜孔式和液动式则多用于深孔段。根据在煤层钻进中的应用情况,此处介绍液动潜孔锤。它是在回转钻进的井底钻具部位增加一个具有一定冲击频率和冲击能量的冲击器,所以又叫液动冲击器。在不取岩心全面钻进时,冲击器直接安装在钻头上端;取心钻进时,则安装在岩心管上端。

由于冲击力(式4-54)给岩石破碎提供了骤然的聚集能量,其集中接触作用应力瞬时可达极高值。所以尽管岩石动硬度比静硬度大(一般大8~9倍),但冲击力却大于静力几十倍以上;对于脆硬岩石,冲击力很容易诱发裂纹,并且冲击速度愈大岩石脆性也愈大,更有利于裂隙发育,产生较大的体积破碎;高频冲击还使岩石产生远低于静力强度的疲劳破坏。由此,冲击回转钻进能以较高的速度钻进硬脆岩层,可以用不大的冲击功(几到几十千克·米)来达到高效率的碎岩进尺。

$$F = \frac{m \cdot \Delta v}{\Delta t} \tag{4-54}$$

冲击回转钻进的特点还表现为:冲击产生破碎坑穴为回转切削创造有利条件;冲击"直力"具有抑制钻孔弯斜的作用;冲击作用可震松楔卡,防止"岩心堵塞",从而提高岩心采取率;冲击"凿嵌"效应可以有效克服"地层打滑";冲击效能的部分取代作用降低了所需钻压和转速而使钻头磨损减小,使用寿命增长。

冲击回转钻进最适用于粗颗粒的不均质岩层,在可钻性Ⅵ~Ⅷ级,部分Ⅸ级的岩石

中,钻进效果尤为突出。这种钻进方法不仅应用于硬质合金钻进,还应用于金刚石钻进及牙轮钻进。表4-31以某些矿区钻进时效对比列举了冲击回转钻进提高钻进效率的数据。

表4-31 冲击回转钻进与回转钻进时效对比

矿区	岩性	冲击回转钻进时效(m/h)	普通回转钻进时效(m/h)	钻进时效提高率(%)
溪西	凝灰熔岩,花岗闪长斑岩	2.38	1.30	83
鹅地	花岗斑岩	2.99	2.15	39
银岩	角岩,花岗斑岩	2.03	0.94	116
大尖山	花岗斑岩,石英脉	1.40	0.98	43

液动冲击器分阀式正作用、阀式反作用、阀式双作用、无阀射流式、无阀射吸式5种类型。以阀式正作用为例,如图4-62所示,它的工作原理如下。

当钻具接触孔底后,冲锤活塞在锤簧的作用下处于上位,当其中心孔被活阀盖住时,液流瞬时被阻,液压急剧增高而产生水锤增压。在高压液流作用下,活塞和活阀一同下行压缩阀簧与锤簧。这被称为闭阀启动加速运行阶段。当活阀下行到相应位置时,活阀被活阀座限制,停止下行并与冲锤脱开,此时冲洗液可以自由地流径冲击器中孔而至孔底,液压下降。

此后,活阀在阀簧作用下返回原位,而冲锤活塞在动能作用下继续下行。活阀下行一定距离后,受到限位座的限制,停止下行,而活塞由于高速运动的惯性,继续下行,压缩弹簧,打击铁砧。此时,活塞与活阀瞬时脱开,打开水流通道,活阀在阀簧的作用下回位。由于阀区压力骤减,冲锤打击铁砧后在弹簧作用下也迅速上返复位,关闭液流通道而产生第二次冲击。冲击器如此周而复始地连续工作。

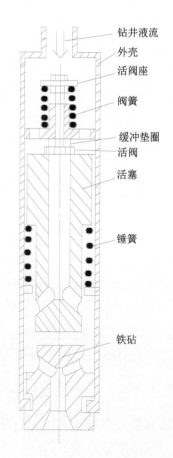

图4-62 正作用液动冲击器工作原理

二、井底旋转动力机

井底旋转动力机是不用钻杆传递扭矩而使钻头产生相对高速旋转的井底钻具,目前已付诸实用的有螺杆钻具和涡轮钻具两大类型,均以钻井液作为动力介质。它们可以配合硬质合金、牙轮、金刚石等钻头钻垂直井、水平井和多分支定向井,既可以用于全面钻进也可以用于取心钻探。

由于使用井底旋转动力机,钻杆可以不转动或相对慢转动,所以能使钻杆的磨损和扭转疲劳大为减小,也因此显著降低由于钻杆旋转而引起的摩擦功耗,同时对井壁的机械破坏也很大程度地得到避免。这些意义在深部钻进中愈发显得重要。井底旋转动力机的另外一个特殊功能是可以构成快捷的造斜钻具,在定向钻进中具有先进的性能(另见第七章第五节)。

螺杆钻具是将钻井液的压力能转换成机械能的一种井底旋转动力机。它的核心是一种正排量容积式液压马达,是螺杆泵的逆应用。

1955 年,美国克利斯坦森矿山钻探制品公司根据莫因诺原理开始研究,于 1964 年首先取得成功,定名为"戴纳钻"。苏联于 20 世纪 70 年代初研究成功"凸"型螺杆钻;中国地矿部勘探技术研究所于 80 年代初研制螺杆钻成功。至今生产螺杆钻的国家有美国、俄罗斯、中国、德国等。

螺杆马达的结构和工作原理见图 4-63。它由两个表面分别制有螺旋齿和螺旋槽的配对零件所组成,一个称为转子,另一个称为定子。定子的内表面是一层有螺旋波齿和螺旋槽腔的橡胶;钢制转子的外表面也制成螺旋波齿和螺旋槽腔。转子装入定子内,便形成若干个被连续螺旋密封线所隔划出的密封腔。工作中的每一时刻,高压流体只能挤入一部分密封腔使之成为高压腔,而另一部分密封腔则为低压腔。由此所构成的不平衡的高、低压差便在螺旋体上产生周向的液压力分量,从而形成驱动转子转动的力矩 M。螺杆马达在工作中,每个密封腔总是在螺旋移动着。马达的螺旋波齿数又叫"头数"。头数越少,转速越高,扭矩越小;头数越多,转速越低,扭矩越大。

转子与定子螺旋波的旋向相同。定子波齿数 Z_1 比转子波齿数 Z_2 要多一个,二者之比 i 通常称为传动比。定子的导程 T 及转子的导程 t 与波齿数成比例(即螺距必须相等):

$$\frac{T}{t} = \frac{Z_1}{Z_2} \tag{4-55}$$

螺杆马达的输出扭矩取决于工作压力降和有关结构参数,表达式为

$$M = M_0 \cdot \Delta P \cdot D_p \cdot t \cdot e \tag{4-56}$$

式中:M_0——转子机械单位力矩(代表转子机械类型的量值);

ΔP——螺杆马达工作压力降,kg/cm^2;

D_p——机械设计直径($D_p = 2eZ_1$),cm;

t——导程,cm;

e——转子机械的偏心距,cm。

M_0 按下式确定：

$$M_0 = \frac{Z_2-1}{2} + \frac{2C_e}{\pi} \quad (4-57)$$

式中：C_e——偏心距与螺旋表面齿半径比例的无量纲参数。

螺杆马达轴的旋转速度决定于通过马达截面的流体流量和有关的结构参数：

$$n = n_0 \frac{Q}{e^2 T} \quad (4-58)$$

式中：Q——工作流量,L/min；

n_0——螺杆马达轴的单位旋转速度,在恒定体积流量时由下式确定：

$$n_0 = \frac{1}{\left[2\pi(Z_2-1) + \dfrac{8}{C_e}\right]Z_2} \quad (4-59)$$

涡轮钻具是将冲洗液的动能转换成机械能的一种孔底旋转动力机,其基本原理与水轮机和风车相似。它的回转不像螺杆钻那样靠液体的压力而是由液流的冲力驱动。

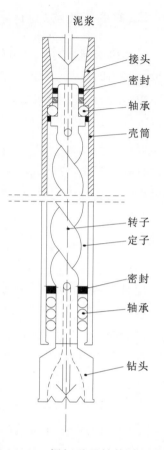

图 4-63 螺杆马达结构原理图

20世纪30年代,苏联在石油钻探中最早采用涡轮钻具。到50年代,涡轮钻获得了迅速的发展。在苏联和罗马尼亚已成为基本的钻探方法,欧美国家涡轮钻探工作量已占总进尺的5%～10%。中国从50年代开始使用涡轮钻,80年代初研制成功世界上最小直径(ϕ52mm)的涡轮钻具,成功地用于固体矿产钻探工程。

涡轮钻具(图4-64)的主要部件是由铸钢或尼龙制造的涡轮,每一级涡轮由一个定子和一个转子组成。涡轮上具有很多弯曲的叶片,液流冲刷在叶片上产生周向分力而形成旋转力矩 M。定子和转子的叶片形状基本一样,只是叶片的弯曲方向相反。由于一级涡轮所能输出的功率太小,因此涡轮钻具通常都是由几十级以上结构完全相同的涡轮串联组合而成。为了承受较大的轴向负荷,内部装有止推轴承。此外,在主轴的1/3和2/3处设置两个中间轴承,起扶正主轴的作用。

反映涡轮钻性能特点的基本参数是扭矩、转速和输出功率,它们是体现涡轮钻具工作能力的关键指标。另外还有流量、压力降和输入功率等参数,也是合理使用涡轮钻具,使其高效率工作的重要条件。涡轮钻钻探时,要充分利用泵的功率,采用足够大的排量和足够高的泵压；根据岩层的软硬,合理选择钻压,使用良好的钻头,对工作介质即钻井液也必

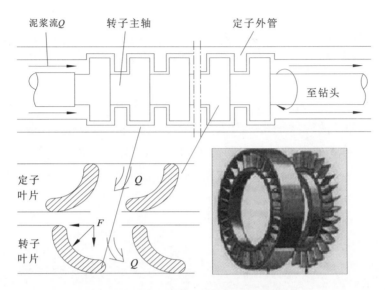

图 4-64 涡轮钻具结构原理图

须做好净化。

为了克服传统涡轮钻具存在的缺点(转速过高、扭矩小、轴承寿命短、易损件多),现已研制出多节涡轮钻具、低速大扭矩涡轮钻具、带减速器的涡轮钻具和外壳旋转的涡轮钻具等多种新型涡轮钻具。改进密封轴承结构及研制超深孔钻探用的新型涡轮钻具也是正在进行的工作。

液动锤、螺杆和涡轮等井底动力钻具,都是借助于钻井液提供液力而工作的,它们的使用效率自然也会受到钻井液性能的影响。共性上,这些钻具都靠内部高速相对运动的组件来实现井底特定动作,尽量减小磨损是保证它们耐久使用的关键,所以均要求钻井液含砂量尽可能小(一般要求小于 0.1%)。一台螺杆钻具,在干净的泥浆中可以累积工作300h 以上,但在含砂量较高的泥浆环境下仅能工作不到 100h,就会因过早磨损严重而提前报废。

钻井液润滑性也是井底动力钻具颇为需求的性能。润滑性强不仅能更加降低钻具的磨损,还能因减小相对运动部件之间的摩擦功耗而提高该类钻具的工作效率。一般最好将钻井液的润滑系数控制在 0.25 以下。

钻井液密度和粘度也对井底动力机的工作效果产生一些不同的影响,但相对来说影响程度较小。

三、井底喷射碎岩

钻井液不仅可以把钻头破碎下来的岩屑冲携出地表,往往还能直接起到破碎井底岩石的作用。在一部分钻头底部安装喷嘴或设计水眼就是利用钻井液的喷射力来增强钻进碎岩能力。喷射钻井的一个显著特点,是从钻头喷嘴中喷出强大的泥浆射流,它具有很高的喷射速度,具有很大的水力功率,它能给井底岩石一个很大的冲击压力使其破碎,并使岩屑及时、迅速地离开井底。现场试验表明,采用喷射式钻头钻井,与普通钻头相比,在软地层中钻头进尺可提高50%～100%,在硬地层中可提高13%～28%;机械钻速在软地层中可提高15%～30%,在硬地层中可提高14%～21%。

喷射钻井的关键是增大钻头喷嘴水力能量,除了在喷嘴结构尺寸和泵量上进行合理设计与调整外,钻井液的性状也是影响水马力的重要因素。其中,钻井液的密度和粘度的影响应予以重点考虑。钻井液密度大则冲击动量大,粘度低则摩阻小冲击力也较高。因此,在其他条件许可的前提下,应采用较高密度和较低粘度的钻井液来作为喷射钻井的循环介质。

从井底钻头喷出的射流属于淹没非自由射流(图4-65),它处于强大的液体压强包围下。射流刚出口的一段,其边界母线近似直线,并张开一定的角度α。α角称为射流扩散角。由于返回泥浆的影响,使射流边界逐渐向中心收拢,使整个射流形状变成枣核状或梭形。

射流的扩散角α,表示了射流的密集程度。显然,α越小则射流密集性越高,能量就越集中,射程就越远。对于喷射钻井来说,我们希望扩散角越小越好。而泥浆的粘性对射流的扩散角α的影响颇大,越粘则射流边界的阻滞牵拽越大,α角就越提前扩张,能量就越为散射,打击岩石的力就越小。

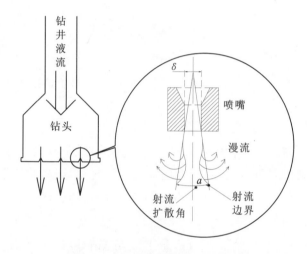

图4-65 井底淹没非自由射流

射流的速度分布有以下规律:①在射流的中心,由于受到淹没泥浆和返回泥浆的影响较小,所以速度最快,自中心向外,速度很快降低;②射流出口后有一段长度,这段长度内的中心部分始终保持刚出口时的速度v_0。

射流的水力参数包括射流的喷射速度、射流冲击力、射流水功率、钻头水功率和钻头压降。以其中的射流冲击力为例,式(4-60)可以计算,它与钻井液密度成正比关系:

$$F_j = \frac{4\rho}{100\pi} \times \frac{Q^2}{d^2} \tag{4-60}$$

式中:F_j——射流冲击力,kN;
ρ——钻井液密度,g/cm³;
Q——泵量,L/s;
d——喷嘴直径,cm。

第五章 钻井液与井眼稳定

第一节 钻井液的功用、类型与循环

钻井液是钻进过程中所必需的工作流体。与其他各领域的钻探情形相似,钻井液技术是煤与煤层气钻井工程的主要技术之一,有时甚至是保障钻进作业的最为关键的技术环节。钻井液所体现的基本功用是悬排钻屑、平衡井壁压力、粘结保护井壁、冷却钻头和润滑钻具。这5个方面的功用是钻井工作所不可缺少的基本需求。所以,有人将钻井液形象地比喻为钻进的"血液"。钻井液也有一些其他的名称,如在煤田取心钻探中常被叫做"冲洗液",在大直径成井施工中又称为"稳定液",而在煤层气井钻开储层时则谓之"完井液"。

1. 悬排钻屑

如图 5-1 所示,将钻头破碎下来的钻渣及时排出井眼,是维系持续钻进的基本需求。在井内流动的钻井液可以将钻屑有效地冲离井底并悬携出地面,这样才能保持井底洁净,钻头才能够不断地接触并刻磨底部新露岩石,实现连续进尺,同时也避免了钻屑在井眼中的聚塞和阻卡。如果没有钻井液的悬排钻屑,连续钻进是难以进行的。

2. 平衡地层压力稳定井壁

钻孔成眼后,其裸露井壁上所受的作用力可能打破原有的力学平衡。而钻井液产生的压强对井壁产生的作用力可以维系到或接近于原有地层压力,从而避免或减轻井壁的受力失衡,防止井壁失稳破坏。对于高压地层,加大钻井液密度,使之与地层较高压力相抵,抑制井眼缩径和井涌。反之对于低压地层,则配制低密度钻井液,减轻对地层的压力,防治胀裂井壁和漏失钻井液。这就是钻井液压力平衡稳定井眼的原理。

3. 粘结保护井壁

对于松散破碎地层,钻井液的粘性可以有效地粘结井壁散粒和散块,从而预防井壁的散落和坍塌。虽然钻井液作为衡流体,达不到固化凝结井壁散体的程度,但其可观的粘性对散粒体之间的粘附联结却能起到明显的粘牢井壁的作用。

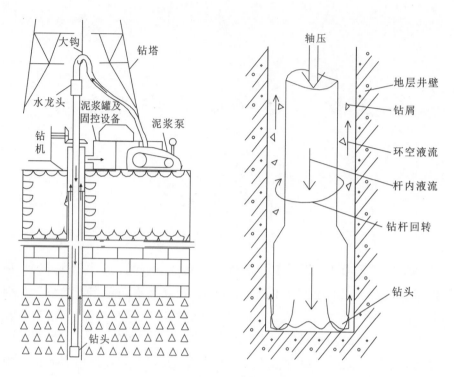

图 5-1　钻井液悬排钻渣示意图

4. 冷却钻头

审视井底钻头部位：几百千克以上的轴压加载在钻头上，以每分钟上百转的转速回转碎岩，摩擦力是相当大的，产生的温度必然很高。如果没有钻井液的冷却作用，一分钟不到就会发生烧钻。所以，必须通过钻井液不断地流经钻头部位，将这些热量及时带走。

5. 润滑钻具

钻井液为减小钻具与井壁之间的摩擦提供了润滑。这种润滑作用的好处突出表现在减小了钻杆回转时的磨耗和损伤，由此可以延长钻杆的使用寿命，减少断钻杆的事故率。同时，润滑可直接降低回转扭矩，节约动力消耗，降低设备负荷，尤其在深井、弯曲井条件下，润滑性不好会使有害的长程摩擦扭矩比井底钻头碎岩所需的有功扭矩大几十倍甚至更多。另外，钻井液润滑性强还能降低岩块楔卡在钻杆和井壁之间的摩擦力，有助于减少卡钻事故；在下套管时能显著减小阻力。进一步的研究还表明，润滑性好有助于降低钻井液流动的阻力。

以上是钻井液普遍体现的基本功用，而在一些特定钻井场合下，钻井液还有其他不同的特殊功用，主要如下。

(1) 悬托加重材料。在需要加大钻井液密度来平衡较大地层压力时，经常在钻井液中添加大密度的重晶石粉、铁粉等。这些重微粒要靠悬浮能力强的钻井液来托持，才能均匀稳定地分散在体系中，否则将会快速沉聚。

(2)驱动井底动力机。现代钻井技术越来越多地用到井底动力机,如螺杆马达、液动或气动潜孔锤、涡轮钻具。这些井底动力机均是依靠流动的钻井液作为动力驱动介质。

(3)喷射碎岩。在软岩至中等硬度岩层的钻进中,利用钻井液在井底的喷射力来辅助破碎岩石,是一些钻井工程经常采用的加快钻进速度的技术措施。

(4)输送岩心岩样。由钻井液携带至地面的岩屑、油、气、水等物质信息,可以显示井下地层含储情况,称为"岩屑录井"。反循环连续取心、取样则靠钻井液的液压力或液动力把岩心或岩样从孔底经钻杆内输送到地表。这是全新的钻探取心方法,与传统方法相比,大大减少了岩心在井底长久磨蚀的程度,省却了提、捞岩心的作业时间,在钻探质量和效益上有着更强的生命力,受到世界许多国家的重视。

(5)传递井底信号。通过钻井液的压力波动,能将井底的工程信息和地质信息传递到地面。MWD-泥浆脉冲随钻检测就是现代化钻井技术之一,它不仅能将井底的温度、压强、转速、震动甚至轴压和扭矩信息传递上来,还能传递地下的地质和岩矿信息。

另一方面,钻井液在使用中还须尽量减小其存在的负面影响,如失水渗漏、对钻具的腐蚀、构成流动阻力、研磨钻具、冲刷井壁、洗蚀岩心、损害储层等。同时,钻井液自身应具有较强的稳定性即具有较强的耐温和抗侵蚀等能力。

钻井液按其主要材料的不同和适应条件的不同可分为7类(表5-1),其中泥浆是一个品种众多的大类。泥浆的性能可调范围宽,适应面广泛,是用量最大的钻井液类型(占钻井液总用量的70%以上)。其他6类钻井液在一些特定场合下也有其优越性。在煤系钻井工程中,应该根据地质环境和工艺条件来选择钻井液类型,使之应对恰当,将钻进效率和安全性最大程度地提高。如果不能有针对性地合理选择钻井液类型,则有可能"张冠李戴",使钻井液不能有效发挥作用,甚至导致损害钻井工作。

表5-1 钻井液大类划分(按主体材料)及一般选择原则

类型名称	主要材料	适应的地层与环境	在钻井液中约占比例(%)
泥浆 (细分多类)	粘土+水(或油)+ 多种处理剂	松散破碎、水敏、溶蚀、压力异常等地层 以及高温等多种复杂条件环境	70
聚合物溶液	聚合物+水	松散破碎及部分易水化地层(非压力异常)	5
清水	清水	较坚硬且完整稳定的地层(非压力异常)	5
盐溶液	多类盐+水	溶蚀性地层(大多仅限于非压力异常)	5
油与乳化液	多种油、乳化液	坚硬、强研磨性地层(非压力异常)	5
气体	空气、氮气等	低压地层、缺水环境	5
泡沫	发泡剂+稳泡剂+水	低压地层、缺水环境	5

从化学性质上又可以将钻井液分为无机浆液和有机浆液两大类。

无机浆液成分包括各种无机盐、碱、酸等化合物，如 Na_2CO_3、$NaOH$、$NaCl$、$CaSO_4$、$CaCl_2$、Na_2SiO_3、$CaSO_4$、$Al_2(SO_4)_3$、$FeCl_3$ 等。它们的分子量一般较小，分子结构也比较简单，靠无机化学反应在钻井液中产生作用。无机化合物除少数（如 Na_2SiO_3 等）能够单独或主体作为工程浆液外，大部分均是作为钻井液的外加剂，用以改善钻井液的使用性能。

有机浆液原料取自于有机化合物及其衍生物，如钠羧甲基纤维素、水解聚丙烯酰胺、煤碱液、瓜尔胶、羟乙基淀粉、魔芋粉、铬制剂、磺化沥青、脲醛树脂、十二烷基硫酸钠、OP-10等，品种繁多。从有机化学组成上可以将它们分为丹宁类、木质素类、腐植酸类、纤维素类、丙烯酸类、树脂类、表面活性剂类和其他共聚物类等。有机浆材的分子量较大，分子结构也比较复杂。有机浆材既可单独或主体作为钻井液，也可作为其他钻井液的添加剂。例如以 PAM 有机大分子为主可以配制具有合适粘度等性能的无粘土钻井液，而它又可以作为泥浆的处理剂来附加使用。

钻井液也可按物理性状分类。少数情况下，钻井液以单一的物质成分和物质状态出现：纯液态的如清水、化学溶液、油类等；纯气态的如空气、氮气、二氧化碳气体等。但是，大部分情况下钻井液都是以两种或两种以上的混合物质或混合状态出现，即表现为多相分散体系。泥浆、泡沫、乳状液等均是典型的分散体系。如果按两种或两种以上物态混合，钻井液可有液/固、液/液、液/气、气/液、气/液/固等类型。若从压缩性考虑，一般含气体量较多的浆液在外界压力下体积会缩小，因此属于可压缩类型的工程浆液。可压缩浆液的密度一般较小，在一些低压煤系地层钻井工程中经常需要用到。同时，可压缩钻井液在流动中表现出来的性能参数十分复杂。

钻井液循环有3种方式，即全孔正循环、全孔反循环和孔底局部反循环。

全孔正循环时，钻井液由地面的泥浆泵或压风机泵入地面高压胶管，经钻杆柱内孔到井底，由钻头水口返出，经由钻杆与孔壁的环状空间上返至孔口，流入地表循环槽、净化系统或注入除尘器中，再由泥浆泵或压风机泵入井中，不断循环，如图5-2(a)所示。全孔正循环循环系统简单，孔口不需要密封装置，这种循环方式在各种钻进中得到了广泛的应用。

全孔反循环时，钻井介质的流经方向正好与正循环相反。钻井介质经孔口进入钻杆与孔壁的环状空间，沿此通道流经孔底，然后沿钻杆内孔返至地表，经地面管路流入地表循环槽和净化系统中，再行循环。

全孔反循环又具体分为压注式和泵吸式两种方式。压注式[图5-2(b)]所用的泵类型与全孔正循环相同，但孔口必须密封，才能使钻井介质压入孔内，这就需要专门的孔口装置，它必须保证孔口密封，同时必须允许钻杆柱能自由回转和上下移动；泵吸式[图5-2(c)]采用抽吸泵，将钻井液从钻杆内孔中抽出，进行循环。

全孔反循环和全孔正循环比较，有以下特点和区别。

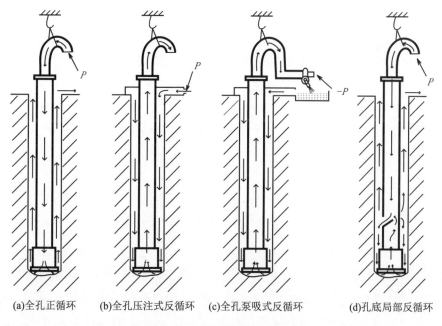

(a)全孔正循环　(b)全孔压注式反循环　(c)全孔泵吸式反循环　(d)孔底局部反循环

图 5-2　钻井循环方式示意图

（1）由于反循环钻井液从钻杆内上返，大孔径时流经的断面较小，因而上返速度较大，且过流断面规则，有利于在不大的泵量下将大颗粒岩屑携带出来。在大口径钻进和空气钻进中，为了能较好地携带出岩屑，常采用全孔反循环洗井方式。

（2）在固体煤矿钻探中采用反循环方式钻进，可将煤岩心从钻杆中带出地表，用以实现反循环连续取心。

（3）全孔反循环的流向与岩心进入岩心管的方向是一致的，可使岩心管内的破碎岩矿心处于悬浮状态，避免了岩矿心自卡和冲刷，从而有利于岩矿心采取率的提高。

（4）在相同情况下，反循环所需的泵量比正循环小，因此对井壁的冲刷程度较小；同时，流动阻力损失也较小。

（5）钻头旋转使破碎下来的钻渣离心向外，这与正循环在钻头部位的液流方向一致，而与反循环的流向相反。从这一点来看，反循环不利于孔底清渣。

（6）压注式反循环所需的孔口装置复杂。

（7）正循环和压注式反循环在井内产生的是正的动压力，即循环时井内的压力大于停泵时的静液柱压力；而泵吸式反循环恰恰相反，产生的是负的动压力，即循环时井内的压力小于停泵时的静液柱压力。

全孔正循环和全孔反循环冲洗可以是闭式的（完全的循环，冲洗液经地面除去岩屑后重复使用）和开式的（非完全的循环，冲洗介质排出地表后即废弃）。闭式循环通常用于液体冲洗介质，而开式循环则大都用于气体介质。

孔底局部反循环是正、反循环相结合的流动方式，一般是在孔底钻具以上的绝大部分为正循环，而孔底局部为反循环。岩心钻探中用得较多的喷射式反循环，是孔底局部反循环的典型例子[图 5-2(d)]。为了避免钻井液对岩心的冲刷，提高煤矿心采取率，此时钻井液由钻杆柱内孔送到孔底，经由喷反接头而流到钻杆柱与孔壁的环状间隙中，由于喷嘴高速喷出液流，在其附近形成负压，将岩心管内的液体向上吸出，从而形成孔底局部反循环。由喷反接头流入环空中的液流，一部分在负压下流经孔底，一部分上返携带钻屑至地表。

钻井液循环是否能正常维持，客观上取决于钻孔是否发生漏失或反涌。特别是严重漏失，会造成循环中断，钻进不能进行。而涌水或煤层气的喷出也会使正常循环破坏，甚至出现重大事故。对此应根据水文地质情况和岩层特性，采取防范措施。

第二节 复杂地层井眼稳定分析

井壁安全稳定是钻进的基本条件。在相当多的复杂地层中钻进，由于技术不当，经常会出现井壁垮塌、井眼缩颈、严重漏失或涌液、涌气，加之钻遇十分坚硬岩层和高温或冷冻地层等，都会给钻进工作带来严重障碍。这不仅影响钻进效率和质量，增大消耗，还会导致诸多井内事故，如卡钻、埋钻、烧钻、断钻具、井喷、无返浆等。

1. 复杂地层分类

由于地层是由各种造岩矿物以不同集合形式组成，矿物的成分、性质和结构决定了各种类型岩层的物理、力学性质，如岩石的强度、硬度、弹塑性、脆性、水溶性和水敏性等。而受地质构造运动和水文变化影响，在扭转、挤压、风化、搬运、沉积、溶蚀等动力地质作用下，形成松散层、破碎带、孔隙、裂隙和溶隙。相当多的钻孔是处于井壁不稳定及漏、涌复杂环境下的。从钻进井壁稳定安全审视，可以将复杂地层分为以下几大类型（表 5-2）。

大多数钻井工程面临的不是单一的复杂地层，而是一口井中分段出现多种不同复杂状况，也经常出现同一位置多种复杂状况的混合共存。这在煤与煤层气钻井工程中十分常见。

2. 井眼力学失稳理论分析

表 5-2 中的松散破碎地层称为直接力学不稳定地层，一旦钻开此层，井壁受力失衡，立即就发生掉粒、坍落。表中的水敏和水溶性地层则是在水分渗浸后，才发生膨胀、软化，再造成井眼失稳破坏，所以又称为遇水不稳定地层。力学不稳定的原因主要是地质因素。而遇水不稳定不仅有地质因素，水的外在作用更是主要影响因素。力学不稳定与遇水不稳定既有区别又互相联系，力学不稳定又可因水的作用而加剧。

首先单纯考虑直接力学不稳定情况。基于材料力学原理，孔壁岩石的失稳破坏是由于外力作用下内部应力状态发生变化超过了其强度极限所致。因此，分析井壁稳定性，是以所受压力为参量，解出井壁单元体的应力状态，再将应力状态值与破坏强度准则比较，得出井壁岩石是否发生失稳破坏的判定。进一步，尚需计及钻井液的冲刷和钻具震击等影响。

表 5-2 钻井复杂地层综合分类表

地层分类	成因类型	典型地层	复杂情况
溶解盐地层	水溶性矿物集合	盐岩、钾盐、光卤石、芒硝、天然碱、石膏	钻孔超径,污染泥浆,孔壁掉块,坍塌
水敏性地层	水敏性(易溶胀、分散、水化)矿物集合	粘土层、各种泥岩、软页岩,有裂隙的硬页岩,粘土胶结及水敏矿物胶结的地层	膨胀缩径,泥浆增稠,钻头泥包,孔壁表面剥落,崩解垮塌超径
松散破碎地层	沉积作用,风化作用,构造运动造成	流砂层,砂砾层,基岩强风化层,断层破碎带	漏水,涌水,涌砂,孔壁垮塌,钻孔缩、超径
裂隙地层	构造运动,成岩作用,溶蚀作用造成	节理、断层发育地层	漏水,涌水,掉块,坍塌
岩溶地层	溶蚀作用造成	溶隙、溶洞发育地层(石灰岩,白云岩,大理岩)	漏水,涌水,坍塌
高压地层	封闭的油、气、水储层在地壳挤压下形成	储油、气、水的背斜构造,逆掩断层的封闭构造	井喷及其带来的不良后果
高温地层	岩浆活动带,与放射性矿物有关的集合	地热井、超深井所遇到的地层	泥浆处理剂失效,地层不稳定,H_2S 造成危害
低温地层	低温冷冻环境	冰层、冻土、深海冷水地层	井壁融化,钻井液凝结

(1)井壁压力体系解析。地层一定深度处井壁单元所受的压力由多元素构成,包括围岩固体压力、地层孔隙流体压力、井中钻井液压力(静液柱、流动阻力、压力激动的组合)等。以水平各向压力相等的垂直井为例(图 5-3),在地层垂向压力、地层侧向压力和井中液压力的作用下,井壁地层中某一单元体的应力状态可由弹性力学厚壁筒理论解得:

$$\sigma_r = \frac{a^2 b^2}{b^2 - a^2} \cdot \frac{P_2 - P_1}{r^2} + \frac{a^2 P_1 - b^2 P_2}{b^2 - a^2} \tag{5-1}$$

$$\sigma_\theta = -\frac{a^2 b^2}{b^2 - a^2} \cdot \frac{P_2 - P_1}{r^2} + \frac{a^2 P_1 - b^2 P_2}{b^2 - a^2} \tag{5-2}$$

$$\sigma_z = \gamma \cdot h \tag{5-3}$$

式中:σ_r、σ_θ、σ_z——近井壁某点的径向正应力、周向正应力和垂向正应力,Pa;

P_1、P_2——井中液压力和地层水平方向压力,Pa;

a、b——厚壁筒的内、外半径,m;

r——该点距井中心的水平距离,m;

γ——上覆地层重度,g/cm³;

h——垂直高度,m。

因地层比井筒大得多($b \gg a$),由此整理以上 3 式得到井壁处($r=a$)的应力状态为

$$\sigma_r = -P_1; \quad \sigma_\theta = P_1 - P_2; \quad \sigma_z = \gamma \cdot h \tag{5-4}$$

由于垂直井直立单元体面上的切应力为零,3 个正应力就是 3 个主应力,且根据计算数值可断定出最大主应力、中间主应力和最小主应力。但是对于斜井或水平井,由于单元体面上存在切应力,必须通过主应力变换公式计算得到。

(2)井壁失稳破坏的判据。运用材料力学强度理论,将上面得到的井壁单元主应力和岩石强度指标代入到材料破坏判别式中即可得出井壁是否失稳破坏的结果。公式(5-5)是较常用的材料破坏判别准则——最大剪应力理论(Tresca 理论)。式中的 σ_1 和 σ_3 分别是井壁单元体的最大和最小主应力;$\tau_{\max}$ 和 σ_b 分别是井壁岩石的抗剪强度和抗压强度。井壁失稳破坏常见的两种形式为(向内)缩塌和(向外)胀裂。当钻井液压力 P_1 小到使式(5-5)临界,则将发生井壁缩塌,此时的钻井液压力称为坍塌压力 $P_{塌}$;反之,当 P_1 大到使式(5-5)临界,则将发生井壁胀裂,此时的钻井液压力称为破裂压力 $P_{裂}$。

$$\frac{\sigma_1 - \sigma_3}{2} \geqslant \tau_{\max} = \frac{\sigma_b}{2} \tag{5-5}$$

也可依莫尔圆理论,用作图法(图 5-4)求得相应的结果。以岩石的单轴抗拉强度 σ_{bt} 和单轴抗压强度 σ_{bc} 为直径作外切圆(两个实线圆)和公切直线 L;以两圆的切点为应力原点 O,将最大主应力 σ_1 和最小主应力 σ_3 在 σ 轴上标出;以 $\sigma_1 - \sigma_3$ 为直径,$(\sigma_1 + \sigma_3)/2$ 为圆心作莫尔圆(虚线圆),若虚线圆超出了公切直线 L,则井壁失稳破坏,否则井壁稳定。

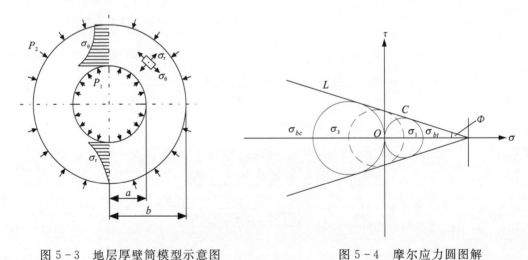

图 5-3　地层厚壁筒模型示意图　　　　图 5-4　摩尔应力圆图解

3. 遇水失稳性评价

遇水不稳定地层是指孔壁与钻井液接触,因而产生软化、松散、溶胀、剥落、溶蚀等孔壁失去稳定性的地层,故亦称水敏性地层。钻进中遇到这类地层时,常出现钻孔缩径、超径、孔壁软化、剥落、崩塌等孔壁失稳问题。依孔壁遇水产生的情况不同,遇水不稳定地层又可分为以下几种。

(1) 遇水松散地层。这类地层由于受风化或蚀变的影响,岩层遇水后经浸泡,产生松散性破碎,表现为掉块、塌孔、孔内渣子多等现象。这类岩层如风化黄铁矿、风化大理岩、风化花岗岩、风化泥质砂岩等。

(2) 遇水溶胀地层。这类地层遇水后,颗粒或分子间的联结力降低,岩层吸水后体积膨胀,甚至以胶体或悬浮状态分散在水中形成悬浮体。这类岩层有粘土、泥岩、软页岩、绿泥石等。钻进这类岩层时,井壁先是发生溶胀而缩径,后续则可能产生散离而超径。

(3) 遇水剥落地层。这类地层由于其结构的不均匀性,如层理、节理、片理的存在,以及其充填物和胶结物的水敏性,遇水后往往产生片状剥落或块状剥落,如硬页岩、片岩、千枚岩、滑石化高岭石化板岩、硬煤层等。

(4) 遇水溶解地层。这类地层与水接触后便溶解于水中,由于溶解的结果,使孔壁出现超径。属于这类地层的有岩盐、钾盐、石膏、芒硝及天然碱等。

判测地层遇水失稳性强弱程度有多种方法,如矿物组分鉴定、水敏指数测试、滚动回收率计量、膨胀量测定、浸泡强度观测、溶解度测试、吸收移液测试、电导时间测量等。

4. 漏失地层分析

钻孔漏失是复杂地层钻进中最常见的难题之一。井眼中的液体向地层中漏失或地层向井眼中涌水,原因基于存在漏失通道和压力不平衡。压力平衡可以通过工艺技术人为进行控制,而地层的空隙性则是由地质和水文条件所决定的客观存在。至今,对漏失地层已有多种分类方法,归纳起来主要有:①根据钻井液的消耗量和钻井液流动的压力损失对漏失层进行分类;②根据测定的单位时间内漏失层的漏失强度对漏失层进行分类;③根据漏失通道的部位、大小和形状对漏失层进行分类;④根据漏失层的结构特性对漏失层进行分类;⑤根据漏失层的一些主要参数的综合对漏失层进行分类。

按钻孔漏失部位,可分为3种情况。①漏失层为非含水层;②漏失层的水位高于该层;③漏失层的水位在该层的中间。漏失通道按形状和尺度可分为孔隙、裂隙和洞穴3种。

岩石中的孔隙性常用孔隙率表示,它是岩石中孔隙的体积和岩石总体积之比,常用百分率表示。岩石孔隙率的大小取决于组成岩石的颗粒尺寸、形状及其堆积的状态。自然界松散岩石的孔隙率大体为37%左右。多孔渗透性大的灰岩和砂岩,其实际有效孔隙率为20%~25%。

根据岩石体的几何特征,裂隙分为系统的、杂乱的和多边形的,或者分为垂直、陡倾斜、缓倾斜和水平。对评估漏失意义最大的裂隙参数是裂隙的开口、密度(沿法线裂隙间的距离)和频数(裂隙间沿水平线的距离)。裂隙开口大小的差异很大,从细如毛发到1m以上,分为细微裂隙(小于0.1mm)、小裂隙(0.1~1.5mm)、中裂隙(1.5~20mm)、大裂隙(20~100mm)和极大裂隙(大于100mm)。

洞穴见于易溶岩石(碳酸盐、硫酸盐、岩盐层)分布的地区。洞穴的尺寸差别很大,小的只有几毫米,大的可达几米至几十米。岩石按裂隙性、洞穴性和透水性的分类见表5-3。

表 5-3 岩石按裂隙性、洞穴性和透水性的分类

岩　石	渗透系数(m/d)	单位漏失量(m³/h)
实际上完整	<0.01	<0.000 8
极弱透水,极弱裂隙和极弱洞穴	0.01~0.1	0.000 8~0.003
弱透水、弱裂隙、弱洞穴	0.1~10	0.003~0.3
透水、裂隙、洞穴	10~30	0.3~0.9
强透水、强裂隙、强洞穴	30~100	0.9~3.0
极强透水、极强裂隙、极强洞穴	>100	>3.0

流体在不同类型空隙通道中的渗漏特性是不同的。

(1)在孔隙岩层中,流体渗透符合达西定律,即

$$u = \frac{k}{\eta} \cdot \frac{\mathrm{d}p}{\mathrm{d}l} \tag{5-6}$$

式中:u——渗透速度,m/s;

p——压力,N;

l——渗流长度,m;

k——渗透率,$\times 10^{-3} \mu m^2$;

η——冲洗液的动力粘度,N·s/m²。

如在单孔内渗透时则有

$$Q = \frac{2\pi h_s k \Delta p}{\eta \ln(R_K/R_C)} = K \Delta p \tag{5-7}$$

式中:K——渗透系数,m/s;

Δp——压差;

h_s——漏失层厚度,m;

R_K,R_C——影响半径和钻孔半径;

η——冲洗液的动力粘度,N·s/m²。

(2)在裂隙中,流体渗漏特性视实际裂隙的大小而有别。有研究者用下式表示:

$$Q = K_1 \sqrt{\Delta p} + K_2 \Delta p \tag{5-8}$$

式中:K_1、K_2——大、小裂隙的渗透系数,即小裂隙中的流动符合达西线性定律,而在张开量大的裂隙中则遵循非线性渗透定律。

(3)В.И.米谢维奇综合漏失方程,认为漏失层是综合裂隙、孔隙和洞穴的,液体在岩层中同时按不同定律发生漏失。第一是裂隙和洞穴介质,按均方定律;第二是中等孔隙介质,按达西线性定律;第三是细的孔隙介质,按不同规格孔隙中具有原始压力梯度的渗透

定律。漏失总量是三者之和：

$$Q = Q_1 + Q_2 + Q_3$$
$$= K_1(\Delta p)^{0.5} + K_2(\Delta p) + K_3(\Delta p)^2 \tag{5-9}$$

式中：K_1,K_2,K_3——分别为3种不同介质的渗透系数；

Δp——压力降。

漏失的地面观测包括孔内静水位的变化，泥浆池中体积的变化，用流量计检测进、出孔的钻井液流量，泵排水管线上的压力变化，岩心采取率和岩心上裂隙的分布情况，钻孔进尺情况，机械钻速变化及振动等。

漏失的孔内测试有许多种方法，包括物探测井（视电阻率、自然电位、井中电磁波、放射性、声波、温度）、水动力法测井（止水胶囊隔离法、恒速压水测试法、压力恢复法）、井径测量、井漏测量和钻孔摄影、孔内电视等。

5. 护壁堵漏措施综述

根据复杂地层的类型和严重程度，把以泥浆为主的钻井液保护井壁、灌注水泥或化学浆材固结井壁和下入套管封隔井壁这三大措施作为钻井护壁堵漏的综合技术措施，简称为"泥浆护壁""灌浆固封"和"套管隔离"。

1）随钻泥浆护壁堵漏

根据地层复杂的类型，针对性地选配相应的钻井液，可以在很大程度上保护多种复杂易失稳井壁。对于松散破碎地层，提高泥浆粘稠度使井壁得以粘结防塌；对于水敏性地层，降低泥浆失水量并加强抑制性使井壁稳固；对于水溶性地层，有针对性地调配高矿化度盐性溶液使井壁止溶而稳定；对于高压地层，加大泥浆密度以重液平衡井眼缩径压力；对于低压漏失地层，以充气等方式降低泥浆密度以减轻渗漏压力；对于裂隙溶洞地层，在泥浆中添加堵漏材料以遏制或减轻井液向地层中的渗漏。

采用钻井液护壁堵漏的一个鲜明优点就是随钻作业，也就是在钻进不断进尺的同时使井壁得到有效的保护，无需停钻处理而使得钻井工程的效率彰显。与此同时，钻井液还发挥着排屑等其他多重作用。

然而，泥浆护壁的能力也是有一定极限的。如在井壁十分破碎、漏失非常严重、地层压力严重异常、岩土流塑蠕变特别强烈等情形下，无法调配出钻井液所需的性能参数，或者，即便能够对各单一井段的复杂情况调配出护壁钻井液，但由于地层性状延井深的变差较大，上下井段对钻井液的要求很不一致即配方选型相互矛盾时，就应考虑采用另外的专门措施即灌注固结材料和下入钢套管来进行护壁堵漏了。

2）水泥及化学灌浆固封

水泥及化学灌浆固壁堵漏主要应用于砂砾层、卵石层、岩石强风化层、破碎带、孔裂隙发育岩体。在这些结构破碎、硬脆且胶结性差的复杂层段，由随钻泥浆护壁改为水泥固壁的临界判定是以两方面岩性指标作为评价依据的。一是岩石的结构松散程度，二是岩石的孔裂隙尺寸。

用泥浆钻进这类地层主要是靠泥浆的粘稠性来有效粘结井壁散体。建立所需泥浆的粘度与井壁地层破碎程度之间的近似关系为

$$\eta_A = 0.5\sigma_s^2 - 12\sigma_s + 55 \tag{5-10}$$

式中：η_A——表观粘度，mPa·s；

σ_s——样品抗压强度，MPa，即破碎程度。

如果计算结果显示所需的粘度过高，超出钻进能力范围（如泵送条件等），就应该采取水泥或化学灌浆来进行护壁堵漏。

若岩体的孔裂隙尺寸超出随钻堵漏剂许用的最大粒径的2~3倍，也应该采取水泥或化学灌浆。随钻堵漏剂许用尺寸主要受井眼环空间隙的限制。一般对于小口径取心钻探以大于3~5mm孔裂隙为采用固结灌浆的临界判别标准；对于较大口径的煤层气生产井则以5~10mm为界限。

3) 套管隔离稳定井眼

比灌浆固结更为可靠的套管措施，一般用在厚度大的复杂地层井段。当分析认为水泥等固壁效果还不够可靠或者所需封固段点过多时，则设计采取套管措施。相比较而言，套管措施更多考虑长期稳定井眼的作用。

确定是否采取套管措施的客观因素为地层压力变化情况、岩石松散破碎程度、井壁的水溶和水敏性以及地层的漏、涌状况等。以井壁压力体系为主要依据，钻井液的有效压力 $P_{mE}=P_1$ 必须介于破裂压力 $P_{裂}$ 和坍塌压力 $P_{塌}$ 之间 [式(5-11)]，否则井壁将失稳破坏：

$$P_{裂} \geqslant P_{mE} \geqslant P_{塌} \tag{5-11}$$

可见，由于地层压力和地层破裂压力的变化使得钻井液密度调整无法再满足后续钻进时，就必须将套管下入至该深度处以隔离上部地层。把满足式(5-11)条件的裸露井眼的极限长度井段定义为可行裸露段。其顶界是上一层套管的必封点，底界是该层套管的必封点。显然也能理解，地层复杂的多变频度决定了下套管的层数往往是多层。

"泥浆护壁"、"灌浆固封"和"套管隔离"三者护壁堵漏的可靠程度依次增加，但工序复杂程度和成本消耗也依次增大。"灌浆固封"或"套管隔离"必须停止钻进，待这些作业完成后才能继续钻进，且灌注浆材需要增加材料消耗，而钢套管的投入则成本更高。因此，权衡护壁堵漏的可靠性和经济成本，分井段合理地选择不同的护壁堵漏措施，既保证钻井井眼的稳定安全又能低耗高效地钻进，是每一钻井工程非常关键的基础设计工作。

第三节　井身结构设计及套管

井身结构是指自井口至井底的井眼直径改变的情况，包括套管层次和各层套管的下入深度，以及井眼尺寸与套管尺寸的配合。井身结构常辅以剖面图示意（图5-5）。井身结构设计是钻井工程的基础设计。沿深度改变井径的设计，决定于下套管的规划即套管

层数和每层套管下入的深度。而下套管的规划则主要依据地层的复杂程度,也就是可能的垮孔、井塌、漏失、井喷等的危险性大小;对煤层气采收井还要加以生产套管。

一、技术套管

在钻进工程中,若遇到地层性状十分复杂,随钻泥浆或固结浆材难以维护井壁时,必须采用钢套管来隔离井壁,以防治压力超衡、破碎坍塌、蠕变缩径、严重漏涌等。尤其是当地质条件沿井深发生明显变化,上、下段地层对钻井液性能的要求大相径庭时,也需要下入套管(其中多数还要注水泥固井)将上部地层隔离。这些情形下的套管称为技术套管,也称中间套管(图 5-5)。技术套管视复杂地层变化情况有可能为多层。无论是勘探孔还是生产井,技术套管是常用的护壁堵漏措施。两者的需求区别在于勘探孔套管多具临时性,而生产井套管的永久性强。

式(5-11)给出了某钻深处井壁力学稳定必须满足的钻井液压力值区间,也就在很大程度上决定了钻井液的密度窗口。如果实配钻井液的密度无法达到,就须考虑下套管隔离,由此基本决定了套管必封点深度范围。它是下技术套管深度的计算依据,也是井身结构设计的基本出发点。显见,井身结构设计的地质方面的重要数据为地层压力系数、破裂压力梯度、岩性剖面及故障提示。同时,还要进一步考虑起下钻、开泵钻进、出现溢流、压差卡钻等工程约束条件下对该深度的适当调整。对于强水敏层、大段盐膏层、富含水

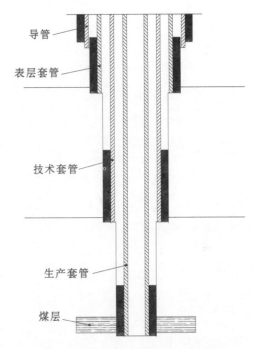

图 5-5 典型的井身结构——套管示意图

层、严重漏失层和非目的油气层,也有必要下套管并确定其必封的套管顶界与底界深度。

二、表层套管

由于井(孔)口段毗邻于地面,围岩土松软且各种扰动较大,所以必须在开钻阶段尽快下入表层护管,以确保后续长时间钻井的井口及其浅表地层的稳定安全。这种套管被称为表层套管或孔口管(图 5-5)。表层套管的下入深度一般控制在 100m 以内。有时还须要在表层套管外再配一个直径更大的浅部导管,用以对返浆进行井口溢导。

三、生产套管

对于煤层气生产井,不仅常常要下技术套管,还必须在钻完井后下入生产套管(又称

油管)并施以水泥固井,用以永久性地隔离上(下)非产层流体的窜入,保证今后对煤层气的稳定排采。它还要有利于井的分层测试、分层开采和分层改造。故生产井对套管的要求更加严格,套管的材质、强度、耐腐蚀性、稳定性等因素都需严格考虑。生产井下部储层区段的井身结构决定于完井方法,如裸眼完井、射孔完井、贯眼完井和砾石充填完井等(见第九章),其生产套管的形式有所区别。

因此,归纳煤层气井套管的下入层次为导管(井口管)、表层套管、技术套管(可能多级)、生产套管和尾管。每下入一层套管,钻井口径就必须缩小一级,因为钻头要从套管内空通过才能下到井底,由此便形成倒塔形的井身结构(膨胀套管例外)。在煤层气钻井中,套管层数又叫开数。

四、套管层序与尺寸级配

套管口径尺寸及井眼(钻头)尺寸的选择与配合关系到勘探、钻井和采气能否顺利进行以及成本消耗多少。设计中应考虑的因素:①对于勘探孔,要考虑对岩心尺寸的要求,预计各地质层位深度的可能变化,在难以确定复杂程度时的技术套管要备有保留级;②生产套管尺寸应满足采气方面的要求,根据煤层气储层的产能、增产措施及井下作业等要求来确定;③要考虑到实施工艺和技术水平,如井斜角、曲率半径、克服复杂地层的综合技术能力、管材与钻头等的规格限制等。

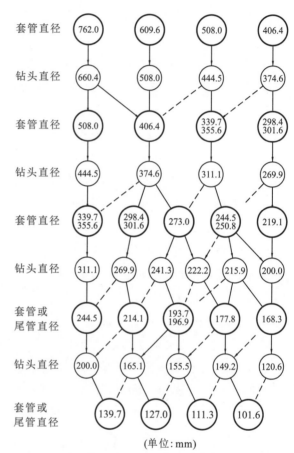

图 5-6 套管与井眼(钻头)直径配套示意图

设计井身结构尺寸一般由下向上(由内向外)依次进行:确定生产套管尺寸(仅对生产井)→确定为下入生产套管的井眼尺寸(仅对生产井)→确定技术套管尺寸→确定为下入技术套管的井眼尺寸→确定表层套管尺寸→确定为下入表层套管的井眼尺寸。

套管与井眼之间有一定间隙,间隙过大,钻进消耗、管具消耗和固井水泥消耗都会增大;间隙过小会导致下套管困难以及注水泥固井质量下降。值得注意的是,勘探孔与生产井在这个间隙控制上有明显区别,前者较小(1~10mm)而后者较大(9~25mm),主要原因是二者对水泥固封的要求明显不同。目前国内外生产的油气钻井套管与钻头匹配尺寸已经标准系列化,图 5-6 给出了相应的尺寸选择。对于煤田取心勘探钻孔,由于其口径相对较小,所以又有其单独的一套标准匹配系列(表 5-4)。

表 5-4 岩心钻探套管匹配系列

公称尺寸	套管外径 (mm)	配套钻头体直径 (mm)	套管壁厚 (mm)	螺纹长度 (mm)	单根长度 (mm)	每米质量 (kg)
ϕ57	57	59	3.75	60	3000~6000	4.92
ϕ73	73	75	3.75			6.40
ϕ89	89	91	4.00			8.38
ϕ108	108	110	4.25			10.87
ϕ127	127	130	4.50			13.59
ϕ146	146	150	4.50			15.70
ϕ168	168	173	6.00	光管		23.97
ϕ219	219	225	8.00			41.63

作为钻井工程重要的基本技术工作之一,井身结构设计是一套多因素设计工作。它既要保证钻井井壁的安全,又要兼顾低生产成本和高钻井效率。下套管可以获得很高的井壁安全性,但管材消耗使钻井成本大幅度攀升,且需停钻另行安排下套管工序而增加辅助工时;随钻泥浆护壁可以减少套管层数,经济性好,但钻遇较复杂地层时往往潜伏着井壁不安全的隐患。简单的设计原则举例:当地层预示为极复杂,钻井泥浆性能调配到最佳也将难以维持井眼稳定,就必须确定下入套管和下入的层数以及各层合理的深度;而当通过优化钻井泥浆性能可以达到安全护壁时,就应该省却不必要的套管计划,从而大大节省管材消耗及工序冗余。

五、井身结构设计方法及步骤

(1)尽可能掌握所钻地层的信息、资料和数据,如地质构造、断层与破碎带、裂隙与洞隙、层理及其产状、地应力、地下水分布、孔隙流体压力、地层压力与破裂压力梯度、岩石与煤的力学-物理-水理性质等,分析它们对井眼稳定等将造成的客观影响。

(2)明确钻井目的(勘探井还是生产井等)、井深预定与终孔口径要求、井眼设计轨迹;掌握钻进方法、设备情况、工艺规程、钻具组合、钻进参数、抽汲压力系数与故障提示;了解测井、完井、固井和对于生产井的后期强化措施及排采要求。

(3)从压力平衡性入手,运用井壁压力体系分析,找出无法或难以用随钻泥浆、水泥、化学浆材以及堵漏剂进行护壁堵漏的层段,作为初步拟定的技术套管必封区间即套管必封点。

(4)再对余下的井段进行松散破碎层的粘结性、水敏及水溶地层的降失水与抑制性方面的考证与测评,确定随钻泥浆和固结浆材的极限能力是否满足井眼稳定的需求。如果发现问题,须相应增补技术套管的封隔段。

(5)对于生产井,必须增加生产套管。它不仅用来维稳井壁,还用来隔开各层流体,达到煤层气分层测试、采气和强化改造的目的。所以生产套管的尺寸设计要考虑采气方式、井配产量、稳产泵举和满足压裂等要求。

(6)为更安全和高效的钻进及排采作业提供较完善的套管措施,辅配井口管和必要时的表层套管与尾管。

(7)对地层复杂性预测不能十分明确的情况下,预留套管备用层(级),以在遇到需要时有增补套管的可行条件;需要解决大井径段难排屑问题时,要做好下入活动套管的准备;对于深处局部复杂点,可以采用"飞管措施",即套管段仅下在井中某段而不连至井口。

(8)自下而上(即自内而外)按顺序计算好各层套管的口径和下入深度。套管口径和壁厚须按标准、按系列对应。绘制相应的井身结构剖面图,标清各层套管的数据,并加以必要的计算理由文字说明。

六、套管的强度与稳固

套管应具有足够的强度,主要用来抵抗内、外压力和拉力。例如在深井高地应力环境下,抗侧压强度不够的套管往往会被挤扁损毁;抗拉强度不够的套管往往会被拉断或拉脱扣。现行的套管一般都是用钢材制作,少数允许情况下也有采用高强度塑料管的。套管的连接一般采用丝扣,少数允许情况下也有焊接。决定套管强度的基本规格参数是套管直径、套管壁厚、螺纹类型和套管钢级。依据这些参数以及套管实际承受力和材料力学强度准则,可以计算出安全强度临界值,从而确定所需套管的规格参数。

国际上通用 API 标准钢级系列套管常见的有 10 种:H-40、J-55、K-55、C-75、L-80、N-80、C-90、C-95、P-110、Q-125。这些代号的前字母是任意选择的,而后数码则表示其最小屈服强度(数码乘以 $1000 Ibf/in^2$)。API 标准的套管螺纹类型有 4 种:短圆螺纹 STC、长圆螺纹 LTC、梯形螺纹 BTC 和直连型螺纹 XL。圆螺纹加工容易(长的抗拉强度较高),梯形螺纹抗拉强度高,直连型螺纹则不需接箍。我国已按 API 标准生产套管,但也有采用非标的两种情况:一是套管的钢级采用特殊级以解决腐蚀和高应力问题;二是螺纹连接上采用特殊型以解决高密封要求问题。

下入套管并灌注水泥将其封固称为固井(图 5-7)。一般是从套管内向环空中泵入水泥浆,再续用隔离液、顶替液(钻井液或水)把水泥浆顶替到环形空间设计部位,候凝。对固井质量要求较高的工程,还常常在套管中配套双胶塞加浮箍来实施灌注。对固井质量检测包括水泥返高测量和水泥环质量监测等。有关水泥浆的应用性能和具体措施还可参见第八章。

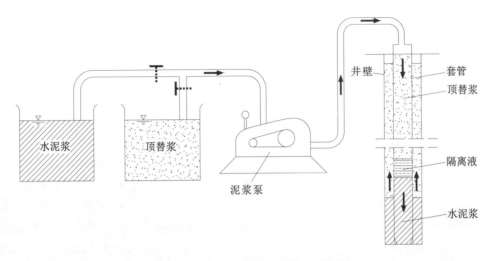

图 5-7　注水泥稳固套管示意图

第四节　泥浆性能与处理剂

钻井泥浆作为钻井液的主要大类,是由粘土、水(或油)和处理剂混合而形成的流体,具有可调控的密度、粘度与切力、降滤失性等一系列性能,能够较好地提供悬浮和携带岩屑、稳定井壁、冷却润滑钻具等钻进所需要的基本功能。泥浆性能也是其他钻井液性能的较全面的代表,多数可以通用。

一、泥浆的基本性能

密度:钻井液以其合适的密度在井眼中形成恰当的液压强,用来平衡地层对井壁的压力,以维持井壁的稳定。钻井液密度的单位是 g/cm^3,视地层压力大小,一般取值范围为 $1.0\sim1.3g/cm^3$。在一些异常高压地层中钻井液密度也会高达 $2.0g/cm^3$ 以上,而在一些异常低压的地层中,钻井液密度则可能要低于 $1.0g/cm^3$。测试钻井液密度最常用的是基于杠杆平衡原理的钻井液密度计(图 5-8)。

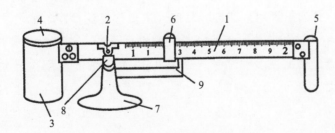

图 5-8　钻井液密度计
1.秤杆;2.主刀口;3.泥浆杯;4.杯盖;5.校正筒;6.游码;7.底座;8.主刀垫;9.挡臂

粘度:泥浆具有一定的粘度才能有效悬排钻屑和粘结保护井壁。对于钻屑颗粒较大和井壁松散破碎严重的情况,主要是依靠提高泥浆粘度来解决沉砂埋钻和防止塌孔(井)。钻井泥浆粘度的大小可用两种不同的方法度量:漏斗管流法和旋转测矩法。

漏斗粘度计[图5-9(a)]分马氏(大漏斗)和苏氏(小漏斗)两种规格,测试的参数是漏斗粘度,单位为"秒"(s),秒数越大,泥浆粘度就越高,指标范围一般在15~100s之间。漏斗粘度测试简单易行,现场实用性强,但其单位却非标准。

图5-9 漏斗粘度计(a)与旋转粘度计(b)

旋转粘度计[图5-9(b)]是目前较为广泛使用的六速旋转粘度计,所表征的粘度参数为正规粘度单位(mPa·s),根据泥浆流型的不同可以进行各种流变参数的测试。仪器结构及测值换算较复杂。

由造浆材料的多元化所决定,钻井泥浆通常可分为牛顿流体、宾汉流体、幂律流体和卡森流体等多种流型。后三者又称为非牛顿流体。在用相对统一的表观粘度衡量的同时,它们的流变性即流动剪切应力 τ 与剪切速率 γ 的关系分别用不同的流变方程和流变参数反映(表5-5),并列出了用六速旋转粘度计测值换算这些参数的公式。

作为各种流型钻井液的统一粘度表征是表观粘度 $\eta_a=\tau/\gamma$,测试值换算式一般为 $\eta_A=\phi_{600}/2$(mPa·s)。通过对上述多种流型的分析可知,大多数的非牛顿流型的表观粘度 η_A 是随剪切速率 γ 增加而降低的。这就是钻井液的"剪切稀释"特性。它对钻进中兼顾减阻、冲屑、护壁及止渗能起到有利作用。剪切稀释作用的程度可由动塑比 τ_d/η_p、流型指数 n 等来反映。

表 5-5 不同流型的钻井液流变方程与流变参数

流型	流变方程	流变参数	测值换算式
牛顿流体	$\tau = \eta \cdot \gamma$	η 为牛顿粘度,mPa·s	$\eta = \phi_{300}$
宾汉流体	$\tau = \tau_0 + \eta_p \cdot \gamma$	τ_0 为动切力,Pa; η_p 为塑性粘度,mPa·s	$\tau_0 = 0.511(2\phi_{300} - \phi_{600})$; $\eta_p = \varphi_{600} - \phi_{300}$
幂律流体	$\tau = K \cdot \gamma^n$	K 为稠度系数,Pa·s^n; n 为流型指数,无量纲	$n = 3.322 \lg(\phi_{600}/\phi_{300})$; $K = 0.511\phi_{300}/511^n$
卡森流体	$\tau^{1/2} = \tau_c^{1/2} + (\eta_\infty \cdot \gamma)^{1/2}$	τ_c 为卡森动切力,Pa; η_∞ 为卡森高剪粘度,mPa·s	$\tau_c = 0.493^2[(6\phi_{100})^{1/2} - \phi_{600}^{1/2}]^2$; $\eta_\infty = 1.195^2(\phi_{600}^{1/2} - \phi_{100}^{1/2})^2$

注:ϕ_n 表示在 n 转速时的测试读值,例如 ϕ_{300} 表示在 300r/min 时的仪器测值。

切力:泥浆切力反映其抵抗剪切破坏的能力,是泥浆悬排钻屑的重要评价参数,单位为 Pa,一般范围在几帕到几十帕之间。泥浆悬渣临界切力,是指泥浆在静止状态下刚好能够悬浮住钻渣(岩屑)所需要的静切力 τ_{sL}。应用静力学原理对其分析推导时(图 5-10),可设钻渣颗粒为圆柱状(高 h,直径 d),钻井液的密度为 ρ_1,钻渣的密度为 ρ_2,则根据阿基米德原理可得泥浆悬浮住钻渣的临界切力为

$$\tau_{sL} = \frac{d(\rho_2 - \rho_1)}{4} \quad (5-12)$$

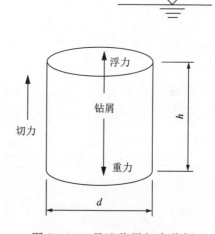

图 5-10 悬渣临界切力分析

泥浆切力在一定时段是个变化的量,反映这种变化的参数叫做泥浆的触变性,即指泥浆搅拌时变稀静置后变稠的特性。其产生机理是泥浆在搅拌流动时,粘土颗粒间的连接被扯断,结构被打散,凝胶强度(静切力,也称切力)减弱;静置后连接重新恢复,吸附成键需要一定时间,随时间增长结构逐渐形成,凝胶强度也就逐渐增加,最终才达到恒定值。

讨论泥浆触变性的意义是:泥浆停止循环时,切力能较快地增加到适当值,以利于悬浮钻屑和加重剂,但最终切力又不宜过大,以防开泵时产生大的激动压力而压裂井壁和损坏泵管。

对泥浆触变性用初切力 $\tau_初$(搅拌后静置 10s 或 1min)和终切力 $\tau_终$(搅拌后静置 10min)2 个参数来评价衡量。用旋转粘度计可以测试并计算得到初切力与终切力值:$\tau_初 = 0.511\phi_3 (10s$ 或 $1min)$,$\tau_终 = 0.511\phi_3 (10min)$。泥浆的静切力即为 $\tau_s = \tau_终 - \tau_初$。

失水量:泥浆的失水又称泥浆滤失,是指在井液与地层流体之间的压力差的作用下,钻井液中的自由水透过井壁向地层中渗流的现象。通常用失水量(water loss)或滤失量(filtration loss)即滤失速率来表示这种渗滤性的强弱。

随着自由水通过井壁的滤失,钻井液中以粘土颗粒为主的物质被过滤下来,附着在井壁上形成泥饼(也叫做泥皮),我们称之为钻井液的造壁性。泥皮的形成可以阻滞钻井液的失水。

钻井液严重失水导致的结果是:①泥、页岩与土质井壁吸水膨胀、软化,造成挤抱、埋没钻具;②溶盐地层井壁溶解、分散,导致超径、塌井;③破碎、松散地层井壁失去胶结而散垮,引起卡、埋钻具;④井壁泥饼增厚,粘附抱死钻具;⑤附带着对井斜控制、取心质量的危害以及使循环增阻而憋泵;⑥在流体资源钻采时伤害和污染储层。

评价泥浆失水性即衡量泥浆失水量,使用 API 标准的泥浆失水量测定仪(图 5-11),采用的单位是 mL/30min。在水敏等复杂地层中钻进,泥浆失水量要尽量小,例如要求不大于 18mL/30min。优质泥浆的失水量可调控到小于 5mL/30min。

二、泥浆的其他性能

在使用钻井泥浆时,以上述关键性能指标为基础,同时还有另一些重要的性能参数也经常需要涉及到,如固相含量、分散性、抑制性、敏感性、流变性、触变性、粘附系数、除砂难易度、腐蚀性和毒性等。同时,泥浆自身的抗侵能力、耐温稳定性等也是在许多场合下应该得以体现和保障的。

润滑性——对减少钻具磨损、降低动力消耗、防止阻卡钻具、减小流动阻力等有较大影响。钻井液润滑性用润滑系数(无量纲)表示,一般范围在 0.1~0.4 之间,可以用极压式润滑仪测试,以润滑系数表征润滑性的强弱。

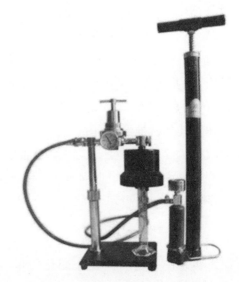

图 5-11 泥浆失水量仪

分散稳定性——指泥浆中的造浆粘土以及加重剂等微粒的均匀分散及稳定悬浮的程度,是钻井泥浆的基础质量。一般要求泥浆的分散稳定性尽量高。泥浆分散稳定性用简易的胶体率量筒法就可有效地测定。还可以用激光粒度分析仪、透光率仪等做更深入的测试。

含砂量——钻井液中非有益成分的砂、屑如钻屑和浆材中杂渣的百分含量(%)。一般以粒径尺寸大于 200 目($74\mu m$)为判定标准。要求含砂量尽可能少,以维系钻井液多项性能的达标。含砂量用筛析法测定。

固相含量——钻井液中有益和有害固相的总含量(%)。一定比例的有益固相含量是一些钻井液用来控制密度、形成泥皮和适度絮凝的必需。但固相含量高会造成钻速下降、钻井液流动性变差、伤害储层等负面影响。固相含量用蒸馏法测试。

抑制性——以钻井液抑制地层水敏膨胀的性能为主,还包括抑制盐敏、碱敏、酸敏等能力。提高抑制性旨在维持井眼稳定和减小对储层的伤害。钻井液抑制性评价方法有膨胀量、岩心渗透率变化、热滚回收率测试等,量值单位与限域要视评价测试方法的不同而定。

粘附性——混携着土质钻屑的稠泥浆很容易粘附在钻头和钻杆表面,造成钻头泥包而使钻速下降甚至不进尺,也造成钻杆被粘滞而使回转扭矩增大甚至钻柱抱死。衡量钻井液粘附性常采用泥浆粘附系数仪。

堵漏性——在孔隙、裂隙发育的低压地层中,钻井液的漏失是突出的钻井技术问题。在钻井液中添加对应尺寸的惰性固体颗粒和细小纤维,可以有效封堵漏失层段。

抗侵能力——指钻井液抵御地层流固物质侵入而不发生自身性能明显变差的能力,又细分为抗盐侵、抗钙镁侵和抗粘土侵等。评价指标为:在一定侵污条件下,钻井液的粘度、切力、失水量等主要性能参数变化的程度。提高钻井液的抗侵能力,可以针对地层侵污类型通过加入相应抗侵的配浆材料来实施。

耐温能力——指钻井液在高温或低温环境下不发生自身性能明显变差的能力。评价指标为:在设定的高温或低温条件下,钻井液的粘度、切力、失水量等主要性能参数变化的程度。

腐蚀性与毒性等——指钻井液对钻具和设备的锈蚀性、对其他被接触物体的腐蚀性、对钻井液自身的变质性、对人体或其他动植物的毒性、易燃易爆性,以及对地下水等周边环境的侵污性等。评价时参照相应的安全和环保规定。控制钻井液的腐蚀性与毒性,主要通过选用无毒、弱腐蚀、低污染、非易燃易爆、环境友好的材料来实现。

三、造浆粘土

来源广泛的膨润型粘土是配制泥浆的最基本原材料,与水混合成为基浆后,自然具备了可观的粘度、切力和一定的密度,且能形成泥皮膜来阻滞流体向井壁内的滤失。若在基浆中进一步添加相应的处理剂,则能获得满足钻井所需的性能优良的泥浆体系。

膨润土(高含蒙脱石)区别于高岭石和伊利石粘土,其特殊的 2:1 型晶体构造与天赋的同晶置换现象,使该类粘土具有很强的吸水膨胀性、可分散性和负电活性。这就从本质上提供了形成钻井泥浆的客观条件,能使大多数粘土颗粒的水化粒径小于 $2\mu m$,且能与处理剂发生所需的交换吸附。

配制淡水泥浆的优质膨润土,矿物组分鉴定含蒙脱石应不少于 85%,阳离子交换容量大于或等于 80mmol/100kg,胶体率大于或等于 96%,标准造浆率为每吨土粉配制粘度为 15mPa·s 的泥浆的体积数大于等于 $16m^3$。此外,胶质价和膨胀容等参数也是评价膨润土造浆性的参考指标。

由于大部分膨润土矿产出于地下钙基（Ca^{2+}）环境，被压缩了水化膨胀的潜能，所以对于钙基膨润土需要加入占其重量约 4％的 Na_2CO_3（提供交换型 Na^+），使之转化为钠基膨润土后使用，以提高电动电位，才能获得应有的优良造浆性能。

另外还有一类海泡石族粘土矿物（海泡石、凹凸棒石、坡缕缟石），它们虽然在淡水条件下不及蒙脱石的造浆性能优越，但在高温和盐水环境中却有着比蒙脱石更为稳定的造浆性能。所以，配制抗高温和盐水泥浆时也经常用到此类粘土矿物。

四、泥浆处理剂分类

泥浆处理剂定义为：在原有泥浆的基础上，加量很少就能显著改善泥浆性能的添加剂。原有泥浆材料是指在配浆中用量较大的基本组分，例如膨润土、水（油）和重晶石等。

按其组成分，泥浆处理剂通常分为无机处理剂、有机处理剂、表面活性剂和惰性材料四大类。无机处理剂可分为氯化物、硫酸盐、碱类、碳酸盐、磷酸盐、硅酸盐和重铬酸盐及混合金属氢氧化物等。有机处理剂分为天然产品、天然改性产品和有机合成化合物。按其化学组分又可分为腐殖酸类、纤维素类、木质素类、丹宁酸类、沥青类、淀粉类和聚合物类等。表面活性剂可分为阴离子型、非离子型、阳离子型、两性型，其中有些也兼有无机或有机处理剂的效能。惰性材料是指在泥浆体系中不发生化学反应的材料，其来源也十分广泛。

泥浆处理剂按功能共分为以下 16 个剂类：①降滤失；②增粘；③降粘；④乳化；⑤页岩抑制；⑥堵漏；⑦缓蚀；⑧粘土结构；⑨润滑；⑩加重；⑪杀菌；⑫消泡；⑬泡沫；⑭絮凝；⑮解卡；⑯其他类等。材料品种多达 200 余种。

在配制钻井液时，视具体功能需求进行选择。有些处理剂在钻井液中同时具有多种作用。例如，有的降失水剂同时兼有增粘或降粘作用等。

五、粘度调节剂与降滤失剂

粘度调节剂与降滤失剂是广泛使用的泥浆处理剂，能在造浆粘土有限作用的基础上，以少量的添加而大大地改善护壁、排渣、降滤失和减阻效能。粘度调节剂又分为增（提）粘剂和降粘（稀释）剂。增/降粘不仅指泥浆粘度得到调控，也包括了对泥浆切力的改变。

增粘剂、降滤失剂和降粘剂多采用水溶性有机化合物做材料，有天然植物胶、纤维素及其衍生物、化工合成聚合物等。三者的分子量明显不同，增粘剂的大、降滤失剂的中等、降粘剂的小；在泥浆中的加量也有较大差别，增粘剂少、降滤失剂中等、降粘剂多。

增粘剂：常用的增粘剂有生物聚合物 XC、胍胶 Gg、蒟蒻 KX、大分子钠羧甲基纤维素 HV-CMC、羟乙基纤维素 HEC、大分子聚阴离子纤维素 HV-PAC、聚丙烯酰胺 PAM、80A51、PAC141 等，分子量一般不小于 500 万，有的高达 2500 万以上，溶于水后使泥浆基液的粘度明显增加，同时促进粘土水化膜相互粘引，进一步加大体系的粘度和切力。

增粘剂分子上的吸附基团多点附着在井壁上，可以粘结岩层散体，稳固井壁；泥浆体系粘度增加可以有效悬携大颗粒钻屑,粘滞性还可使渗滤阻力增大而减小泥浆的滤失量。增粘剂在钻井液中的加量一般控制在 0.1%～0.5%。

降粘剂:又称稀释剂或解絮凝剂,分子量小(1 万到 20 万),常用品种有:①单宁类(单宁酸钠、栲胶碱液、磺甲基单宁、磺甲基栲胶等);②木素类[铁铬木质素磺酸盐(铁铬盐、FCLS)、无铬磺化木质素等];③聚合物类[分子量低(<10 万)的丙烯酰胺或丙烯酸类聚合物,属非分散型降黏剂,常用产品有两性离子聚合物稀释剂 XY-27、X40、XB40 等];④腐植酸类[腐植酸钠、腐植酸钾、磺化褐煤(SMC)等]。

水溶性降粘剂分子上具有吸附基团,能与粘土颗粒端部离子结合,切断原来粘土颗粒之间的桥接,拆散泥浆的絮凝结构,使切力和粘度降低。这种小分子尺寸效应十分有利于水分子在土粒端部浓集来充分分离土粒,而使基液粘度增加的程度却很小。降粘剂多用于钻井中发生粘土侵、泥浆过分浓稠时的处理,加量一般控制在 2%～5%。

降滤失剂:在大量钻遇的泥岩、页岩、含土质地层中,为减小向地层中渗水而稳定井壁所用,分子量在 20 万～500 万之间,品种丰富。①腐植酸类(腐植酸钠、铬腐植酸、硝基腐植酸钠):该类产品兼有稀释作用。②纤维素类:钠羧甲基纤维素(CMC),有中、低粘度两种产品。2%水溶液,中粘度(MV-CMC):500～1000mPa·s;低粘度(LV-CMC):100～500mPa·s。钠羧甲基纤维素还具有增粘作用,抗盐能力强。③聚合物类:水解聚丙烯腈类包括水解聚丙烯腈钠(或钠盐)以及钙盐和铵盐;聚阴离子纤维素(PAC)系列产品有 PAC141、PAC142、PAC143;聚丙烯酸盐 SK 系列为丙烯酸盐的多元共聚物,产品有 SK-1、SK-2、SK-3。④淀粉类:胶化淀粉——降失水、不增粘,使用时要求提高浆液的 pH 值,或加防腐剂;羧甲基淀粉——降失水,增粘,对动切力影响大,有利于携带岩屑;羟丙基淀粉——为非离子型高分子材料,对高价阳离子不敏感。⑤树脂类:磺甲基酚醛树脂(SMP-1、SMP-2),抗盐钙能力较强,耐高温。

降滤失剂的作用机理是:①通过分子上的吸附基团在粘土粒表面的附着,间接吸引水分子浓集在粘土颗粒周围,增大吸附水化膜,减少会被渗滤的自由水;②软质的水化膜可以形成高防渗的优质泥饼,大大降低溶液向井壁中的失水量。

降滤失剂视分子量大小分为提粘、稳粘和降粘型的,在泥浆中的加量控制在 0.5%～2.0%。

六、泥浆其他处理剂

无机处理剂:分子量很小(几千以内),品种繁多,作用各异,机理相对单一。常用的钻井液无机处理剂情况见表 5-6。

抑制剂:抑制近井地层水敏膨胀、软化和分散以及抑制其他敏感性损害。常用材料有:①沥青类(氧化沥青、磺化沥青、改性沥青);②钾盐腐植酸类(腐植酸钾、硝基腐植酸钾、磺化腐植酸钾、有机硅腐植酸钾等);③聚合物抑制剂[聚丙烯酸钾、水解聚丙烯腈钾(K-PAN)、环氧丙基三甲基氯化铵(NW-1,俗称小阳离子)];④阳离子聚丙烯酰胺(大阳离子)等。

表 5-6 钻井液常用无机处理剂

品名	分子式	主要作用	品名	分子式	主要作用
碳酸钠	Na_2CO_3	钠化分散剂、控制 pH 值	硅酸钠	$Na_2O \cdot nSiO_2$	抑制、提粘切、堵漏
氢氧化钠	NaOH	提高 pH 值、水解聚合物	硫酸钠	Na_2SO_4	除钙、提粘切
氢氧化钙	$Ca(OH)_2$	配钙浆、抑制、堵漏	六偏磷酸钠	$(NaPO_3)_6$	除钙分散剂
硫酸钙	$CaSO_4$	抑制、提粘切、絮凝钻屑	硼砂	NaB_4O_7	交联剂
氯化钙	$CaCl_2$	抑制、提粘切、配盐浆	氯化铁	$FeCl_3$	抑制、提粘切、降 pH 值
氯化钠	NaCl	配盐浆、抑制、提粘切	亚硫酸钠	Na_2SO_3	除氧、缓蚀
氢氧化钾	KOH	抑制、溶解有机酸	重铬酸钾	$K_2Cr_2O_7$	抑制、热稳定
氯化钾	KCl	抑制、配盐浆、提粘切	过硫酸铵	$(NH_4)_2S_2O_8$	降解、破胶

有机絮凝剂:一是使泥浆适度絮凝以提高切力,主要是对大分子进行交联,如甲醛、乙二醛等是聚丙烯酰胺及其衍生物的有机物交联剂,对某些纤维素衍生物和植物胶也有一定的交联增稠效果;二是选择性絮凝,使返出泥浆中的钻屑得到聚淀除砂而造浆粘土仍保留续用,目前主要采用部分水解聚丙烯酰胺 PHP,分子量 300 万～1200 万,水解度约 30%。

润滑剂与乳化剂:润滑剂用以减少钻具磨损。常用剂材有:①液体类润滑剂[柴油与机油配以乳化剂(平平加、司盘-80、十二烷基苯磺酸钠、乳百灵等)、皂化油、太古油、Z761 减阻剂、DR 钻探润滑剂、RH 系列润滑剂等];②惰性固体润滑剂(塑料小球、石墨、玻璃微珠等)。润滑剂的加量一般占泥浆体积的 0.3%～1.0%。

解卡剂:用以解除掉块卡钻和粘附卡钻等钻井故障。掉块卡钻主要利用上述润滑剂解卡。粘附卡钻不仅要利用润滑剂(矿物油)来消减界面摩擦力,还要设法破坏泥饼内部的粘滞力及结构来化解和裂解厚泥饼。所以还需添加氧化沥青、石灰粉、表面活性乳化剂(OP-10、快 T、JFC)等具有化解和裂解功能的材料。解卡剂的用量一般占泥浆体积的 1%左右。

加重剂:分固体粉剂和液体剂。固体粉剂:重晶石 $BaSO_4$,密度$\geqslant 4.2g/cm^3$;石灰石粉 $CaCO_3$,密度 $2.8g/cm^3$;铁(锈)粉 $Fe(Fe_2O_3)$,密度 $7.80(5.24)g/cm^3$。液剂:甲酸钾 KCOOH,饱和密度 $1.58g/cm^3$;甲酸钠 NaCOOH,饱和密度 $1.92g/cm^3$;甲酸铯 CsCOOH,饱和密度 $2.2g/cm^3$。

泡沫剂与消泡剂:用于配制泡沫钻井液与消除钻井液中的气泡。泡沫剂,十二烷基苯磺酸钠(ABS)、烷基磺酸钠(AS)、十二烷基硫酸钠(K12)、DF-1 型泡沫剂。消泡剂,硬脂酸铝类(DF-4)、有机硅类(DX)、甘油聚醚类。

堵漏剂:用以堵塞钻井液的渗漏,主要由尺寸与形状合适、软硬兼配、密度恰当、对泥浆化学惰性的各种散体物料构成。

抗侵与耐温稳定剂:抗侵稳定剂指能使钻井液抵御地层流固物质侵入(盐侵、钙镁侵和粘土侵)而不发生自身性能明显变差的处理剂,例如泥浆钙处理剂体系等。耐温稳定剂指能使钻井液在高温或低温环境下不发生自身性能明显变差的处理剂。

缓蚀剂与杀菌剂:缓蚀剂添加在泥浆中用以抑制和减轻井液对钻具及设备的腐蚀,常用的有石灰、亚硫酸钠、碳酸锌、碘化盐以及多种有机胺类、咪唑啉类。杀菌剂用来杀灭井液中各种有害于各种处理剂的微生物(真菌、细菌、酵母)及藻类,从而维护钻井液的正常使用性能,常用的有甲醛、聚甲醛、戊二醛、烧碱、石灰、高浓度盐溶液以及各种防发酵剂等。

第五节 常用钻井液配方设计

钻井液配方设计是根据所钻地层条件(地质构造、地应力、岩石性质、地下流体状况等)和钻井工艺情况(井身结构、钻进参数、设备能力、钻具组配等),按钻井液被需求的功能,拟定其主要性能参数,选择相应的配浆材料并确定它们的加量比例。钻井液配方设计是钻井液技术的核心内容。

各种煤层钻进的目的、地层和钻进工艺方法等差异甚大,对钻井液性能有明显不同的要求,设计重点也因此而不同。例如,在钻渣粗大及井壁松散的地层中,悬屑和护壁问题突出,泥浆的粘度和切力等指标成为设计重点;在稳定的坚硬岩中钻进,钻井液设计重点是针对钻具的冷却和润滑,而护壁和排粉等则是次要的。又如在遇水膨胀塌孔的地层中钻进,设计重点应放在降失水护壁上;在压力敏感的地层中,泥浆的密度设计尤为重要;特别值得关注的是在钻开煤层气储层时,钻井液还要具有较强的防伤害能力。因此,针对特定的钻进情况,在全面设计中突出针对性的性能要点,是做好钻井液配方设计的关键所在。

在钻井液性能设计中可能会遇到一些相互矛盾的情况,满足一些设计指标时,另一些指标则可能达不到理想程度。对此,应该抓住主要问题,兼顾次要问题,综合照顾全面性能。在一些要求不高的场合,可以酌情精简对钻井液性能的设计,适当放宽对一些相对次要指标的要求,以求得最终的低成本和高效率。

欲获得优越的钻井液性能参数指标,选择并组合恰当的配浆材料是设计中最为关键的事情。每种钻井液配浆剂都有其特定的控制钻井液某种性能的功效,把它们组合在一起就可能满足多项性能要求。要特别注意多种处理剂相互之间的影响,力求协调配伍,避免干扰抵消。配方设计最终优越与否,还要进一步依靠对各种处理剂的加量控制,严格准确的材料比例把握往往是好配方的要点。至此可以概括出钻井液配方设计总体流程如下

(图5-12)。

图5-12 钻井液配方设计总体流程

针对煤系地层钻井工程的地质和工艺特点,按常见的不同环境条件,设计下述典型的钻井液配方。

一、高粘度高切力泥浆

这类泥浆主要是针对松散破碎煤系地层而设计。地层越松散破碎,维稳井壁的泥浆粘度就要求越高。地层松散破碎程度决定了泥浆粘度设计值。对松散破碎程度有若干种不同的度量方法。在此采用单轴抗压强度评价法,即以岩石的单轴抗压强度 σ_s 作为衡量该地层松散破碎程度的指标。根据实际数据统计,可将地层分为极破碎($\sigma_s<0.3$MPa)、强破碎(0.3MPa$<\sigma_s<1.0$MPa)、中度破碎(1.0MPa$<\sigma_s<2.0$MPa)和较完整($\sigma_s>2.0$MPa)4个等级。

根据实际工程经验、室内实验模拟和力学分析计算,建立所需泥浆的粘度与该地层松散破碎程度之间的近似关系如下:

$$\eta_A = 0.5\sigma_s^2 - 12\sigma_s + 55 \tag{5-13}$$

式中:η_A——表观粘度,mPa·s;

σ_s——样品抗压强度,MPa。

例如,已知某井壁岩样的散碎指数 σ_s 为 0.2MPa,代入式(5-13)计算得到应配泥浆粘度 η_A 为 41.00mPa·s;而 σ_s 为 2MPa 时,所需粘度仅为 17.00mPa·s。

再根据所需钻井液的粘度,选择配浆材料,确定加量比例。通过使用高分散度泥浆、增加泥浆中的粘土含量、加入大分子聚合物及交联剂以及适度絮凝等措施,来提高泥浆粘度。视散碎程度,一般中、高粘度的经验值在 18~35mPa·s 之间,对应的马氏漏斗粘度为 27~65s。

某种针对松散破碎煤系地层的稠化泥浆配方见式(5-14)。该配方以提粘为主,材料配比简易,成本较低,在较多破碎的煤系地层钻进中得到成功应用。如曾用于南岭于赣深部科学钻探孔的破碎煤线层段钻进(2012年),针对性地解决了煤层破碎带钻孔垮塌难题。

$$8\%\sim10\%膨润土+0.5\% Na_2CO_3+0.5\% CaCl_2+0.1\% HEC+1\% LV\text{-}CMC \tag{5-14}$$

式中:HEC——主要提粘剂,分子量大于 1000 万;

LV-CMC——降失水辅剂;

$CaCl_2$——适度絮凝剂,用以提高泥浆的切力。为了提粘,钠基膨润土的加量较高。

该套泥浆性能:漏斗粘度55s,表观粘度35mPa·s,终切力10Pa,失水量13mL/30min。按式(5-13)计算,可以粘结强度σ_s仅为0.3MPa的强破碎地层。

二、强降失水强抑制泥浆

对于水敏性地层的井壁稳定,其最根本的配方思路为2条:①尽量减少钻井液对地层的渗水,也就是降低泥浆的失水量;②即便有"水"渗入井壁,这类流体也对泥质不产生或很少产生水敏。构成配制强降失水强抑制性泥浆的设计原理性要点如下:

(1)添加中分子量(约200万)降失水剂,增强泥饼的隔膜作用,阻隔自由水的渗透。
(2)采取"粗分散"方法,使粘土颗粒适度絮凝,使井壁岩土的分散性减弱。
(3)选水化效果好的优质土造浆,使泥饼隔膜效果提高,且自由水量显著减少。
(4)提高基液粘度,降低泥浆中"自由水"向地层中渗滤的速率。
(5)调整泥浆密度,减小流动阻力和压力激动,使井液压力与地层压力相平衡。
(6)利用特殊离子对地层的"抑制"作用,如钾离子的嵌合作用,加固泥质井壁。
(7)形成大分子粘性桥接链网,阻碍自由水透过井壁继续向地层的渗滤。
(8)在泥浆中添加与地层孔隙相配伍的微小颗粒(如沥青微胶),堵塞渗滤通道。
(9)使钻井液与地层的化学性质相近,以活度平衡减少物质交换及扩散程度。

失水量的设计值很大程度上取决于地层的水敏程度。地层水敏性越强,失水量就要求越小。建立泥浆的临界失水量(允许的最大失水量)与地层水敏性指数之间的量化关系,主要根据大量的工程经验数据进行拟合。作为理论参考,提供一个相应的计算公式:

$$FL_{max} = 36I_w^2 - 81I_w + 47 \tag{5-15}$$

式中:FL_{max}——临界失水量,mL/30min;

I_w——水敏指数,无量纲。

与以上一种或多种机理相应,针对水敏性地层的泥浆技术现已得到较大发展。下面列出一些相应的泥浆类型并列举典型配方。

(1)强降失水剂泥浆中添加了足量的降失水剂,如CMC、DFD、LG植物胶等。它们的分子量在中低范围(约200万~300万),加量在1%~2%。

$$5\%膨润土+0.2\%纯碱+1\%\sim2\% LG+1\%\sim2\%CMC \tag{5-16}$$

2006年该配方应用于河南省正阳地区700~1000m深度的煤田钻探,解决了大段泥页岩的缩径、塌孔和卡钻问题。其关键技术要点是利用植物胶LG和纤维素CMC将泥浆失水量由原来的30mL降到12mL以下,LG植物胶还兼有强润滑性。

(2)钙处理泥浆是粗分散泥浆的主要类型,有石膏-铁铬盐泥浆、氯化钙-褐煤泥浆等。它们利用Ca^{2+}离子遏制井壁泥页物质的分散,同时提高泥浆自身的抗侵能力且流动性好。

$$7\%钙基膨润土+0.3\% Na_2CO_3+0.6\% CaSO_4+1.5\% FCLS$$

$$(5-17)$$

其中 FCLS(铁铬木质素磺酸盐)是有机护胶剂,防止造浆粘土过度聚结。泥浆性能:失水量≥15mL、切力 6Pa、视粘度≥21mPa·s。该配方在煤系钻井遇到泥页岩时大量使用。

(3)钾基泥浆有:PAM-KCl 泥浆、分散型氯化钾泥浆、氢氧化钾-褐煤泥浆、氢氧化钾-磺酸盐泥浆、铝钾泥浆等。它们的共同特征是利用 K^+ 特殊结构尺寸的嵌合作用,可以锁联井壁泥页质成分使相应的煤系井壁稳定。

$$4.5\% 钙基膨润土 + 0.2\% \ Na_2CO_3 + 0.1\% \sim 0.2\% \ HPAM + 3\% \sim 12\% \ KCl \tag{5-18}$$

其优越的特征指标是泥页岩样品在其中的膨胀量很小,稳定性指数仅次于油基泥浆。

(4)乳化沥青泥浆中的沥青以胶体微粒呈现,充填并附着于微孔隙从而达到抑制水敏的目的。

$$6\% 钙基膨润土 + 0.25\% \ Na_2CO_3 + 1\% \ 石油沥青 + 0.2\% \ 油酸钠乳化剂 + 0.1\% \ 季铵盐润湿剂 \tag{5-19}$$

式中的油酸钠、季铵盐是用来乳化和润湿沥青的,使其在水中能够分散成胶。泥浆体系具有相类似作用原理的还有有机土泥浆、褐煤粉泥浆和二氧化锰泥浆等。

防止水敏还有油基泥浆、有机阳离子聚合物泥浆、野生植物胶泥浆等。现代钻井液技术往往将多种不同原理的配方组合起来,以发挥更强的降失水和抑制作用。

三、水溶性地层抗盐泥浆

煤系地层钻井常遇氯化钠、钾盐、石膏、芒硝、天然碱等易溶层段。它们遇到钻井液中的水分时,就会发生溶解,使井壁超径、失稳。同时,井壁溶解物质侵入钻井液中产生的化学污染和破坏十分厉害,经常造成泥浆稠塑化或析水化(图 5-13),严重影响正常使用。

用钻井液技术应对水溶性地层,主要从三方面入手解决问题:一是降失水;二是降低滤液对地层的化学溶蚀性;三是增强泥浆体系自身的抗盐能力。

作为这些原理的应用体现,自 20 世纪 80 年代初至今,相继研配出抗盐油基钻井液、欠饱和盐水泥浆、聚合物饱和盐水钻井液、氯化钠和氯化钾过饱和水基泥浆、氯化钾聚磺饱和盐水泥浆、复合盐多元醇钻井液体系等。

盐水泥浆是粘土悬浮液中氯化钠含量大于 1% 的泥浆,靠氯化钠的含量较大而促使粘土颗粒适度聚结,并用有机保护胶维持此适度聚结的稳定粗分散泥浆体系。盐水泥浆因预置了盐浓度而使井壁盐矿不易溶解。同时,该类泥浆的粘度低,切力小,流动性好,抗盐侵和粘土侵,抑制泥页岩水化膨胀、坍塌和剥落。例如,深井钻遇厚层岩盐时,曾使用 CMC-FCLS 饱和盐水泥浆,其组成为纯碱 1.5%、FCLS1.5%、烧碱(1/5 浓度)0.3%、中粘 CMC2%。泥浆性能是相对密度 1.40、漏斗粘度 42s、失水量 3.7mL、泥皮厚 0.5mm、pH 值 9.5,维护时将各种处理剂的混合液与食盐一起加入。

盐水钻井液的关键技术是采用耐盐处理剂和抗盐土。常用于盐水泥浆的处理剂有降

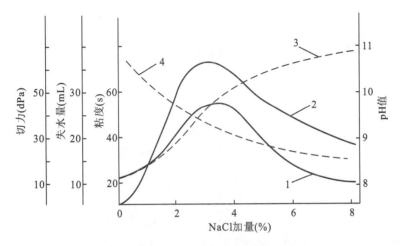

图 5-13 淡水泥浆加 NaCl 后的性能变化
1.粘度；2.切力；3.失水量；4.pH 值
（用 5% 单宁酸钠处理的普通粘土泥浆）

失水兼适度提粘的铬—磺甲基褐煤(SMC)、磺甲基酚醛树脂(SMP-I)、磺甲基酚醛树脂木质素(SLSP)、磺化褐煤树脂(SPNH)、饱和盐水钻井液降滤失剂(SPC)、Na-CMC复合剂、铁铬木质素磺酸盐(FCLS)、水解聚丙烯酰胺、水解聚丙烯腈、聚丙烯酸钙、聚丙烯酸钠，稀释兼降失水的磺甲基单宁(SMT)、磺甲基栲胶及(SMK)、聚磺腐植酸(PFC)等。

在耐盐粘土的选择上，以海泡石族（如凹凸棒土）为佳。由于特殊的晶格构造，这类土在盐水中的直接水化分散性比蒙脱石土要强许多。然而，蒙脱石粘土在复合了有关的抗盐处理剂后，抗盐性能也能得到可观改善，机理在于利用被粘土吸附的抗盐处理剂的水化能力而间接吸附大量水分子，同时粘土颗粒保留了端点结合和滤饼骨架成型作用。

四、高压与涌水层加重钻井液

钻遇高压煤系地层时，为防止井眼蠕变缩径和涌入地下流体，必须采用较大密度的钻井液以维持压力平衡。要根据地层压力即井壁固体侧压力 σ_h 和地层空隙流体压力 p_c 来确定泥浆密度。在两种压力相差不大时，可均视为 p_{av}。这时设计一个能与之平衡的钻井液密度值 $\rho = p_{av}/h$ 即可（h 为平衡点的井深）。而在许多二者相差较大情况下，则用要害权重法来计算确定钻井液密度的综合设计值：

$$\rho = \frac{c_1 \sigma_h + c_2 p_c}{h(c_1 + c_2)} \tag{5-20}$$

式中：ρ——密度综合设计值，g/cm³；

c_1、c_2——分别为两种压力的要害权重系数，无量纲，取值在 0~1 之间，视二者对钻井作业负面影响的相对大小而定，二者之和等于 1。

显著提高钻井液密度一般是通过增添加重材料来实现。最常用的加重剂是重晶石粉,化学式为 $BaSO_4$,密度 $4.2g/cm^3$,白色粉末,化学惰性,无毒,水溶性很弱。为防止这类重颗粒的沉降,要求重晶石粉粒的尺寸尽量小,一般要求在 325 目($44\mu m$)以细,将其添加到悬浮能力较强的钻井液中搅拌均匀后使用。其常用配方见式(5-21)。加重剂的加量按原浆密度、加重剂密度和设计达到的泥浆密度三者推导关系进行计算。

$$3\%粘土粉+1.2kg 碳酸钠+2.0kg 田菁粉+0.05kg 硼砂+ \\ 10kg\ LV-CMC+420kg\ BaSO_4 \quad (5-21)$$

式中:水、粘土粉和碳酸钠形成细分散基浆,田菁粉与硼砂适度交联用以提粘提切,LV-CMC 用来降失水。泥浆性能:密度 $1.35g/cm^3$,API 失水量 12mL,塑性粘度 $29mPa·s$,终切力 10Pa。

提高悬浮稳定性的另一重要措施是通过加入 XC、KP 共聚物、HV-CMC、大分子植物胶等高聚物作为结构剂,以增加泥浆的切力和粘度,保证加重材料能悬浮不沉淀。

用重晶石来加大钻井液密度的实际钻井工程实例很多。例如汶川地震科学钻探 1 号孔,当钻至 540m 深时遇到厚达 60 余米的软质煤岩(又称断层泥)。在被震碎的上覆地层强大压力作用下,这层强度只有 0.6MPa 而泊松比却高达 0.33 的软煤快速向钻孔内蠕动缩径,造成抱挤钻具以致扭断钻杆。当时泥浆未经加重,密度仅有 $1.07g/cm^3$。后用重晶石辅以悬浮剂将泥浆密度上调至 $1.55g/cm^3$,回转扭矩下降,提钻也无遇阻,大密度泥浆获得成功应用。

可作为钻井液加重材料的大密度固体粉末还有,石灰石粉($CaCO_3$,密度 $2.9g/cm^3$)、废铁粉(Fe_2O_3,密度 $5.24g/cm^3$)、方铅矿粉(PbS,密度 $7.50g/cm^3$)等。粘土粉作为配制泥浆的基本材料,不仅可以增粘、提切、降失水等,也可以适度增大泥浆的密度。

然而,用添加固体粉粒加重剂配制大比重泥浆也存在不足:①导致钻井液的粘度和切力增加,流动性变差;②对重剂细度和配方要求严苛。而新型的甲酸盐钻井液则可以从本质上克服这些不足。甲酸钠、甲酸钾、甲酸铯等溶液自身具有较高的密度($1.3\sim2.3g/cm^3$)和较低的粘度($3\sim10mPa·s$),不需要另行添加加重材料就能直接用作为大密度钻井液,在高压平衡钻井且深孔小井眼条件下具有突出的优势。某种甲酸盐泥浆的配方如下:

$$水+70\%\ KCOOH+0.2\%\ XC+3.0\%超细\ CaCO_3+ \\ 0.8\%降失水剂 \quad (5-22)$$

该配方的性能为:$\rho=1.5g/cm^3$,$FL\leq7mL$,$PV=20\sim60mPa·s$,$YP=5\sim20Pa$,在我国一些钻进工程中取得了良好的应用效果。甲酸盐无毒,腐蚀性较小,污染也小,但目前成本较高。

五、无粘土钻井液

无粘土钻井液,也称原浆无固相钻井液,是不用粘土,仅在水中加入化学处理剂而形成的能适应一定钻井环境条件的钻井液。这类钻井液主要有清水、油类、无机盐溶液、有机聚合物溶液、乳状液、白垩浆液等。

清水本身就是"资格最老"的钻井液。现在某些情况下仍能用清水钻井,它方便、省时、成本低。例如在稳定性很好的岩石钻进中使用清水作钻井液,以及在一些富含粘土的地层中利用其自然造浆。传统观念认为用清水不会堵塞储层,因此直至现在还有部分煤层气钻进不用泥浆而坚持用清水。清水粘度小、流动性好,因此冲洗井底岩屑的能力强,冷却钻具的效果好。当然在许多限制条件下,清水不能单独作为钻井液,而更多是作为大部分钻井液的液相。

与清水相比,无粘土钻井液具有较好的悬携钻屑的能力,对敏感地层井壁可起到抑制作用,体现一定的护壁能力,具有较好的润滑性。它与泥浆比较,具有较低的密度,粘度可以宽范围灵活调整,减阻流动性较好,冷却钻头和提供水马力能力较强,因而能提高井底碎岩效率。无粘土钻井液对地下流体储层的堵塞伤害较小,能提高生产井的产量。

大分子聚合物溶液是无粘土钻井液的主体类型之一,主要材料就是大分子量(1000万以上)的泥浆提粘剂,在此只是不加粘土粉而直接与水搅拌即可配成钻井液,其性状相似于日常所用的糨糊和胶水,一定条件下适于对钻进液的悬渣及护壁需求。聚合物钻进液的粘度可以在较大范围内调整,加量少而提粘效率高,因而有时可代替泥浆而得到较多应用。

这些大分子高聚物在水中的加量只需控制在 0.2%~0.5% 之间,钻井液的表观粘度就可达 10mPa·s 以上,漏斗粘度可达 23s 以上,可以悬排一定粒度颗粒的钻屑,同时又有了较强的粘结松散井壁的能力,失水量也能得到部分遏止。高聚物溶液由于其柔软大分子易于变形,因此具有优良的剪切稀释作用。有时为了进一步提高聚合物溶液的切力,以利悬浮更大颗粒的钻屑和加重剂以及粘附护壁,再在其中添加一些无机交联剂如硼砂等。

$$1m^3 \text{清水} + 0.2\% \text{ HV-CMC} + 0.1\% \text{水玻璃} \tag{5-23}$$

从密度调控上来看,聚合物溶液尚不及泥浆好。所以,在需要提高无粘土聚合物钻井液密度时,必须解决交联成网问题,以保证加重剂能稳定地悬浮分散。实践和理论已发现,一些生物聚合物溶液具有相对较强的提切能力。我国高压卤水地层钻井采用生物聚合物 XC 复配大密度($1.52\sim1.94\text{g/cm}^3$)钻井液的配方如下:

$$0.3\% \text{ XC}_{131} + 0.5\% \text{ CMC} + 2\% \text{ FCLS} + 73\% \text{的卤水} +$$
$$60\%\sim200\% \text{重晶石} \tag{5-24}$$

坚硬岩层乳状冲洗液。煤系地层钻进中经常会遇到坚硬的岩段(如石英岩、片麻岩、玄武岩、花岗岩、闪长岩等),可钻性等级高达 7 级以上,强度和硬度大,研磨性很强,钻具磨耗严重,进尺速度慢,回转扭矩大。对这类地层多采用金刚石钻头以高速磨削碎岩方式来获得机械钻速,对钻井液的冷却和润滑性能要求特别高;在深孔小井眼(特别是绳索取心钻探)时还要求钻井液的流动性好以降低高泵压,因而不宜用粘稠的泥浆钻进。而这类岩层的另一方面特点则是岩体完整稳定、岩屑细,所以对粘度、切力、密度的指标要求较低,也不需要用泥浆钻进。对此,采用乳状液做钻井液有很好的适应性。

乳状液具有"三强"(强润滑、强冷却、强减阻)和"三低"(低粘度、低切力、低密度)的特性,专门适合于坚硬研磨且完整稳定地层的钻进。呈乳白或淡黄色的乳状液是由水、油、乳化剂混合配制成的水包油体系,三者的比例是 1000∶5∶1。由于被乳化的油微粒($<10\mu m$)密麻地分散在体系中,因而可以高效(很省油)地体现强润滑作用,大幅度降低高速回转时钻柱的摩擦。乳状液又具有良好的散热传导性,对钻头冷却效果颇佳。研究还发现,由于油珠微粒属软弹变体,随流速增加其形状趋于线性,因而能显著减小流动阻力。

用作乳化剂的表面活性剂品种繁多,从化学结构上可分为阴离子型(如油酸钠、烷基苯磺酸钠、松香酸钠、癸二酸钠皂、硫酸酯盐、磷酸酯盐等)、非离子型(如聚氧乙烯脂肪醇醚、聚氧乙烯烷基苯酚醚、聚醚、司盘、吐温等)、阳离子型(如十六烷基三甲基溴化铵、十二烷基吡啶盐酸盐等)和两性型(如氨基酸盐、甜菜碱型等)。阴离子型和非离子型的用量最广,阴离子型乳化效果较强,非离子型的稳定性较强,使用中往往二者复配,以达到既高效乳化又抗侵稳定的综合效果。

$$机油(2.5kg)+柴油(1.5kg)+ABS(0.3kg)+ \\ OP-10(0.2kg)+水(1000kg) \qquad (5-25)$$

式中,ABS 为十二烷基苯磺酸钠,OP-10 为聚氧乙烯烷基苯酚醚,二者构成复合型乳化剂。这套配方利用现场的油料,且当缺乏乳化剂 ABS 和 OP-10 时可用同量的洗衣粉代替。配出的乳状液的钢-钢表面摩擦系数仅为 0.12,而清水的为 0.25。

若直接用工业皂化油代替基础油和乳化剂,则能使乳状液的现场配制更为便利。

无机盐溶液、白垩浆液、油料这三类无粘土流体则更多地用于钻开煤层气储层时的保护储层完井液,详见本章第六节论述。

六、耐高温与耐低温钻井液

(1)耐高温钻井液。煤系深部地层及地热区块的井内温度高,钻井液的多项性能会发生变异,造成过度析水、劣性稠化等现象,导致其无法满足排渣、护壁等重要功能需求,恶化井内环境而引发钻井事故。

提高钻井液抗温性的一项主要技术是采用耐高温的处理剂来配浆。表 5-7 列出常见泥浆处理剂本身的耐温值,以供不同温度环境下选用参考。

表 5-7 常见泥浆处理剂的降解温度(恒温 24h)

种类	普通植物胶	淀粉及其衍生物	铁铬盐及其衍生物	纤维素及其衍生物	栲胶及其改性产品	磺甲基酚醛树脂	腐植酸及其衍生物	聚丙烯酰胺类
降解温度(℃)	90~130	115~130	130~180	140~160	180 以上	200~220	200~230	200 以上

处理剂的耐温性主要取决于它的分子结构。分子中化学键越稳定,分子链刚性越高,其耐温能力越强。因此,抗高温处理剂分子应具备以下结构特征:①分子链键应尽量采用键能较高、活性较低的"C—C""C—N""C—S"等以避免高温断链;②主链上含有环状结构,增强分子链刚性,降低分子运动剧烈程度;③具有吸附能力强的吸附基团,高温解吸附趋势尽可能低;④具有亲水性强的亲水基,且高温去水化程度较低。

抗高温泥浆的又一针对性的材料技术是选用耐高温的造浆粘土。图 5-14 中表示在不同温度下,蒙脱石土与海泡石土两种泥浆的失水量变化的实验数据曲线。可以看出,温度越高海泡石泥浆的性能相对越好。

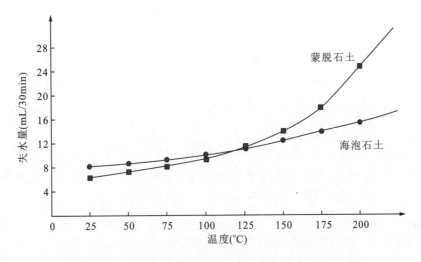

图 5-14 海泡石土与蒙脱石土泥浆高温失水量对比

海泡石族粘土矿物(以凹凸棒石为例)的化学式是:$Mg_8[Si_{12}O_{30}][OH]_4(OH_2)_4·8H_2O$,为含水镁铝硅酸盐。其颗粒的片状程度没有蒙脱石那么明显,而是多呈棒状,属于双链状构造,强度相对较高,在高温时能体现出良好的热稳定性。

耐高温泥浆研制与应用实例丰富。2016 年,松辽盆地科学钻探二井于 4000~5000m 深处钻遇较多的薄煤层,温度高达 160~200℃。中国地质大学(武汉)采用新研制的耐超高温泥浆,可靠地进行护壁和排屑等,使该段钻探工程安全、高效完成。

$$1.0\%钠土+2.0\%凹凸棒土+3\% MG-H2+1.5\% ADDS+ \\ 2\% SPNH+1.5\% Soltex+3\% JLX-T+3\% KCl+ \\ 2\% 甲酸钠+0.2\% Na_2SO_3+重晶石 \qquad (5-26)$$

该泥浆体系在 240℃时的主要性能:表观粘度 32mPa·s;塑性粘度 27mPa·s;动切力 10Pa;失水量 15.6mL;pH 值 9。

(2)耐低温钻井液。耐低温钻井液主要适于煤层上覆冰层、永冻岩土层(如我国北方许多地区)和深海冷水地层(如海底天然气水合物冻层等)的钻井,温度一般处在 0℃以下,最低可达-60℃。在低温环境下钻进,一方面要求钻井液不冻结而维持可流动;另一方面,要求它们能够防止钻头碎岩产生的高温对冻结井壁的熔蚀,尽可能保持井壁的自然固态。

根据钻井液冰点的高低,可以采取加入无机盐($NaCl$、KCl、$CaCl_2$、Na_2CO_3)和多种防冻剂等降低钻井液的冰点。以乙二醇为例,它是常用的水溶性防冻剂,具有来源广泛、价格低廉、安全、无毒无污染、在水中溶解度大等特点。乙二醇显弱酸性($pH<7$),有利于增强防塌作用和提高抑制性。

第六节 煤层气储层保护完井液

当钻进至煤层气储层时,常规钻井液有可能对储层造成多种机制的损害,其结果不仅会使煤层气勘探数据发生偏误,也会使生产井的产气量减小。因此,煤气储完钻阶段的钻井液必须增加一种特殊功能——防止对储层的伤害。必须对前期钻井液配方进行调整改造或重新换置浆材,以保证日后煤层气的充分产出。此时的钻井液又特称为完井液。

一、煤气储的损害机理与评价

煤气储损害受到内在(客观)和外在(人为)两大方面因素的影响。内在因素包括煤层孔裂隙结构参数、煤气储的敏感性矿物、地层原位流体的性质等。外在因素主要是钻井液性能以及钻井工艺参数等。钻井液造成煤气储损害的多种形式和机理如下。

1. 桥塞与速敏

固相颗粒运移于煤岩裂隙中,形成桥积,堵塞流通孔喉,造成渗透率下降,阻碍煤层气产出。实验研究表明,固相粒径处于裂隙孔喉直径的 1/4~1/3 时,形成桥塞最为严重。这些固相颗粒一部分外来于井浆土、钻渣等;一部分内在于煤层自然散体和被钻井液渗挤掉落后的粉屑;还有一部分是过程生成物,如无机垢(多种硫酸盐、碳酸盐、FeS 等)、有机垢(石蜡、沥青、胶质、树脂等)和细菌繁殖物(硫酸盐还原菌、腐生菌、铁细菌等)。

速敏是指煤隙壁面对钻井液冲蚀的敏感性,揭示了桥塞损害的一个源灶。钻井液在煤裂隙中流动会冲蚀脆弱的煤隙壁面,导致粉屑剥离,形成新的固相桥塞物。钻井液的剪切速率越大,冲蚀性越强。造成剥离的临界流速与煤岩的胶结强度、润湿性、裂隙几何形状与尺寸、表面粗糙度、流体的离子性质、pH 值以及界面张力等因素有关。

2. 水敏膨化

煤岩及其裂隙充填物中含有易水敏物质如蒙脱石、伊蒙混层、绿泥石等,当矿化度较低的钻井液进入后会引起这些粘土类物质的水化、膨胀、分散和运移,从而导致缩小和堵塞煤隙孔喉,使渗透率下降,煤层气难以排出。水敏膨化造成的煤气储损害,在相当多的煤层气钻井中是一类较为典型的损害形式。

水敏膨化损害的程度与储层中水敏性矿物的种类与含量、煤气储的微隙结构与渗透率、外来钻井液的降失水性与抑制性、钻进作业的井液压力控制及钻进速度等密切相关。

3. 碱敏、酸敏与盐敏

当高 pH 值的井液进入储层后,将促使储层中粘土矿物的水化膨胀,使隐晶质石英、蛋白石等硅质胶结破坏,造成微粒释放,生成硅凝胶而堵塞孔喉,此即为碱敏。

由于酸性井液与煤气储不配伍而导致渗透率下降的现象称为酸敏损害。损害形式一是造成微粒释放,二是某些已溶解矿物在酸性条件下再次生成沉淀(如 $Fe(OH)_3$、CaF_2、Na_2SiF_6 以及硅酸凝胶等)。盐敏损害指由于含盐钻井液与煤岩不配伍而导致储层渗透率下降的现象。

影响碱敏、酸敏与盐敏损害程度的因素除有煤层中各种敏感性矿物的种类和含量、钻井液碱、酸、盐的物质组成及含量外,还有储层渗透性、井内液压差和作业时间等。

4. 粘性阻滞

液体粘性越大,渗流阻力就越大。因此,渗入到煤气储深部的粘性钻井液会阻滞煤层气的返排,导致生产井的产气量降低。乳化堵塞是粘性阻滞的一种特殊表现,是在钻井液渗流过程中才形成的。当钻井液中含有的一些表面活性剂进入煤气储后会使油水的界面性质发生改变,形成某种相对稳定的 W/O 或 O/W 型粘乳,增加煤层气的流动阻力。

5. 毛细阻力与水锁

随着煤岩裂隙的微细化,不相溶的流体通过其孔喉通道时便存在着较大的毛细阻力,阻滞煤层气的返排产出。毛细阻力大到使气液流滴发生"自锁"而不能流动的现象称为"水锁"。这种

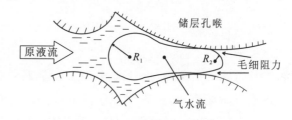

图 5-15 水锁伤害机理图

阻力本质上受通道壁面与流体之间的亲和力的影响(图 5-15)。

在外来流体中某些表面活性剂或煤层气极性物质的作用下,煤岩表面会发生从亲水变为亲气的润湿反转,亲气流体由原来占据孔隙的中间位置变成吸附于煤岩表面及小孔隙的边角隅,从而减少了返流通道截面积。同时,粘附形成的摩擦系数超过临界值,使原来的驱气动力变成驱气阻力。试验表明,当储层转变为亲气润湿后,气相渗透率将下降 15%～85%。影响润湿性发生改变的因素主要有:原气液中憎水质的组分及含量、外来流体中表面活性剂的类型、质量分数、pH 值和地层温度。

不同井区的煤气储在不同伤害方式上会有程度差异。这主要取决于煤岩地质和所用的钻井液性质。对煤气储伤害的评价有以下方法。

(1)岩心分析方法。岩心分析(Rock Analysis)的主要目的是,全面认识煤气储的物理性质及煤岩中敏感性矿物的类型、产状、含量及分布特点,确定煤气储潜在损害的类型、程度及原因,从而为保护煤层气提供依据和建议。煤岩心分析的 3 项常规技术分别如下。

a. X-射线衍射(XRD)分析——是根据晶体对 X-射线的衍射特性来鉴别物质的方

法。由于煤岩矿物结晶物质丰富,因此该项技术已成为鉴别其储层矿物的重要手段。

b. 薄片分析——用于测定煤岩中骨架颗粒、基质和胶结物的组成和分布,描述孔隙的类型、性质及成因,了解敏感性矿物的分布及其对油气层可能引起的损害。

c. 扫描电镜(SEM)分析——放大数千倍以上来观测孔隙结构和充填物状况,可以对煤岩中的粘土等敏感性矿物进行观测;获取孔喉形态、尺寸、弯曲度以及连通性等。

(2)"五敏"评价测试。煤气储的速敏、水敏、盐敏、碱敏和酸敏通过岩心流动实验做出测试评价。一般情况下,首先进行速敏评价实验,同时获得临界流速。所有后面评价实验的流速应低于临界流速。应选用煤层水或煤油作为实验流体。通过测定不同注入速度下煤心的渗透率,判断煤层岩心对流速的敏感性。对临界流速的判定标准为:若流量 Q_{i-1} 对应的渗透 K_{i-1} 与流量 Q_i 对应的渗透率 K_i 之间满足下式:

$$[(K_{i-1} - K_i)/K_{i-1}] \times 100\% \geqslant 5\% \tag{5-27}$$

则表明已发生流速敏感,流量 Q_{i-1} 即为临界流量,然后由临界流量求得临界流速(v_c)。

水敏评价测定时,首先用地层水测得煤心的渗透率 K_f,然后用地层水与蒸馏水按 1:1 的比例相混合测得煤心的渗透率 K_{af},最后用蒸馏水测出煤心的渗透率 K_w。通常用 K_w/K_f 来判断水敏程度,其评价标准:小于等于 0.3 为强水敏;介于 0.3~0.7 之间为中水敏;大于等于 0.7 为弱水敏。

盐敏评价实验是测定当注入流体的矿化度逐渐降低时岩石渗透率的变化,从而确定导致渗透率明显下降时的临界矿化度 C_c。首先用模拟地层水测定煤心的盐水渗透率,然后依次降低水的矿化度,再分别测定渗透率,直至找出满足式(5-27)的 C_c 值时为止。

碱敏评价测定时,首先以地层水的实际 pH 值为基础,过量添加 NaOH 溶液分别配制不同 pH 值的盐水。如果 $(pH)_{i-1}$ 所对应的盐水渗透率 K_{i-1} 与 $(pH)_i$ 所对应的盐水渗透率 K_i 之间满足式(5-27)的条件,则表明已发生碱敏,$(pH)_{i-1}$ 即为临界 pH 值。

酸敏评价实验时,先用煤油正向测出煤心注酸前的渗透率 K_L,再反向注入 0.5~1.0 倍孔隙体积的酸液,关闭阀门反应 1~3h,最后用煤油正向测定注酸后的渗透率 K_Z。根据比值 K_Z/K_L 来判断酸敏程度,其评价标准:小于等于 0.3 为强酸敏;介于 0.3~0.7 为中酸敏;大于等于 0.7 为弱酸敏。

(3)工作液的损害评价。开展本项评价实验的目的,是通过测定工作液侵入煤藏岩石前后渗透率的变化,来评价工作液对气层的损害程度,判断它与气层之间的配伍性,从而为优选工作液的配方和施工工艺参数提供实验依据。

该项评价实验模拟地层的温度和压力条件。一般先用地层水饱和煤样,用中性煤油进行驱替,测出污染前煤样的油相渗透率 K_o;然后反向注入工作液至有滤液流出;再次用煤油驱替,正向测定污染后煤样的油相渗透率 K_{op},通过下式计算工作液对渗透率的损害率:

$$R_s = [1 - (K_{op}/K_o)] \times 100\% \tag{5-28}$$

工作液的损害评价还可通过其与煤岩之间的润湿角及表面张力的测试来获得参考判据。

二、对煤层气完井液的要求

由于煤层气主要以吸附状态赋存,煤层的裂隙、割理系统网状发育,煤岩的性脆易裂碎,所以煤层气完井液的特性应该突出体现在以下诸方面。

(1) 发生有利于 CH_4 从煤基质上脱附出来的表面化学作用。
(2) 对煤及其裂隙充填物能够适度溶解,且不产生水敏膨胀、速敏桥塞等敏感反应。
(3) 与储层原本孔隙中的流体相配伍,避免盐敏、碱敏与酸敏。
(4) 尽量降低钻井液中的固相含量。
(5) 密度可调,以满足不同压力油气层近平衡压力钻井的需要。
(6) 能够在井壁上快速形成致密的薄隔膜。
(7) 钻井液粘度不能过高,流动性较好。
(8) 能够在后期降解,或屏蔽暂堵。
(9) 有利于助排返流。

三、无固相水基完井液

无固相水基完井液是指不添加造浆粘土的部分水溶液,包括清水、大分子聚合物溶液、水包油乳状液、盐水溶液等。前3种作为常用钻井液已在上节做过介绍,有些条件下也可以用来作为打开煤层气储层的完井液。这里重点介绍无机盐水完井液。

无机盐水完井液是用一种或多种无机盐与水直接混合而形成,有时添加少量聚合物作为提粘辅剂。根据所钻煤层的矿物化学敏感特征,采用与之配伍的无机盐溶液做完井液可以对储层起到显著的保护作用,同时由于不含粘土固相而减小了对煤层的桥塞伤害。

煤的矿物组分以 C 为主,另外还含有少量的氢、氮、硫、氧等元素以及无机矿物质(主要含硅、铝、钙、铁等元素)。同时煤层裂隙中的充填物包含不等量的粘土和多类型盐。因此,采用具有一定矿化度的盐水作为配伍完井液,有利于遏制对煤层的化学敏感伤害。

可选用的无机盐包括 NaCl、$CaCl_2$、KCl、NaBr、KBr、$CaBr_2$、$ZnBr_2$、NaCOOH、CsCOOH、KCOOH 等,各有应用特点。如 NaCl 价格便宜,$CaCl_2$ 密度适中,KCl 的水敏抑制性很强,而甲酸盐的密度很高且耐高温。这些盐还可以两种以上复配,例如 $CaCl_2$ - $CaBr_2$ 混合盐水溶液(具有相对较高的粘度)与 $CaCl_2$ - $CaBr_2$ - $ZnBr_2$ 混合盐水体系(深井高温用)等。

盐水的粘度几乎低到与清水相近,具有强可流动性,对 CH_4 的返排阻力小。盐水本身就可视为助排剂,也易于泵送,环空压耗低。盐水的密度可以通过加入不同类型和分量的盐,可在 $1.0 \sim 2.3 g/cm^3$ 范围内调节,因此能够不用加入固相而满足钻进对其密度的要求。

但是,由于纯盐水粘度过低且无降滤失功能,所以对力学不稳定和盐敏的煤层难以稳定井壁。对此,往往通过在无固相盐水中添加对煤层低损害的聚合物来进行调节。HEC

(羟乙基纤维素)和 XC 生物聚合物等常为这类添加剂,加量在 0.3% 左右。为了防止盐水腐蚀钻具,还应加入适量缓蚀剂。列举一种煤层气复合盐水钻井液的配方如下:

$$10\%CaCl_2+8\%NaCl+0.3\%HEC+0.5\%缓蚀剂 \qquad (5-29)$$

Na_2SiO_4(硅酸钠)溶液也是较典型的无机盐完井液。硅酸钠溶液的粘度根据其模数(反映分子量)和波美度(反映浓度)可以在一定范围内调整。研究和现场应用表明,其中的硅胶微粒对粘塞地层毛细通道具有明显作用,且其硅质成分对水敏惰性,因而也能抑制泥页质煤岩井壁的失稳。钻井中也常用硅酸钠与腐植酸、磺酸盐、纤维素、聚丙烯酰胺等其他剂种复配,以发挥更有效性能,例如:

$$2\%\sim5\%硅酸钠+10\%\sim15\%煤碱剂+1.5\%\sim2.0\%磺酸皂 \qquad (5-30)$$

聚合醇 JLX 是一种水基有机泥浆处理剂,是协调钻井工程和环境保护之间矛盾的产物,具有优异的防塌、润滑和保护油气层等特性,也可用作煤气储的完井液。聚合醇显现浊点效应,当温度超过其浊点时,发生相分离作用而从水相中析出,成一种憎水而类似油的膜并自动地富集在粘土表面,使粘土的水化膨胀受到抑制。它是一种非离子型低分子聚合物,具有表面活性剂的特点,能降低油水界面张力,使侵入储层的滤液易于返排。聚合醇具有极低的荧光级别和生物毒性,满足地质录井和环境保护的要求。聚合醇钻井液体系具有强的封堵性,润滑性能好,对油气层损害程度低,渗透率恢复值在 85% 以上。

四、油基及(类油基)有机完井液

1. 油基完井液

目前使用较多的油基完井液是油包水乳化钻井液。由于这类钻井液以油为连续相,因此能有效地避免对煤层的水敏损害。但是,使用油基钻井液钻开煤层时应特别注意防止因润湿反转和乳化堵塞引起的损害,必须选用合适的乳化剂和润湿剂。一般来讲,对于砂岩储层,应尽量避免使用亲油性较强的阳离子型表面活性剂,最好是在非离子型和阴离子型表面活性剂中进行筛选。

油基钻井液的配制成本高,易造成环境污染,存在燃爆隐患,因而在使用上受到限制。与水基钻井液相比,目前在我国的使用相对较少。

2. 合成基完井液

为了解决油基钻井液对环境的污染问题,首先产生了酯、醚、聚 α-烯烃基钻井液,然后在权衡环境保护因素和成本的前提下开发了合成基钻井液。合成基钻井液以线型 α-烯烃、内烯烃和线型石蜡基钻井液为代表,其特点是运动粘度和成本较低,环境保护性能也较好。在合成基钻井液中,酯基钻井液用得最早,目前使用最多的则是聚 α-烯烃基钻井液。

合成基钻井液以人工合成或改性的有机物为连续相,盐水为分散相,并有乳化剂、流型调节剂等组分,是一种非水溶性合成油基钻井液,具有油基钻完井液的作业性能。研制合成基液的主导思想是将柴油或矿物油换成可以生物降解又无毒性的合成或改性有机物,并要求这些有机物的物理化学性能与矿物油接近。经大量研究表明,它们大多是含有14～22个碳原子的直链型分子,分子链基本上都有双键。

虽然合成基液的成本较高,但由于提高了钻速和井眼稳定性,节约了用油基钻井液要处理钻屑和环境污染的费用。因此,使用合成基钻井液的成本比油基钻井液甚至水基钻井液低。

3. 烷基葡萄糖甙(MEG)钻井液

烷基葡萄糖甙是糖的半缩醛羟基与某些具有一定活性基团的化合物起反应,生成含甙键结构的淀粉与糖的衍生物。烷基葡萄糖甙完井液具有如下性能:①强的抑制性、封堵和降滤失作用;②良好的润滑性能;③良好的保护气储层性能,渗透率恢复值甚高;④良好的生物可降解性和热稳定性;⑤流变性易调整,抗污染性强。

甲基葡萄糖甙的分子结构上,有1个亲油甲基($-CH_3$)和4个亲水羟基($-OH$)。羟基可以吸附在井壁岩石和钻屑上,而亲油甲基($-CH_3$)则朝外。当加量足够时,甲基葡萄糖甙可在井壁上形成一层半透膜,只允许水分子通过而不允许其他离子通过。通过控制甲基葡萄糖甙完井液的活度,来平衡井液和地层水的运移,从而达到抑制水化,稳定井壁与保护储层的目的。

五、气体型完井液

对于低压裂缝性煤系地层、低压与强水敏或易发生严重井漏的煤层气层,由于其压力系数低(往往低于0.8),要减轻正压差造成的损害,需要选择密度低于$1g/cm^3$的钻井流体来实现近平衡或欠平衡钻井。空气、雾、泡沫和充气钻井液可用以实现这一目标。它们的共同特点是密度小、钻速快、不易漏失,对煤层气层的损害小,目前在我国已开展应用。

(1)空气钻井流体是由自然空气(或氮气、天然气)、缓蚀剂和干燥剂等组成的一种循环介质,常用于钻进低压漏失地层和强水敏性煤层。与常规钻井液相比,使用空气钻井时机械钻速可增大3～4倍,钻井成本低。但是,空气的使用也受到井壁崩塌、地层出水、排屑风速大以及粉尘污染等制约,且需配备大排量的空气压缩机、增压器等设备。一般情况下,注入压力0.7～1.5MPa,环空返速12～15m/s时方可有效地进行空气钻井。

(2)雾钻井流体是由空气、发泡剂、防腐剂和少量水混合组成的循环流体。其中空气作为分散介质,液体为分散相,它们与岩屑一起从环空中呈雾状返出。当钻遇地层液体而不宜再继续使用干气体作为循环介质时,则可转化为此种钻井流体。其保护煤气储层的原理与空气钻井相类似。可加入3%～5%的KCl和适量聚合物以利于防塌。为了能有效地将岩屑携至地面,注入压力大于2.5MPa,环空返速应在15m/s以上。

(3)泡沫钻井流体在钻开低压煤层气层时,通常表现为轻质稳定泡沫。其液相(分散介质)是发泡剂、稳定剂和水(比例约1∶1∶98)的混合液(称为基液),气相是空气(或氮气)。常压下的气液体积比一般为75～98,它对泡沫的稳定性和流变性影响较大。

发泡剂的品种较多,作用原理基于气液两亲结构降低表面张力,如十二烷基硫酸钠(K12)等。稳定剂是具有粘性的溶剂,可加强泡膜的抗破性,钻井液大分子提粘剂(如HV-CMC等)常可用以充当之。配制泡沫时,将泡沫基液和大比例的气体同时注入泡沫发生器内,经剧烈搅拌,便形成由微小气泡密集组成的稳定泡沫,于井内循环。

(4) 充气钻井液是将空气注入钻井液内所形成。体系中,微小密布的空气泡是分散相,钻井液是分散介质。通过充入气量的改变来调整钻井液的密度,最低密度可达 $0.6g/cm^3$。充气钻井液的发泡剂与稳定剂许多都相同于钻井泡沫的。在使用充气钻井液时,环空流速一般保持在 $1\sim 5m/s$。在经过地面除气、除砂后,净液相再度与新的气体和泡沫剂混合发泡。充气钻井液可以直接用泥浆泵泵送。

充气钻井液主要适于钻开压力系数为 $0.7\sim 1$ 的煤系地层,并经常在欠平衡压力钻井时使用。对某一特定的储层,所需充气钻井液的密度可按下式计算:

$$\rho_m = \frac{102.04 p_m}{H} + \Delta\rho_m \tag{5-31}$$

式中:ρ_m——充气钻井液密度,g/cm^3;

p_m——储层孔隙压力,MPa;

H——储层厚度,m;

$\Delta\rho_m$——密度附加值,$0.07\sim 0.15 g/cm^3$。

六、屏蔽暂堵钻井液

屏蔽暂堵是利用正压差,在很短的时间内,使钻井液中起暂堵作用的固体颗粒进入气层孔喉,在井壁上形成渗透率接近于零的屏蔽暂堵带,从而阻止井中流体侵入气层。由于屏蔽暂堵带的厚度($\leqslant 3cm$)远小于射孔深度,因此在完井投产时,可通过射孔解堵。进一步再采用化学解堵,即对酸溶性、水溶性和油溶性暂堵剂进行溶解解堵。

常用的酸溶性暂堵剂为不同粒径的细目(如200目)$CaCO_3$,极易溶于酸,其他化学性质稳定。当气井投产时,可通过酸化实现解堵,恢复渗透率。但这类暂堵剂不宜在酸敏性储层中使用。选用酸溶性暂堵剂时其粒径必须与油气层孔径相匹配,方能通过架桥作用在井壁形成内、外泥饼,从而有效地阻止固相或滤液继续侵入,加量一般为3%~5%。

水溶性暂堵剂为钻井液中的悬浮盐粒,其完井液主要由饱和盐水、聚合物、固体盐粒和缓蚀剂等组成,密度范围为 $1.04\sim 2.30 g/cm^3$。盐粒由于不再溶于饱和盐水而悬浮在完井液中,常用的水溶性暂堵剂有细目氯化钠和复合硼酸盐($NaCaB_5O_9 \cdot 8H_2O$)等。气井投产时,用低矿化度水溶解盐粒而解堵。该类暂堵剂不宜在强水敏性的储层中使用。

常用的油溶性暂堵剂为油溶性树脂。按其作用方式不同可分为两类:一类是脆性的,在钻井液中主要用作架桥颗粒,如聚苯乙烯、改性酚醛树脂和二聚松香酸等;另一类是塑性的,其微粒在一定压差作用下变形,主要作为充填剂。油溶性暂堵剂可被产出的凝析油自行溶解而得以清除,也可通过注入柴油或亲油的表面活性剂将其溶解而解堵。

白垩(又称白垩土)为白色至淡黄色的海相沉积物,含方解石量高达90%~98%,其中CaO含量约50%,具有与石灰相似的性质。它与水混合后,前期为有粘度和切力的流体,在井壁上能较快地形成封堵和粘结;经一定时间后,封堵层中的水分自动脱出,剩下脆弱的裂皮,很容易经洗井冲掉,对含气层的堵塞自动消除。有数据显示,加入白垩后钻井液的渗透率恢复率提高30%以上。白垩钻井液的配方举例如下:

$$20g\ 白垩+5g\ 蒟蒻+0.2g\ NaOH+0.4g\ FeCl_3+1L\ 水 \quad (5-32)$$

性能:表观粘度10.5mPa·s;塑性粘度7.0mPa·s;动切力16.7Pa;失水量28mL。

白垩的水化性不如粘土,构成分散体系的稳定性较弱,有时需要加保护胶或结构剂。植物胶、CMC、煤碱剂等可用作它的护胶稳定剂,水玻璃或粘土粉可作结构剂。

七、自动降解完井液

在钻进期间,这种完井液具有较高且稳定的粘度和切力,能够满足护壁、悬屑和降低滤失量的钻进需求;之后在排采期,钻井液的粘度自动降低(图5-16),能够有效化解其侵渗在储层微裂隙网中所造成的阻滞,恢复排气渗流通道。开始发生明显降解反应的时间一般控制在数小时到数日内,由此满足钻、采生产工序的时间需求。

为了实现钻井液的定时降粘,生物酶科学为此提供了核心技术。它的总作用机理在于生物酶是使对应增粘剂发生缓慢的降解(食物消化速率),而不是一般化学反应的快速破胶。生物酶是由生物分泌的一类特殊大分子蛋白质,分子量分布在$1\times10^3\sim1\times10^6$之间。生物酶在化学反应中表现出催化剂的性质,其自身不被消耗,分子结构也不发生改变。它可以接着引发下一个反应,如此类推,最终可近无限降解聚合物。同时,生物降解的专一性很强,必须使酶种与聚合物相对应才能产生强力的降解效果。

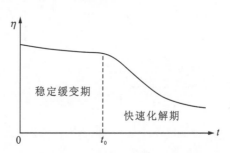

图5-16 降解的粘度衰减时间过程示意图

进一步综合应用激发甲烷气、提升降滤失膜隔阻、控制破胶时间、促进返排等技术,兼顾保护井壁、有效悬屑和降低流动摩阻等因素,研制成适于煤层气钻进的破胶时间可控的双效钻井液体系,其典型配方实例如下:

2.0%超细水化分散稳定剂+1.2‰增粘剂+0.3‰高效悬屑剂+6.0%降失水剂+0.5‰防渗成膜剂+1.5‰抑制抗敏剂+1.0‰流型调节剂+2.5‰润滑减阻剂+1.0‰生物酶降解剂+1.0‰破胶剂+0.5‰激气剂+0.5‰助排剂 (5-33)

测评该双效钻井液的综合效能为:①钻井液稳定期的粘度26~55mPa·s、切力5~16Pa,失水量小于等于8mL/30min、润滑系数0.18、流型指数0.62~0.85,钻进期间这些指标变化率小于25%的维持时间可以控制在2~48h(可人为调定),后期粘度降解至不大于初始粘度的15%;②水敏损害程度,以该钻井液作用于山西沁水和新疆阜康等煤样的测试为据,结果分别为:热滚回收率大于等于93%;高温高压相对膨胀量小于等于0.11%;渗透率降低率小于等于17%;③通过放大上万倍的扫描电镜观测,可以看出在降解作用下钻井液对储层裂隙的堵塞得到很大程度的化解;④渗透率恢复测试:未添加生物酶降解剂的气体渗透率比原始渗透率下降了33.47%;添加生物酶降解剂的仅下降7.43%;⑤储层样品产气量测试结果为:双效钻井液环境下的出气量高达220mL/300g(储层原位水环境下的出气量为230mL/300g),而普通钻井液环境下的出气量仅为142mL/300g。

第六章 煤岩心采取与录井测井

第一节 煤田钻探质量指标

岩矿心的采取是钻探工作的重要内容,钻探采集的有用矿物和围岩样品一般有岩心、岩粉以及专门密封的样品。这些样品用来进行地球化学分析和矿物岩石鉴定,岩矿物理力学性质测定,煤的含气性评价和岩土承载性能试验。在有些情况下还利用大量岩心样品进行选冶工艺试验。在地质勘探中,要从地下采取岩心、矿心,这对地质构造判断、矿产资源评价、水文地质调查及评估矿产储量有着重要的意义;工程地质勘察中要取岩土样,以了解地层的物理力学性质;抽心验桩时,取心样以检查桩基的质量;有时,为了钻进方便,也可能采取取心钻进,例如,在硬岩层中钻大直径钻孔,取心钻进由于破碎面积小而表现出比全面钻进有更高的钻进效率。

钻探是煤炭资源地质勘查的主要手段之一。在钻探工程中,不仅要努力提高钻进效率,而且更要认真提高工程质量,力求准确地从钻孔中获得真实可靠的地质实物资料。《煤炭地质勘查钻孔质量标准》(MT/T 1042—2007)规定了煤炭资源地质勘查钻孔的钻探质量标准。钻探工程质量标准包括钻探煤层质量标准和钻探全孔工程质量标准。

一、钻探煤层质量标准

钻探煤层质量分为优质、合格和不合格3级,各级质量指标见表6-1。

二、钻探全孔工程质量标准

钻探全孔工程质量分为甲级孔、乙级孔、丙级孔和废孔4级。
钻探甲级孔、乙级孔、丙级孔质量标准见表6-2。
属于下列情况之一者,即为废孔:
(1)因钻探施工原因,没有达到钻孔的任何设计目的者。
(2)因钻探施工原因,没有达到钻孔的主要设计目的,需要补孔重打者。
(3)钻孔的终孔深度大于100m,但因钻探原因而没有测斜资料者,或钻孔中的任一测斜点的孔斜度等于或大于5°,但没有取得系统的方位角资料,使地质资料无法使用者。

表 6-1　钻探煤层质量指标

项目	优质		合格		不合格
煤层厚度	符合下列条件之一： 1. 初见煤（顶末）和止煤（底初）两个回次的岩煤心缺失量的总和符合/满足下列规定		符合下列条件之一： 1. 初见煤（顶末）和止煤（底初）两个回次的岩煤心缺失量的总和符号/满足下列规定		达不到合格标准
	煤层真厚度(m)	缺失量总和(m)	煤层真厚度(m)	缺失量总和(m)	
	最低可采厚度~1.30	不大于 0.20	最低可采厚度~1.30	不大于 0.30	
	1.31~3.50	不大于 0.30	1.31~3.50	不大于 0.40	
	大于 3.50	不大于 0.40	大于 3.50	不大于 0.50	
	2. 钻探所确定的煤层厚度，经与可靠的测井资料验证比较，两者的差值不大于下列规定		2. 钻探所确定的煤层厚度，经与可靠的测井资料验证比较，两者的差值不大于下列规定		
	煤层真厚度(m)	差值(m)	煤层真厚度(m)	差值(m)	
	最低可采厚度~1.30	不大于 0.10	最低可采厚度~1.30	不大于 0.20	
	1.31~3.50	不大于 0.20	1.31~3.50	不大于 0.30	
	大于 3.50	不大于 0.30	大于 3.50	不大于 0.40	
煤心采取	符合下列各项条件： 1. 按确定的煤层厚度计算，煤层的长度采取率不低于 90%； 2. 按煤心送样重量计算，重量采取率不低于 75%； 3. 煤层结构清楚，煤心不污染，不燃烧变质，不混入杂物		符合下列各项条件： 1. 按确定的煤层厚度计算，煤层的长度采取率不低于 75%； 2. 按煤心送样重量计算，重量采取率不低于 60%； 3. 煤层结构清楚，煤心不污染，不燃烧变质，不混入杂物		
煤层深度	在煤层顶板以上或底板以下各 10m 的范围之内已经准确地丈量钻具，误差不大于 1.5‰，且已合理平差		在煤层顶板以上或底板以下各 10m 的范围之内已经准确地丈量钻具，且已合理平差		
原始记录	小班原始记录和打煤报告书均按规定的格式和填写要求，及时认真填写，字迹清楚、准确，无涂改现象		小班原始记录和打煤报告书均按规定的格式和填写要求，及时认真填写，字迹清楚、准确，无涂改现象		

表 6-2 钻探甲级孔、乙级孔、丙级孔质量指标

项目	甲级孔	乙级孔	丙级孔
煤层	钻孔设计要求钻探确定厚度、结构和采取煤心的煤层,均按有关规程的要求进行了采取,并且其中 2/3 以上(含 2/3)的煤层符合"钻探煤层质量标准"的优质层标准,其余煤层符合"钻探煤层质量标准"的合格标准	钻孔设计要求钻探确定厚度、结构和采取煤心的煤层,均按有关规程的要求进行了采取,并且全部符合"钻探煤层质量标准"的合格层标准以上	达不到乙级孔标准又不属废孔者
岩层	钻孔设计要求采取岩心的层段,含煤地层岩心采取率达到 70%,非含煤地层岩心采取率达到 60%。岩心洗净、顺序编号、贴票、装箱保管。需要长期保留的岩心在钻孔现场质量验收后立即入库,妥善保存	钻孔设计要求采取岩心的层段,岩心采取率比甲级孔要求降低 10%。岩心洗净、顺序编号、贴票、装箱保管。需要长期保留的岩心在钻孔现场质量验收后立即入库,妥善保存	
终层孔位	达到钻孔设计所规定的要求	达到钻孔设计所规定的要求	
孔斜	按钻孔设计终孔层位的实际深度计算,最大孔斜度和终孔孔斜度不超过下列规定	按钻孔设计终孔层位的实际深度计算,最大孔斜度和终孔孔斜度不超过下列规定	

	甲级孔		乙级孔	
	终孔层位深度(m)	孔斜度	终孔层位深度(m)	孔斜度
	300 以内(包括 300)	3°	300 以内(包括 300)	5°
	400	4°	400	6°30′
	500	5°	500	8°
	600	6°	600	9°30′
	700	7°	700	10°30′
	800	8°	800	11°30′
	900	9°	900	12°30′
	1000	10°	1000	13°30′
	1100	11°	1100	14°30′
	1200	12°	1200	15°30′

孔斜	1200m 以下每增加 100m 孔斜度不超过 1.5°	1200m 以下每增加 100m 孔斜度不超过 2°
	定向斜孔达到钻孔设计所规定的要求	定向斜孔达到钻孔设计所规定的要求

续表 6-2

项目	甲级孔	乙级孔	丙级孔
简易水文地质观测	1. 观测的项目和内容达到钻孔设计的要求。 2. 钻孔设计要求做消耗量和回次水位观测的钻孔，实际观测次数均达到应测次数的100%	1. 观测的项目和内容达到钻孔设计的要求。 2. 钻孔设计要求做消耗量和回次水位观测的钻孔，取心钻进时实际观测次数不低于应测次数的80%；无心钻进时实际观测次数不低于应测次数的90%，并做到测点分布均匀	达不到乙级孔标准又不属废孔者
钻孔封闭	按钻孔封闭设计书设计要求进行封闭。每个封闭段经取样检查合格，孔口埋标（暗标或明标），提出封孔报告	按钻孔封闭设计书设计要求进行封闭。每个封闭段经取样检查合格，孔口埋标（暗标或明标），提出封孔报告	
原始记录	各项原始记录均按规定的格式内容和填写要求，认真填写，做到及时、准确、清楚、完整	各项原始记录均按规定的格式内容和填写要求，认真填写，做到及时、准确、清楚、完整	
其他设计要求	有益矿产、专门性采样（如水样、瓦斯样、岩矿样、岩土样等），以及钻孔结构、含水层隔离等，达到钻孔设计所规定的要求	有益矿产、专门性采样（如水样、瓦斯样、岩矿样、岩土样等），以及钻孔结构、含水层隔离等，达到钻孔设计所规定的要求	

第二节 煤岩心的卡断与提取

在钻进回次结束前（特别是在完整岩矿层中）必须先将岩矿心卡（拉）断，然后再将岩心管提至地表。常用的卡断与提取岩心方法有卡料卡取法、卡簧卡取法、干钻卡取法、沉淀卡取法和楔断器卡取法。

1. 卡料卡取法

当用硬质合金和钢粒钻进中硬及中硬以上、完整的岩矿层，钻进回次终了时，可从钻杆内向孔底投入卡料（小碎石、铁丝、钢粒等）卡紧并扭断岩心。用卡料卡心时，要注意卡料的粒度、长度、粗细、硬度和投入量，卡料的粒度和粗细应与岩心和岩心管之间的间隙相适应。该方法主要用于单层岩心管取心。

2. 卡簧卡取法

卡簧（也称提断器）是一个开口式的弹性圆环。它装于钻头体内或扩孔器内呈锥面的卡簧座上。钻进过程中被进入岩心管的岩心推动上移，在弹性力作用下内径张大，不影响岩心进入。回次终了上提钻具时，卡簧在与岩心的摩擦力作用下沿卡簧座内锥面下滑而收拢，内径变小，从而把岩心卡住并拉断。它主要用于金刚石钻头、针状硬质合金钻头和PDC钻头的单层、双层或三层岩心管取心，适用于岩心完整、直径均匀的中硬及中硬以上地层。常用的卡簧结构(图 6-1)有 3 种形式:内槽式卡簧,外槽式卡簧和切槽式卡簧。

卡簧一般用 40# 铬钢或 65# 锰钢加工,并经淬火处理。应注意卡簧与卡簧座、卡簧与岩心之间的间隙配合。卡簧与卡簧座的锥度必须一致,卡簧的自由内径应比钻头内径小 0.3mm 左右。为了减少残留岩心,设计的卡簧座位置应尽量靠近钻头底部,正常钻进时,不宜随意提动钻具,否则易造成中途卡断岩心或岩心堵塞。

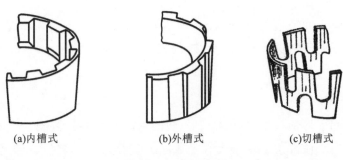

(a)内槽式　　　(b)外槽式　　　(c)切槽式

图 6-1　岩心卡簧

其他改进型岩心卡取机构如图 6-2 所示。在比较破碎的硬—坚硬岩层中钻进时,可采用卡环取心[图 6-2(a)]。卡环是用钢丝制成的矩形环,3~4 个卡环穿套在钻头体上,钻进过程中被进入岩心管的岩心推动上移,提钻时下滑卡住岩心,常用于口径较大,钻头壁厚,内出刃大的气动冲击—回转钻进。图 6-2(b)所示的片瓣借助小轴安装在钻头体下部,它可以随岩心进入向上转动一个角度,而提钻时被限位在水平状态,从而阻挡松散、破碎的岩心脱落。在疏松的软-中硬煤层或类似的岩土层中钻进时,可采用弹性爪簧取心[图 6-2(c)]。弹性爪簧在自然状态下是合拢的。爪簧座固定在钻头体下部,钻进中随岩心进入爪簧被张开,而提钻时爪簧在弹性和岩心自重作用下收拢,从而阻挡岩心脱落。

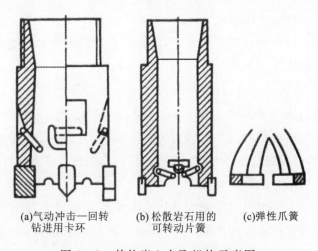

(a)气动冲击—回转　　(b)松散岩石用的　　(c)弹性爪簧
　钻进用卡环　　　　　可转动片簧

图 6-2　其他岩心卡取机构示意图

3. 干钻卡取法

在回次终了停止送水，干钻进尺一小段（20～30cm），利用未排除的岩粉来挤塞住岩矿心，再通过回转将其扭断提出。它适用于硬质合金钻进用卡料和卡簧都卡不住的松散、软质和塑性岩矿层，但干钻时间不能太长，以防烧钻。

4. 沉淀卡取法

在回次终了停止冲洗液循环和回转，利用岩心管内悬浮岩粉的沉淀，挤塞卡牢岩矿心。此法适用于反循环钻进和松散、脆、碎的岩矿层。通常沉淀10～20m/s，沉淀法常与干钻法结合使用。

5. 楔断器卡取法

在钻进回次终了将钻具提出孔外，下入楔断器，利用吊锤冲击樱子将岩心楔断，再下入夹具将岩心提出。该方法适用于大直径或超大直径浅孔和岩石比较坚硬、完整的岩土层钻进。

第三节　多种保护煤岩心的钻具

一、单层岩心管

单层岩心管钻具简称单管钻具，它是最简单的取心钻具。常用于硬质合金钻进、PDC复合片钻进和金刚石钻进。

金刚石单层岩心管钻具由岩心管、扩孔器、卡簧和钻头组成（图6-3）。卡簧安装在钻头内锥面或扩孔器内锥面上，为防止钻进中卡簧一直跟着岩心上移或翻转，在卡簧座或与卡簧配合的零件中设有上限位机构。

为提高在复杂地层中的岩矿心采取率，防止提钻过程中岩矿心脱落，常在硬质合金单管钻具中增加分水投球接头和活动分水帽（图6-4）。

该钻具的工作原理：正常钻进时，冲洗液通过分水接头的中心孔直接进入岩心管内，边缘开有若干水口的活动分水帽呈伞形保护岩心不受冲洗液直接冲刷，且分水帽随岩心一起上移。提钻前由钻杆柱内投入球阀落于阀座活塞上，将中心水道封闭，在水压作用下球阀活塞向下移动，当超过管壁卡销弹簧的位置时，卡销弹簧在弹簧作用下伸出将活塞挡住，这时通水孔被打开，冲洗液由此孔排出。

类似的在岩心管上部增设球阀或投球接头的结构还可以有其他组合形式，目的在于起钻前隔断钻杆中液柱对岩心的冲刷破坏作用，在岩心管中形成一定的负压，有利于防止岩心在提钻过程中脱落，提高岩矿心采取率。

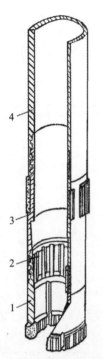 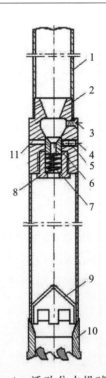

图 6-3 单层岩心管结构示意图
1.单管钻头；2.卡簧；3.扩孔器；4.岩心管

图 6-4 活动分水投球钻具
1.导向管；2.分水接头；3.取球孔；4.卡销；5.卡销弹簧；6.阀座活塞；7.弹簧；8.弹簧座；9.活动分水帽；10.钻头；11.出水孔

二、普通双层岩心管

双层岩心管钻具是提高岩矿心采取率和采样质量的重要工具，在复杂地层和金刚石钻进中应用较为普遍。为了适应各类不同特点的岩矿层，双管钻具的结构又分为双动双管和单动双管钻具。

（一）双动双管钻具

双动双管是内、外两层岩心管同时回转的钻具（图 6-5），主要由双管接头，内、外岩心管，内、外钻头和止逆阀组成。一般用于钻进Ⅰ—Ⅵ级的松散、易坍塌地层和部分Ⅶ级以上中硬—硬且破碎、怕冲刷的岩矿层。

钻进时，内外管带动内、外钻头同时回转并破碎岩石，冲洗液经双管接头进入内、外管间的环状间隙，冲洗孔底后再沿外管与孔壁的间隙返至地面，避免了对岩矿心直接冲刷。内管中的冲洗液，随岩矿心的进入冲开球阀经回水孔排至外环间隙。由于双管钻具中的水路截面积小于单管钻具，所以钻进中的泵压一般要高于单管钻具 0.2～0.3MPa。由于设置了球阀隔离了钻杆内冲洗液液柱对岩矿心的压力，可防止在钻进和提升过程中发生岩心脱落和相互挤压。

为了保护岩矿心根部不被冲刷，双动双管的内钻头一般都超前于外钻头 20～50mm，

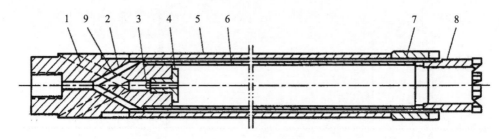

图 6-5 双动双管钻具
1.回水孔;2.双管接头;3.球阀;4.阀座;5.外管;6.内管;7、8.外、内硬质合金钻头;9.送水孔

岩层越松散,胶结性越差,超前距离就越大。对于黏性大、遇水膨胀易堵塞的地层可使用内肋骨钻头,以增大钻头的内出刃。回次结束时,双动双管钻具一般采用干钻和沉淀卡取岩心的方法,对于较完整地层亦可使用卡簧取心。

(二)单动双管钻具

钻进过程中,外管转动而内管不转动的双管钻具称为单动双管钻具。它比双动双管钻具优越,钻进中不仅避免了冲洗液直接冲刷岩矿心,更重要的是避免了振动、摆动和摩擦力对岩矿心的破坏作用。另外,有些单动双管还设有防污、防脱及退心的装置。因此,岩矿心的采取率、完整度、纯洁性等均有较大提高,代表性更好。

1. 普通单动双管钻具

典型的金刚石钻进单动双管钻具(图 6-6)主要由异径接头、外管、内管、单动装置和卡心装置(卡心装置包括卡簧和卡簧座)等组成。其中单动部分常用下述 3 种形式:球-单盘推力球轴承式(代号 Q);单盘推力球轴承式(代号 D);双盘推力球轴承式(代号 S)。单动轴承套与内管连接,内管下端与短节和卡簧座用插接方式连接。心轴螺纹用于调节卡簧座与钻头内台阶间隙。

钻进时,钻头和外管随钻杆一起回转。当内管中有岩心时,在摩擦力作用下内管及其卡簧不回转。冲洗液由内外管间隙到达卡簧座与钻头内台阶处分流,大部分冷却钻头后携带岩粉沿外环间隙上返至地表,少部分随岩心进入岩心管起润滑作用。岩心进入内管后,内管中的液体经单向阀排到内外管之间。

回次结束稍上提钻具,卡簧相对下移卡紧岩心,卡簧座下移并抵在钻头内台阶上。此时外管承受拉力,从而提断岩心。

该钻具适用于Ⅶ—Ⅻ级的完整、微裂隙或不均质、中等裂隙的岩矿层。

2. 带半合管的单动双管钻具

为了提高在胶结性差的软岩层(例如煤层)中的岩心采取率和样品质量,还设计了带半合管的单动双管钻具。为了取全松软、怕冲洗液污染的岩矿心并保持其纯洁性和产状特点,可在内管中再增加一层超薄壁半合管。它可以是金属材料,也可以是非金属高强度

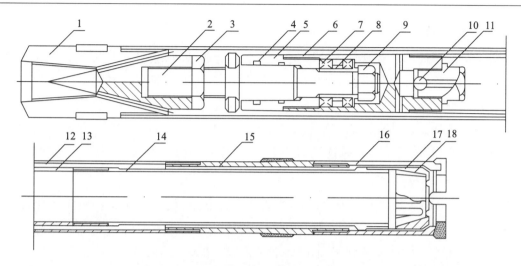

图 6-6 普通单动双管钻具总体结构

1.上接头；2.心轴；3.背帽；4.密封陨；5.轴承上接头；6.轴承套；7.轴承；8.轴承支套；9.螺帽；10.球阀；11.球阀座；12.外管；13.内管；14.短节；15.扩孔器；16.钻头；17.卡簧座；18.卡簧

透明或不透明材料。半合管即两片规整的半圆，与内管的同心度及内径完全吻合，提钻后可在地表轻松取出(不必敲打内管)并打开半合管，直接把完好的样品(或连透明半合管一起)装入密封容器。国内煤炭系统批量生产的这类钻具结构如图 6-7 所示。

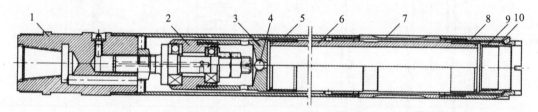

图 6-7 带半合管的单动双管总体结构

1.外管接头；2.球轴承单动机构；3.内管接头；4.钢球；5.外管；6.内管；7.扩孔器；8.外钻头；9.卡簧；10.卡簧座

下孔前，用可调螺杆和锁紧螺母调整好内管与钻头内台阶的距离，将半合管闭合并放入内管，在内管下端插上短节，放好与钻头内径对应的卡簧，并且涂抹润滑油。钻进时，装在外管上的阶梯型硬质合金钻头随钻杆一起回转，当有煤心进入内管时，在摩擦力的作用下使内管及其卡簧不回转。冲洗液经内外管间隙和钻头上的斜孔泻出，减少了对煤心的冲刷。提钻时，由于卡簧下移收缩，煤心被卡住不易脱落。

三、改进型双层岩心管

在钻探生产实践中，为适用不同类型岩矿层取心的需要，出现了种类繁多的改进型单动双管钻具。

1. 薄壁单动双管

为了克服普通单动双管钻头壁厚钻进效率较低的缺点,设计了如图 6-8(a)所示的薄壁型单动双管。采用薄壁钻头和薄壁内管,以减小钻头唇面与岩石的接触面积。冲洗液出口在岩心卡簧 2 的上部,岩心卡簧布置在钻头体内,从而可用薄壁金刚石钻头提高硬岩中的钻进效率。该钻具为减少钻头壁厚,不得不使内管入口离卡簧距离较远,内管不可能保护到岩心根部,且水流直接冲刷岩心上部,所以它只能用于钻进致密、完整的岩石。

2. 底喷式单动双管

如图 6-8(b)所示的冲洗液底喷式单动双管特点是:使用底喷式钻头 1 避免冲洗液直接冲刷岩心,岩心卡簧 2 布置在岩心内管 3 中。这种单动双管适于钻进强裂隙性和破碎岩石。采用底喷式钻头有利于隔水,保护岩心,但钻头壁厚大,影响硬岩钻进效率。

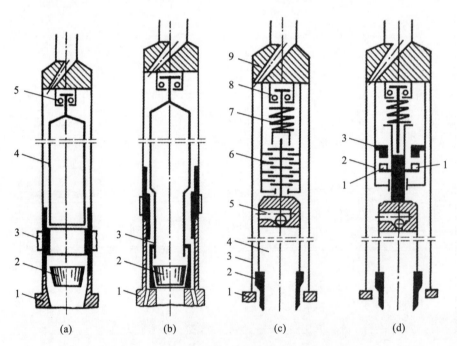

图 6-8 改进型单动双管的基本结构示意图

(a)薄壁单动双管:1.钻头;2.岩心卡簧;3.扩孔器;4.内管;5.单动装置。(b)底喷式单动双管:1.钻头;2.岩心卡簧;3.内管带卡簧座。(c)内管超前压入式单动双管:1.外钻头;2.内管小钻头;3.外管;4.内管;5.带回水阀的内管接头;6.摩擦离合器;7.弹簧;8.单动装置;9.异径接头。(d)内管超前击入式单动双管:1.下牙嵌;2.振击器;3.上牙嵌

3. 煤层用单动双管

因为煤层或其他类似弱胶结性软岩层的机械强度较低,为了取全岩矿心并保持其纯洁性和产状特点,可用超前于钻头端面的薄型压筒(内管小钻头)压入煤层或其他软岩层形成圆柱状岩心。

1)内管超前压入式单动双管

如图6-8(c)所示的内管超前压入式单动双管的结构要素:连接在外管3上的外钻头1内装有爪簧式岩心采集器,岩心内管4上装有薄型压筒2(超前小钻头)和带回水阀的内管接头5,还有摩擦离合片组6、压力弹簧7、单动装置8和异径接头9。钻进煤层时,轴向载荷与异径接头9和外管3传递给钻头1形成环状孔底。冲洗液沿着接头9的水路进入双管间流向孔底,然后进入管外空间把岩屑携带至地表并冷却钻头。在这种情况下,由于小钻头2超前于外钻头1并在煤层中切出了岩心,故煤心样品既隔绝了冲洗液的冲刷,又防止了外钻头机械作用的影响。岩心进入岩心内管4时经内管接头5的回水阀把其中的冲洗液排出。该双管内还装有自动调节装置。当所钻煤层强度增大时,孔底给小钻头2的反作用力增大,使内管4向上位移。这时由于碟形弹簧7被压缩,使小钻头2相对钻头1的伸出量变小。同时,零件6的摩擦离合片相互压紧,把扭矩传到内管4和小钻头2上,使其更容易超前切入煤层。如果煤层变软,摩擦片又将相互脱离,仍保持内管的超前量,且实现不回转切入。

该双管适用于松软的和夹矸少的煤系地层或易被冲毁的松散矿层。

2)内管超前击入式单动双管

如图6-8(d)所示的内管超前击入式单动双管的特点是:用机械振动器2替代摩擦离合片。当小钻头遇到硬夹层时,弹簧被压缩,齿状联轴节闭合(其下部1与岩心内管和小钻头相连,不旋转;而上部3与外管相连,旋转),并经内管向小钻头传递高频冲击载荷,使小钻头更容易压入硬煤。可用于硬煤、含有硬夹矸的煤层或软硬互层的岩层钻探取样。

4. 活塞式单动双管

活塞式单动双管钻具(图6-9)采取了严密防止冲洗液接触、污染和冲刷岩矿心的技术措施。主要由分水接头1、单动装置、特制半合管4和5、胶质活塞3和阶梯钻头6等组成。内管中装有咬合严密的半合管,半合管内装有胶质活塞,使岩矿心与泥浆隔绝。钻进中随着岩矿心进入顶着活塞在半合管中上移还起到刮

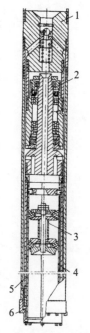

图6-9 活塞式单动双管
1.分水接头;2.单动装置;3.活塞;
4、5.半合管;6.阶梯钻头

浆和减振作用,提高了岩矿心的纯洁度和取心的可靠性。阶梯钻头开有斜水口,使冲洗液不致冲刷孔底。半合管下端伸入到钻头内台阶上,另外,在钻头水口下部与半合管间还设置有密封圈,能防止岩矿心受到污染。

下钻扫孔前,先送水将活塞推到底部,再开车扫孔。扫孔完毕后由钻杆内投入钢球。钻进中水压向下推动球阀打开通水孔,改变液流方向,使活塞上部免受动水压力。该钻具

适用于可钻性Ⅳ—Ⅵ级的松散、粉状、节理发育、怕污染的岩矿层,在滑石、石墨矿中取心效果尤其显著。

四、组合循环式强制取心单动双管

如前所述,用普通单动双管和孔底局部反循环取心钻具钻进破碎、软弱、裂隙性岩石时,虽然岩心能进入管内,但仅靠卡簧或沉淀取心法仍容易导致破碎的岩心和有用的岩屑脱落、流失,因此很难满足详勘地质要求。针对这种需求,中国地质大学(武汉)与俄罗斯专家合作研制了如图6-10所示的组合循环式强制取心单动双管,图6-10(a)为整套钻具结构示意图,图6-10(b)为关键部件——抓簧示意图。该钻具集改进型单动双管和孔底局部反循环钻具的优点于一身,在钻进过程中既可主动强制卡紧岩心,又可获取孔底岩屑,从而提高地质样品采取率。

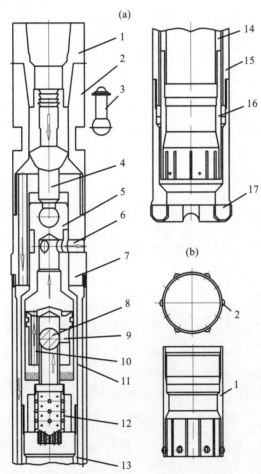

图6-10 强制取心单动双管钻具结构示意图

(a)钻具;1.上接头;2.活塞壳体;3.销阀;4.活塞杆;5.滑阀;6.滑阀出水孔;7.外管接头;8.钢球;9.导管接头出水孔;10.滑阀进水孔;11.过滤器接头;12.过滤器;13.岩心管;14.内管短节;15.外管;16.抓簧短节;17.钻头。(b)抓簧部件;1.抓簧短节;2.簧片凸点

强制取心单动双管的技术特点:采用组合循环方式(管内的上升流+管外上升流);管内设有过滤器和孔底岩屑收集器;用抓簧短节取代普通卡簧,不会伤害破碎、软弱的岩心,回次结束时使抓簧强制收拢卡取岩心;使用带止逆簧片的销阀启动强制卡心,动作可靠;采用球铰方式实行单动比轴承更可靠。

工作原理:正常钻进时,销阀没有在钻具内。冲洗液经上接头、活塞腔体和滑阀壳体纵向通水孔进入内外管之间,继而到达孔底。冲洗液上返地面有两条通道:一是从钻头与孔壁之间的间隙上返;二是从钻头处进入内管,经过滤器向上顶开钢球 8 通过出水孔 9 进入岩屑沉淀腔体,沉淀后液体向上溢出,经滑阀出水孔 6 流出钻具,进入外环间隙。由于在钻头与孔壁之间设置水力障碍,迫使部分冲洗液沿钻具内管上升,可避免冲蚀岩心,使小块岩心处于浮动状态,从而降低岩心自卡的可能性,避免岩心重复破碎,提高岩心采取率。在上升流体通道中还设有过滤器,阻止大于 3mm 岩屑被冲走。岩粉收集器可有效采集和储存孔底岩粉,为岩矿鉴定提供宝贵的补充地质资料。

一个取心钻进回次结束后,停泵,将销阀 3 投入钻杆柱内。短暂开泵后关泵,销阀堵死钻具中心水路,内管总成在水压作用下相对外管下移,抓簧短节 16 中的抓簧在钻头锥形内台阶上强制收拢卡死岩心,同时滑阀 5 与外管接头 7 的出水口错开,使内管处在有一定负压的封闭状态,以保护收集的岩屑和岩心。在硬而碎的地层中取心时,投入销阀后并短暂开泵的同时,可稍微向上提动钻具,以利于抓簧有一定的空间强制收拢。

总之,所谓"强制"取心包含两层意思:①由于抓簧片的特殊结构,使抓簧强制下移时可实现单数序号的簧片先收拢,双数后收拢,从而实现重叠包裹(避免簧片间相互卡阻)使收拢的效果更可靠,收拢后的内径仅为普通卡簧的 1/2 左右(图 6-11);②销阀上带止逆簧片,比普通钢球更可靠,不会因岩心膨胀或振动原因使内管上部水路密封失效,而造成管内的岩心碎块被下泻水流冲刷脱落。这种卡心装置的思路还可用于绳索取心钻具,借助回次结束时泵量突然变化引起的激动压力,让抓簧部件下移,使抓簧片强制收拢。

图 6-11 单动双管中的抓簧短节强制收拢前后的内径对比图

第四节 绳索取心钻进

一、绳索取心钻具及辅助工具

绳索取心钻具是一种不提钻取心的钻具,即在钻进过程中,当内岩心管装满或岩心堵塞时,不需要把孔内全部钻杆柱提升至地表,而是借助专用打捞工具用钢丝绳把内岩心管从钻杆柱内打捞上来,只有当钻头被磨损需要检查或更换时,才提升全部钻杆柱。

绳索取心钻具的应用范围很广,它不受钻孔深度的影响,而且钻孔越深其优越性越明显;可以钻进各种地层,在Ⅵ—Ⅸ级中硬-坚硬的岩层中效果尤为显著;针对不同的地层,该钻具既可用清水,又可用优质泥浆,还可采用泡沫等作为冲洗介质。20世纪50年代以来,一些发达国家绳索取心钻进的工作量已占金刚石岩心钻探工作量的90%以上。我国于1975年研制成功绳索取心钻具,现已广泛推广使用,在地矿、冶金、煤炭等部门都形成了各自的规格系列。它们的结构大同小异,现以国产的S-75型为例加以说明。

整套绳索取心钻具分为单动双层岩心管和打捞器两部分。

1. 绳索取心双层岩心管

双层岩心管部分由外管总成和内管总成组成(图6-12)。外管总成包括弹卡挡头1、弹卡室7、稳定接头23(上扩孔器)、外管46和钻头52。内管总成由捞矛、弹卡定位、悬挂、到位报信、岩心堵塞报警、单动、内管保护和调节机构组成。

1)捞矛机构

捞矛机构由捞矛头2和回收管4等组成。取心时把打捞器投放到钻杆内,并下放到内管总成上端,打捞钩抓住捞矛,向上提升打捞器使回收管上移,并向内压缩弹卡6使其收拢,于是内管总成和外管总成脱离,从而把内管总成提升上来。

2)弹卡定位机构

弹卡定位机构由弹卡6、弹簧5和弹卡座10等零件组成。当内管总成在钻杆柱内下放时,张簧使弹卡向外张开一定角度,并沿钻杆柱内壁向下滑动,一旦内管到达外管中的弹卡室7部位,弹卡在张簧的作用下继续向外张开,使其两翼贴附在弹卡室的内壁上。由于弹卡室内径较大,而其上端的弹卡挡头1内径较小,并具有两个伸出的拔叉,所以在钻进过程中,既可以防止内管向上串动,又可以带动内管总成轴承上部与外管一起旋转,以免因相对运动造成弹卡磨损。

3)悬挂机构

悬挂机构由内管总成中的悬挂环18和外管总成中的座环21组成。悬挂环的外径稍大于座环的内径(一般相差0.5~1.0mm)。当内管总成下降到外管总成的弹卡室位置时,悬挂环座落在座环上,使内管总成下端的卡簧座51与钻头52内台阶保持2~4mm间

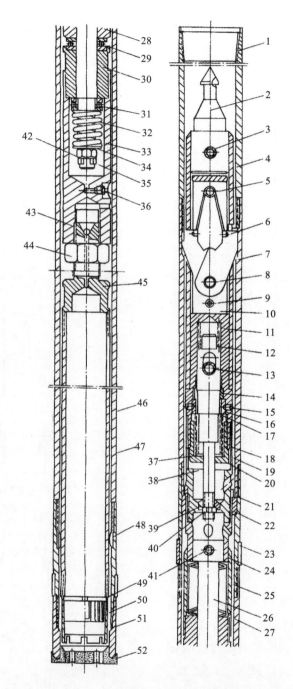

图 6-12 S-75 型绳索取心单动双管钻具结构

1.弹卡挡头;2.捞矛头;3.弹簧销;4.回收管;5.弹簧;6.弹卡;7.弹卡室;8、9.弹卡销;10.弹卡座;11.弹卡架;12.复位簧;13.阀体;14.定位簧;15.螺钉;16.定位套;17.垫圈;18.悬挂环;19.弹簧;20.调节螺堵;21.座环;23.扩孔器;24.接头;25.滑套;26.轴;27.碟簧;28.调节螺栓;29、31.轴承;30.轴承座;32.弹簧;33.弹簧座;34.垫圈;35.螺母;36.油杯;37.垫圈;38.悬挂接头;39.阀堵;40.螺母;41.弹簧销;42.开口销;43.钢球;44.调节螺母;45.调节接头;46.外管;47.内管;48.扶正环;49.挡圈;50.卡簧;51.卡簧座;52.钻头

隙,以保证内管的单动性。

4)到位报信机构

到位报信机构由复位簧 12、阀体 13、定位簧 14、弹簧 19、调节螺堵 20 和阀堵 39 等零件组成。当内管总成在钻杆柱内由冲洗液向下压送时,阀堵处于关闭位置,冲洗液由内管总成和钻杆柱的环状间隙通过;当内管总成的悬挂环坐落在外管中的座环上,把冲洗液通道堵塞,泵压表的压力明显升高(约升高 0.5~1.0MPa),表明内管总成已到达预定位置。此时阀堵打开,泵压恢复正常,可以正常钻进。

5)岩心堵塞报警机构

岩心堵塞报警机构由滑套 25、轴 26、碟簧 27 等零件组成。钻进过程中,当发生岩矿心堵塞或岩矿心装满内管时,岩心对内管产生的顶推力压缩碟簧,使滑套向上移动到悬挂接头 38 的台阶处将通水孔堵塞,从而造成泵压升高(压力表指针突变),告诫操作者应停止钻进,捞取岩心。

6)单动机构

单动机构由两副推力轴承 29、31 组成。使内管在钻进时不随外管转动。

7)内管保护机构(缓冲机构)

内管保护机构由弹簧 32、螺母 35 和弹簧销 41 等组成。拉断岩心时,压缩弹簧、内管及卡簧座下移至钻头内台阶上,从而拉断岩心的力由钻头传至外管,以保持内管不受损坏。

8)调节机构

调节机构由调节螺母 44 和调节接头 45 等组成。内外管组装时,可通过调节接头调节卡簧座与钻头内台阶的间隙(范围 0~30mm),满足要求后用调节螺母锁紧。

2. 绳索取心打捞器

打捞器(图 6-13)由打捞和安全脱卡机构两部分组成。

1)打捞机构

打捞机构由打捞钩 1、打捞钩架 3、重锤 7 和钢丝绳接头组成。打捞岩心管时,

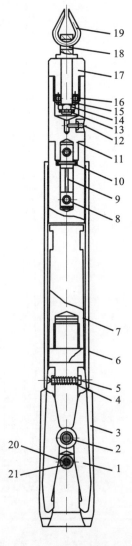

图 6-13 S-75 型绳索取心打捞器
1.打捞钩;2,4,8.弹簧;3.打捞钩架;5.铆钉;6.脱卡管;7.重锤;9.安全销;10、20.定位销;11.接头;12.油杯;13.开口销;14.螺母;15.垫圈;16.轴承;17.压盖;18.连杆;19.套环;21.定位销套

钢丝绳悬吊打捞器放入钻杆柱内,打捞机构靠重锤以 1.5~2.0m/s 的速度下降,圆筒状的打捞钩架保证了其导向性,当它到达内管总成上端时,能准确钩住捞矛头,把内管总成提升上来。

2)安全脱卡机构

安全脱卡机构是一根长 1m,内径比重锤稍大的套管。套管壁上开有一斜口,当需要安全脱卡时,将此套管从斜口处套在钢丝绳上,套管靠自重下降,在打捞器被卡的部位穿过钢丝绳接头和重锤,撞击和罩住打捞钩尾部,迫使其尾部向内收缩,端部张开,从而使打捞器与内管总成脱离。

3. 绳索取心附属工具

1)绳索取心绞车

绳索取心绞车专用于下放打捞器和打捞岩心管,有由动力机单独驱动和由钻机动力驱动两种类型。对于深孔须采用无级调速的传动机构来驱动绞车。

2)钻杆夹持器

绳索取心钻进工艺决定了其钻杆(包括接头)为薄壁、内外平的优质管材,不可能在每个立根两端有带缺口的(供孔口夹持和拧卸用)接头,必须使用钻杆夹持器在孔口夹持绳索取心钻杆,并在拧卸钻杆接头螺纹时提供反扭矩。目前现场常用的有脚踏夹持器(又称木马夹持器,如图 6-14 所示)和液压夹持器两种。

图 6-15 为可远距离操纵的绳索取心钻杆液压夹持器。夹持器壳体通过杠杆 6 压紧夹持钻杆的卡瓦 4。钻杆柱重量越大,卡瓦提供的压紧力也越大。此外,卡瓦上的压紧力还来自油缸 2 的活塞杆,所以可远距离控制钻杆夹紧和松开。卡瓦 4 的内外表面锥度不同且有一定偏

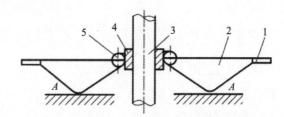

图 6-14 绳索取心钻杆用脚踏夹持器示意图
1.踏板;2.木马;3.钻杆;4.卡瓦;5.凸轮

心,工作中允许向下位移压缩弹簧。因此,被夹持的钻杆带动卡瓦转动角度越大,附加的楔紧力也越大。夹持器液压系统可与钻机油泵相连,也可单独驱动。若液压系统突然出故障,还可用脚踏板来实现松开和夹紧。

拧卸绳索取心钻具时必须使用专用管钳或专用拧管机,以防薄壁管材夹变形。

3)专用提引器

由于绳索取心钻杆的薄壁接头上没有与普通提引器配套的缺口,目前现场常用两种方法来实现钻具升降。一是为每个立根配带缺口的接箍,升降作业时一个个手动拧上去;二是采用球卡式提引器(图 6-16)。前者劳动强度大,效率低;后者操作轻松、快捷,只需把球卡提引器套住钻杆接头,再上提,提引器中的多排钢球在自重和摩擦力作用下沿锥阶下滑,使内径急剧缩小,便可卡紧钻杆完成升降作业。

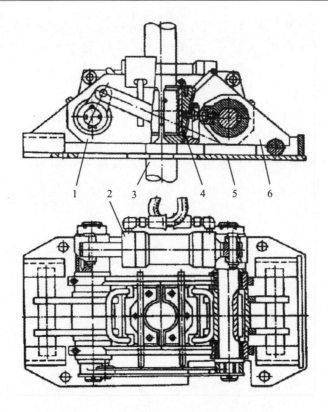

图 6-15　绳索取心钻杆用液压夹持器
1.壳体；2.油缸；3.钻杆；4.卡瓦；5.底座；6.杠杆

4. S75-SF 新型绳索取心钻具

近年来我国金刚石绳索取心钻探技术发展很快，随着现场操作者熟练程度的提高，对绳索取心钻具进行结构优化与简化的问题也提上了议事日程。无锡钻探工具厂根据用户需求研制开发了适合中深孔应用的 S75-SF 新型绳索取心钻具。

S75-SF 钻具由外管总成和内管总成组成，其结构如图 6-17 所示。钻具采用上、下弹卡结构，用下弹卡代替了传统绳索取心钻具的悬挂环，内管总成采用插接式结构。由于金刚石取心钻头、卡簧、岩心管等部件制造质量不断提高，长行程全液压钻机推广应用和钻进操作逐步规范等因素，近年来绳索取心钻探实践中岩心堵塞的几率大幅减少，故此，该钻具取消了传

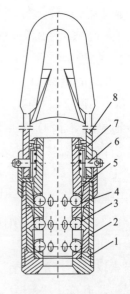

图 6-16　绳索取心钻杆球卡式提引器
1.底座；2.外套；3.锥阶；4.钢球；5.钢球内套；6.销轴；7.销钉；8.提引环

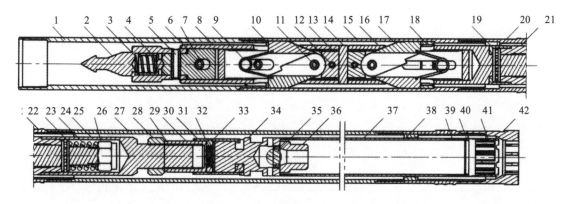

图 6-17 S75-SF 新型绳索取心钻具结构示意图

1.弹卡挡头;2.捞矛头;3.捞矛头弹簧;4.捞矛头定位销;5.弹性圆柱销;6.捞矛座;7.弹性圆柱销;8.回收管;9.张簧;10.上弹卡钳;11.弹性圆柱销;12.弹性圆柱销;13.弹卡座;14.弹卡架;15.弹卡室;16.下弹卡管;17.下弹卡钳;18.座环;19.轴承罩;20.轴承;21.轴承座;22.扩孔器;23.轴承;24.弹簧;25.弹簧套;26.锁紧螺母;27.外管;28.调节螺母;29.锁圈;30.调节接头;31.限位套筒;32.弹簧;33.钢球;34.内管上接头;35.钢球;36.压盖;37.内管;38.扶正环;39.卡簧座;40.挡固;41.卡簧;42.钻头

统的岩心堵塞报信机构。

S75-SF 绳索取心钻具采用双弹卡结构,去掉了悬挂环,增加了钻具内管总成与绳索取心钻杆体之间的环状间隙面积,增强了悬挂机构的安全性,提高了内管总成的投放和打捞速度,减轻了孔内冲洗液压力波动,在正常钻进时可降低泥浆压力损失,有利于复杂地层孔壁稳定。钻具内管总成机构与内岩心管采用插接连接方式,拆卸方便,便于钻探施工人员采取岩心,提高了施工效率,满足中深孔绳索取心钻探施工要求。

二、绳索取心钻进工艺

1.绳索取心钻进的工艺特点

(1)绳索取心钻进是岩心钻探领域一次重大的技术革命。由于极大地减少了升降钻具的作业时间,并可以较高的转速钻得更深,所以它比传统金刚石钻进工艺提高生产效率 0.5~1 倍,并降低了钻探作业的劳动强度和事故率。

(2)与传统取心方法相比,绳索取心显著提高了取心质量。原因有二:一是绳索取心岩心管和钻柱对中效果好,钻具有隔水、单动功能,可保护岩心免受冲洗液动力水头的破坏作用、钻具回转和振动的影响;二是设有岩心自卡或岩心管已满自动报信装置,从而有利于提高岩矿心采取率和质量。

(3)钻头寿命长。由于提钻次数减少,对金刚石钻头损坏的机会也相应减少,加之绳索取心钻杆与孔壁间隙小,钻头工作稳定,因而相对延长了钻头寿命。

(4)在复杂地层中钻进适应性强。它提钻次数少,减少了孔壁裸露的机会,此外,钻杆柱还可起到套管的作用,因此,有利于快速穿过复杂地层。

(5)绳索取心的缺点:①钻杆柱与孔壁间隙小,增加了钻杆柱的磨损,使得冲洗液循环阻力增大。②绳索取心钻头壁较厚,钻进硬岩时效率较低。

2. 钻头与钻进规程的选择

1)金刚石钻头

用于绳索取心的金刚石钻头唇面更厚,钢体较长,形状更复杂,比普通钻头的金刚石浓度高。常用阶梯形[图 6-18(a)]和锯齿形[图 6-18(b)]钻头,其胎体硬度一般为 HRC25-35。阶梯形胎体扇形块的前部分用优质细粒金刚石孕镶层强化开槽刃,在孔底完成掏槽,为岩石破碎创造多个自由面,有利于提高钻进效率。锯齿形的外层用金刚石补强,在补强金刚石之间有细粒金刚石孕镶层。这类钻头用于钻进可钻性Ⅶ—Ⅸ级的岩石。与 76mm 以上绳索取心钻具配套,用于致密、弱研磨性Ⅴ—Ⅷ级岩石的金刚石钻头[图 6-18(c)]拥有加厚的阶梯形胎体。

2)钻进规程

由于绳索取心钻杆的外径非常接近钻孔直径,具有定心扶正作用,故可采用钻机功率允许范围内的高转速。

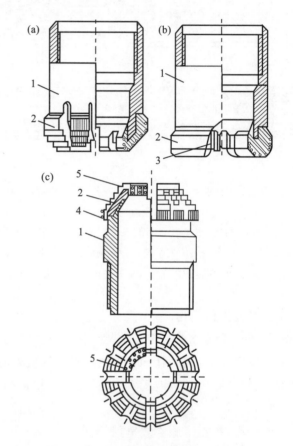

图 6-18 绳索取心钻头结构示意图
(a)阶梯形钻头;(b)锯齿形钻头;(c)加厚的阶梯式钻头;
1.钻头钢体;2.胎体;3.水路;4.保径金刚石;5.端面金刚石

新钻头钻进时,在最初 10~15cm 进尺内应使金刚石钻头处于低规程磨合状态:转速≯300r/min、钻压≯4kN、泵量≯20L/min。往后可在正常规程下钻进,以保证在金刚石耗量最小的前提下获得最大机械钻速和回次进尺。随着金刚石被磨钝必须增大钻压。

绳索取心钻进的冲洗规程几乎与普通金刚石钻进没有区别。为了及时排渣,冲洗液上返的速度必须达 0.5~1.5m/s(俄罗斯规程推荐 0.5~1.0m/s)。必须考虑到,虽然要求的泵量并不大,但由于钻杆与孔壁间隙很小,将产生很大的水头损失和上举力(将抵消部分钻压)。所以绳索取心钻进时必须使用具有硬特性的泥浆泵,当泵量很大时须适当增大钻压,并推荐使用润滑减震剂。不同规格钻具和钻头的钻压、转速和泵量推荐值参见表 6-3。

表 6-3　不同规格绳索取心钻具和钻头的钻进规程参数推荐值

钻具规格/公称口径	钻头类型	钻压(kN)	转速(r/min)	泵量(L/min)
A/48	表镶钻头	4~6,最大 8	400~800	
	孕镶钻头	6~8,最大 10	600~1200	25~40
B/60	表镶钻头	6~8,最大 10	300~650	
	孕镶钻头	8~10,最大 12	500~1000	30~50
N/76	表镶钻头	7~9,最大 12	300~500	
	孕镶钻头	10~12,最大 15	400~800	40~70
H/96	表镶钻头	8~12,最大 15	220~450	
	孕镶钻头	12~15,最大 18	350~700	60~90

3) 工艺过程注意事项

(1) 新回次开始时把岩心管投入夹持在孔口的钻杆柱内,在垂直孔中岩心管靠自重下降的速度为 40~50m/min。为加速把它送达孔底,可开泵冲送并缓慢回转。可根据泵压表压力突增来判断岩心管是否到位。确认内管已到位才能开始扫孔钻进。如果钻孔严重漏失,甚至是干孔,则只能借助绞车和打捞器吊住下放岩心管。到达孔底后,投入安全脱卡器迫使打捞钩张开得以解脱。

(2) 打捞岩心内管前必须由外管提供拉断岩心的力,而不是薄壁内管。这时绳索取心外管相对内管上移并压缩弹簧,使卡簧短节坐在钻头内台阶上,力的传递路径是:外管→钻头内台阶→卡簧座→岩心摩擦力使卡簧相对下移卡住岩心→靠外管拉断岩心。

(3) 回次结束前往夹持在孔口的钻杆内投放打捞器。打捞器到底后可缓慢提动钢丝绳,若有冲洗液由钻杆中溢出说明打捞成功。若打捞不成功,则应提钻处理。

(4) 取岩心和更换岩心卡簧时,都必须从岩心内管上拧下卡簧短节。

(5) 钻进完整、弱裂隙性岩石时,为提高回次进尺,可借助接头和扶正器来加长外管,相应地用插接短节加长取心内管。

(6) 钻杆内壁结垢防治措施:适当降低钻具转速;采用固相控制措施清除 90% 左右粒度大于 $20\mu m$ 的固相颗粒;结垢已形成并影响打捞时,提钻前半小时采用稀释原浆循环冲刷泥垢,或先提出上部结垢严重的钻杆再下打捞器;使用防结垢专用冲洗液。

第五节　录井与测井概述

一、录井概述

录井技术是一项古老的、与钻井技术相伴相生的随钻资源勘查工程技术。录井是用岩矿分析、地球物理、地球化学等方法，观察、采集、收集、记录、分析随钻过程中的固体、液体、气体等井筒返出物信息，以此建立录井地质剖面、发现油气显示、评价油气层，并提供钻井信息服务的过程。录井技术是油气勘探开发活动中最基本的技术，是发现、评估油气藏最及时、最直接的手段，具有获取地下信息及时、多样，分析解释快捷的特点。

按照录井技术的特点及其所发挥的功能，我国的录井技术大致经历 4 个发展阶段。

第一阶段(1955 年以前)是初期的地质录井，主要以人工记录钻时、测量井深、捞取砂样、荧光检测和地质描述为主，同时观察钻井液槽面显示，这个时期录井技术的主要特点是以记录和汇总井筒地质资料、建立岩性剖面为主要任务，解释与评估油气藏的功能较弱。

第二阶段(1955—1983 年)是以增加了气测录井(热导检测仪)为特点，大大地增强了油气层的评价功能。

第三阶段(1983—1996 年)是以钻井工程监测为核心的综合录井仪发展阶段，通过安装在钻台和钻井液池中的各类传感器获取钻井和钻井液参数，其核心任务是保证安全和优快钻井，其地质服务功能基本没有增加。

第四阶段(1996 年至今)是分析录井技术发展阶段，其特点是将各种室内实验分析测试设备小型化和快速化，并应用于录井现场，相继发展了显微图像录井岩屑伽马扫描、定量荧光、X 射线荧光、热解分析及色谱、X 衍射、核磁共振、拉曼光谱、红外光谱、离子色谱同位素录井等一系列先进的分析测试技术录井，实现了由工程录井向地质录井本源的回归，在地层评价、烃源岩评价、储层评价、油气层评价等方面都取得了长足的进步，尤其是针对复杂油气藏和特殊钻井工艺，都相应开发出了配套的录井技术系列，极大地满足了油田生产的需要。

在钻井过程中，通过各项录井(特别是应用综合录井仪、定量荧光仪、地化分析仪等先进仪器)获取直接或间接反映地层、岩性、油气水及工程施工等方面的有关资料和数据的综合性录井技术叫综合录井。它包括岩心录井、岩屑录井、钻时录井、气测录井、荧光录井、钻井液录井等多种方法和技术。

1) 岩心录井

岩心是最直观、最可靠地反映地下地质特征的第一性资料。通过岩心分析，可以识别古生物特征，确定地层时代，进行地层对比；研究储层岩性、物性、电性、含油性的关系；观察岩心岩性、沉积构造,判断沉积环境;了解构造和断层情况。岩心录井就是对钻井取出的岩心进行丈量、计算、归位,观察和描述岩心的各种特征及含油气情况,并进行物理化学分析,最后,综合各项数据编制岩心柱状图。

2) 岩屑录井

钻井过程中,钻头在井底钻碎的岩石碎屑称为岩屑,它随着钻井液的循环,不断地返至地面。岩屑是及时认识地层岩性和油气层的直观材料。按一定深度间隔取样,并按岩屑迟到时间作深度校正。对每次取得的混杂样品进行挑选,排除坍塌的岩块后,进行肉眼或显微镜下地质观察、描述、定名,分别求出各种岩屑样品的质量或体积百分比,确定取样深度的岩石类别,配合其他录井资料,作出井下岩屑地层剖面图。

3) 钻时录井

钻时录井又称钻速录井。不同性质的岩石软硬程度不同,因此抗钻头破碎的能力也不同,有的岩石钻得快些,有的慢些。用钻穿单位厚度(例如 1m)的岩层所需的时间来判断井下岩层性质的方法,称为钻时录井。而用单位时间钻穿的岩层厚度来判断地下岩性的方法称为钻速录井。钻时录井有较好的实时性,能及时反映地下岩石的可钻性,进而推测岩性及其对应的钻头位置,是常规录井中最常见、最基本的录井方法。钻时是直观反应岩层可钻性参数,同时又是钻井工程状态参数。钻时不仅取决于岩层可钻性这一客观因素,还有许多其他的影响因素,如钻头类型及新旧程度、钻井工程参数(如钻压、转速、立管压力)和钻井液性能等。

4) 气测录井

气测录井是从安置在振动筛前的脱气器获得从井底返回的钻井液所携带的气体,对其进行组分和含量的检测和编录,从而判断油气层的工作。气测录井是直接测定钻井液中可燃气体含量的一种录井方法。气测录井是在钻进过程中进行的,利用气测资料能及时发现油气显示,并能预报井喷、气侵,在探井中广泛采用。

5) 荧光录井

钻井中,直接对返出的洗井液样品岩屑、岩心等,定时或定距做紫外光照射,观察有无荧光反应,以了解钻经地层何处有含油层迹象的一种录井方法称为荧光录井。将岩心、岩屑置于荧光灯下,进行湿照、干照和喷照,观察并记录荧光反应,用荧光标准系列对其发光颜色、发光强度进行对比,判断含沥青的性质与含量,这是更为细致地半定量的荧光录井方法,多在预定的含油井段进行。荧光录井识别油气层主要有3个作用:①识别用肉眼难以识别的油气显示;②轻质油层和凝析油层,烃类挥发快,肉眼观察可能有漏失,但荧光录井的效果较好;③根据荧光的颜色,可以初步判别油质的轻重,根据荧光录井的亮度可以初步判别含油气量。各类探井都要实施荧光录井。荧光定量分析技术可以定量评价储层的含油特性,特别对轻质油和低阻油层的判别更为有效。但荧光定量分析技术不能区分地层原油荧光和污染物荧光,因此又产生了全荧光扫描技术,它可以区别各种荧光物质,这两种技术相结合,可以同时实现荧光定量检测,区分地层荧光和钻井液荧光。

6)钻井液录井

在钻遇油、气、水层和特殊岩性地层时,钻井液性能将发生各种不同的变化,根据其变化情况及槽面显示,来判断井下是否钻遇油、气、水层和特殊岩性地层的方法即为钻井液录井。

在油气田勘探领域,已广泛使用录井技术。随着科学的不断进步,录井技术在油气田勘探开发中起着越来越不可替代的作用。录井技术在煤田勘探中也得到广泛应用。图 6-19是煤层气地质录井作业流程图。

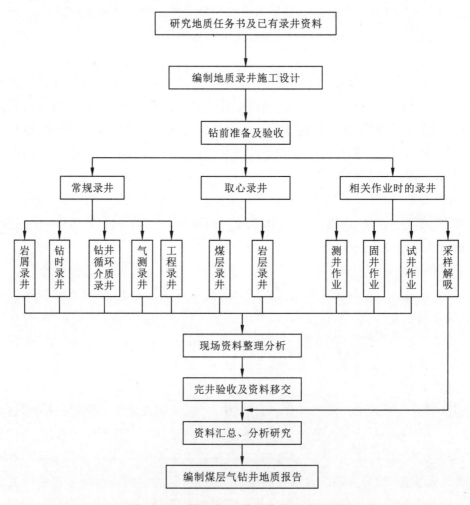

图 6-19 煤层气地质录井作业流程图

二、测井概述

地球物理测井是应用地球物理学的一个分支,简称测井。它是在勘探和开采石油、天然气、煤、金属矿等地下矿藏的过程中,利用各种仪器测量井下地层的各种物理参数和井眼的技术状况,以解决地质和工程问题的工程技术。它是应用物理学原理解决地质和工程问题的一种边缘性技术学科。按资源评价的对象分类,测井分为石油测井、煤田测井、金属矿测井、水文工程测井等。按研究的物理性质分类,测井分为电测井、核测井、声测井、热测井和磁测井等。

我国的测井研究始于1939年,并首先用于油田。翁文波于当年在四川巴县石油沟一号井进行测井试验,次年因甘肃玉门老君庙油田开发,翁文波与赵仁寿一起来到玉门油矿,在一口浅井中进行了电阻率、自然电位和井温测井的试验,取得了良好的地质效果。1947年,翁文波分别与孟尔盛、刘永年两度到玉门从事测井生产。1948年,留日归国的王曰才在玉门负责研制真空管直流放大器并取得成功,提高了测井仪器的性能,改善了记录曲线的质量。

1954年在王曰才的指导下,开始煤田测井的试验、队伍组织,翌年煤田测井像雨后春笋般地迅速兴起,成立了近百个测井组,并投入了实际工作。20世纪50年代中期,煤田测井仅有电阻率、自然电位、人工电位、电极电位和电流等电学参数的测井曲线,由手摇的半自动测井仪记录,资料解释只限于煤层定性和定厚,以验证钻探成果;50年代末开始使用核测井,增加了自然伽马和伽马-伽马测井,配备了自动照相记录仪,提高了曲线记录的质量和资料解释的可靠程度,使解释工作进入全孔岩性解释和复杂煤层结构的研究阶段;60年代我国煤田以电阻率、自然电位、自然伽马和伽马-伽马四条基本参数为主的测井方法日益成熟,一方面加强单孔解释中对薄煤层和夹矸划分的研究,使煤层分层定厚的精度居世界前列,另一方面开展多孔解释,进行测井曲线的地层对比,扩大了测井资料地质应用的范围;70年代试验了三侧向、声波、选择伽马-伽马、双源距密度、中子测井、地层产状、连续测斜和超声成像等新方法,并研制成功静电显影记录仪和超声成像测井仪,完成了对仪器的刻度,开展了测井资料的定盐分析,如求煤层的灰分产率和发热量等;70年代末开始引进国外数字技术,研制了数字测井仪和相应的处理程序,为我国煤田测井数字化迈出了第一步;80年代从美国蒙特公司引进了数台(套)数字测井仪及其生产技术和LOGSYS解释系统后,由渭南煤矿专用设备厂仿造后国产化,生产出适合我国煤田特点和固体矿产勘探的TYSC型轻便数字测井仪,并形成方法系列化的补偿密度组合探管、电法测井探管、声波测井探管、岩性密度组合探管和地层倾角测井探管等配套设备。尤其是高分辨率中子俘获伽马能谱测井仪的研制成功,使我国成为世界上掌握该方法和仪器生产的两个国家之一,为我国开展元素测井创造了条件;井下防爆测井的诞生及应用,为煤田测井技术推向煤矿,进行井下生产测井开辟了新领域。至此,我国煤田测井数字技术已完成了第一个飞跃,为今后更深入地发展奠定了良好的基础。

随着地球物理测井理论的不断发展,新的方法技术不断增加,尤其是数字地球物理测井技术的应用,不仅提高了地球物理测井勘探精度,同时也拓宽了地球物理测井勘探技术的地质应用范围。测井一般可以完成以下地质任务。

(1)确定煤层的埋深、厚度及结构,计算目的煤层的炭、灰、水含量,推断煤层变质程度,判别煤层煤种。

(2)划分钻孔岩性剖面,确定煤岩层物性数据,计算岩层的砂、泥、水含量,推断解释地层时代。

(3)进行煤、岩层物性对比,建立地层地质剖面。

(4)确定地层倾角、倾向,研究煤、岩层的变化规律、地质构造及沉积环境。

(5)测算地层地温,并分析、评价地温变化特征。

(6)测算地层孔隙度、地层含水饱和度,确定含水层位置及含水层间的补给关系,测算涌水量和渗透系数。

(7)测算煤岩层力学参数。

(8)初步估算目的煤层的煤层气含气量、空隙度、渗透率,并定性评价其顶底板岩层的渗透性。

(9)确定钻孔顶角与方位角。

(10)固井质量检查评价和套管校深。

(11)对其他有益矿产提供信息或作出初步评价。

目前,我国煤田采用的测井方法、参数,应按煤种、煤层结构及地质目的进行选择,要求目的层物性特征反映明显,易于识别,主要原则如下:

(1)凡探煤钻孔,必须选择测量电阻率、自然伽马、补偿密度、自然电位或声波时差、井径、井斜等,还可考虑选择测量中子-中子、地层产状、超声波成像等。

(2)复杂结构煤层或薄煤层的地区,还应选择采用垂直分辨率高的测井方法。

(3)凡要求进行煤层气评价的钻孔,必须选择测量补偿密度、自然伽马、补偿声波、补偿中子、双侧向、自然电位、双井径、井斜、井温等,还可考虑选择下列测井项目,如微球形聚焦、微电极、地层产状、超声波成像、核磁共振等。

(4)凡要求进行水文地质评价的钻孔,还应选择测量扩散、流量、中子-中子、超声波成像等,并按要求测定井液电阻率。

(5)凡要求进行工程地质评价的钻孔,还应选择测量声波时差、超声波成像等。

(6)凡要求进行地温评价的钻孔,还应选择测量简易井温、近稳态井温、稳态井温等。

(7)凡要求进行固井质量检查的钻孔,还应选择测量声幅、全波列(声波变密度)、磁定位等。

第七章 井斜控制与定向钻进

钻孔井眼随着钻进不断延伸,所形成的井眼轨迹体现为井眼轴心线的连续三维坐标 (x_i, y_i, z_i)。其线型不仅有垂直型,还有弯型、斜型、水平型以及复合型等多样化的呈现。防控井斜偏误与主动定向造斜是钻井工程中的两类不同目的。

在客观影响与人为操控两方面因素的共同作用下,实际钻进轨迹不可能完全与理论设计轨迹重合,前者偏离后者称为钻进轨迹偏误。为保证煤矿资源勘探的准确和煤层气采收的产量,要求尽可能精确地按预定轨迹钻遇目标区域,即钻孔(井)轨迹偏误必须控制在一定限值以内。这也是达到煤田钻进质量标准的一项重要要求。

另一方面,在主观设计上,根据煤床勘探和煤层气钻采的不同需求,希望有多种多样的钻孔或井眼轨迹。除了最基本的垂直井外,还有水平井、斜井、弯曲井、多分支井等井型(图7-1),它们的井(孔)轴轨迹以各种不同线型呈现,要求能够人为地适时调整和改变钻进的方向。

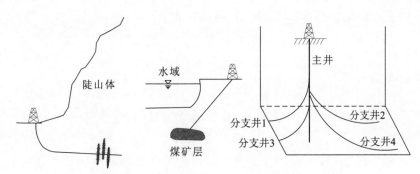

图 7-1 不同型式钻孔(井眼)进轨迹示意图

第一节 井斜参数与钻孔轨迹

一、井斜基本参数定义

描述井斜并借此获得钻孔轨迹的3个基本要素是顶角(或井斜角、俯仰角)、方位角和井(孔)深。

顶角 β 标示钻孔井眼的倾斜程度,指钻孔轴线与铅垂线夹角的余角,单位为度(°),垂直钻孔的顶角计为 90°。与顶角意义对等的还有井斜角(指井眼轴线与铅垂线的夹角)、俯仰角(指钻孔轴线与水平面的夹角)。

方位角 α 标示井眼轨迹的水平走向,指钻孔轴线在水平面的投影线与正北方向线的夹角,单位为度(°),俯视看以顺时针转角计为正值。

孔深 L 标示井眼轨迹线的长度,一般单位为 m。

井斜基本参数用专门仪器测量获得。测量仪沿着井眼测取多点的 3 个基本要素值,再通过对所测各点参数值的空间几何计算来得到钻进轴线三维轨迹。

根据井斜基本参数推演,还能获得反映钻进轨迹的另外一些重要参数如下。

(1)钻进轨迹弯曲强度:井身轨迹单位长度 ΔL 的弯曲角度 γ 称为全弯曲强度 i(即曲率 K),$i=\gamma/\Delta L$,单位是°/m。全弯曲强度 i 又可进一步分解为顶角弯曲强度 i_θ 和方位角弯曲强度 i_a。由空间几何可以推导出弯曲角度与顶角和方位角的关系为

$$\cos\gamma = \cos\theta_A\cos\theta_B + \sin\theta_A\sin\theta_B\cos(\alpha_B - \alpha_A) \tag{7-1}$$

式中:θ_A、θ_B、α_A、α_B 分别为 ΔL 的始点 A 与终点 B 的顶角和方位角。

(2)钻进轨迹遇层角 δ:指钻孔轨迹在与某岩层遇点的切线与该切线在此层面上的射影所夹的锐角。遇层角是掌握钻进轨迹与矿体角度关系的重要指标。煤层勘探孔要求穿过矿层的遇层角 $\delta \not< 30°$。

(3)钻进偏靶距 d:钻进轨迹实际钻至点与该孔深设计点之间的直线距离称为钻进偏靶距,它是衡量钻进轨迹准确性即精度的重要指标。如果设计点的空间坐标是(x_c, y_c, z_c),而实际钻至点的坐标是(x'_c, y'_c, z'_c),则偏靶距:

$$d = \sqrt{(x'_c - x_c)^2 + (y'_c - y_c)^2 + (z'_c - z_c)^2} \tag{7-2}$$

二、井斜参数测量

井斜参数测量仪器的内部安装顶角、方位角等传感器,其外壳由高强度材料做成直径略小于井眼直径的筒状体,可以由缆线连接也可以加接在钻杆底端下入井中使用。测量信号可以由信号缆线直接传递到地面,也可以通过泥浆脉冲或电磁波传递到地面,还可以先存储在井下测斜仪器中等提出地面后再导出数据。

(1)顶角(井斜角、俯仰角)测量分别基于液面水平蚀痕(图 7-2)、重锤铅吊找直(图 7-3)和重力加速度测量(图 7-4)等不同原理。前两种是早期钻进工程中应用较多的,第一种通过氢氟酸液在玻璃筒壁上的蚀痕记录 H_1 与 H_2,进而可计算出井斜角;第二种的框架可绕 a 轴灵活转动,b 轴中点 O 悬挂一个能灵活转动的半圆刻度盘,因重力作用而始终保持下垂,从而可以测出井斜角。

随着现代电子技术的快速发展,重力加速度测量越来越广泛地被现代钻进工程所采用。因为这种新技术在测试精度、实时性、信号存储、数据易处理性以及小尺寸等方面都具有明显的优势。测量顶角的重力加速度传感器是根据压电效应原理来工作的。重力使其中的异极晶体发生形变,改变了晶体的极化状态,从而在晶体内部建立电场。这个电场

的大小随着晶体敏感轴与重力垂线之间夹角的变化而变化(图7-4)。测得电场电压就对应得到顶角。

(2)方位角测量分别采用地磁场定向(包括人工环布磁场定向)和惯性定向两种不同方法。地磁场定向直接利用指南针(罗盘)原理,即磁性针体具有受大地磁场力作用而始终保持指向地球磁极的趋势。但是,这种方法仅适于在地磁场正常的井段中,不能用于地层磁异常、周围有偏磁干扰以及被钢套管磁屏蔽的场合,其仪器外壳也必须采用非磁性的材料(如不锈钢等)制成。

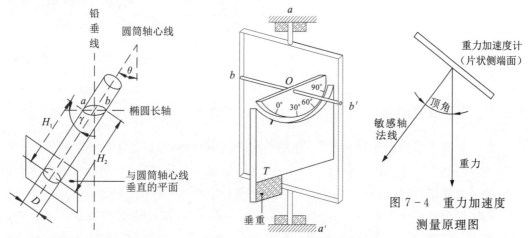

图7-2 液面水平蚀痕原理图 图7-3 重锤铅吊找直原理图 图7-4 重力加速度测量原理图

惯性定向利用惯性力"可记忆"特性,具有多种实现方式。它不受磁性影响,适应环境广泛。其中的机械惯性陀螺测斜仪的工作原理见图7-5。由转速高达30 000r/min的陀螺电机1、内环2和外环3组成无阻尼三轴正交体系,在Ⅲ轴空间方向变化时Ⅰ轴空间方向始终保持不变。而Ⅲ轴就是井中任一测点的井眼轴线,Ⅰ轴则是地面启动陀螺电机时就已测出的恒定参照方向。于是,测量出仪器在井下Ⅰ轴与Ⅲ轴的交角,就可以换算得到测点的井眼轴线空间方向。这个总方向不仅包括了方位角分量,也包括了顶角分量。机械式陀螺仪结构复杂,对制造工艺的要求很高,它的精度受到了多方面的制约。

自20世纪末以来,现代陀螺仪的发展又进入了一个全新的阶段。激光陀螺仪、光纤陀螺仪等相继诞生。光纤陀螺仪是以光导纤维线圈为基础的敏感元件,由激光二极管发射出的光线朝两个方向沿光导纤维传播。光传播路径的不同,决定了敏感元件的角位移。光纤陀螺仪与传统的机械陀螺仪相比,优点是全固态,没有旋转部件和摩擦部件,使用寿命长,动态范围大,瞬时启动,结构简单,尺寸小,是一种能够精确确定运动物体方位的仪器。它不仅广泛用于现代航空、航海、航天和国防工业,也在地下钻进中得到重要应用。一种安装于水平钻进测向仪中的光纤陀螺仪如图7-6所示。

(3)孔(井)深测量分别采用测绳入井计长、钻杆丈量或井液压强换算等方法进行。

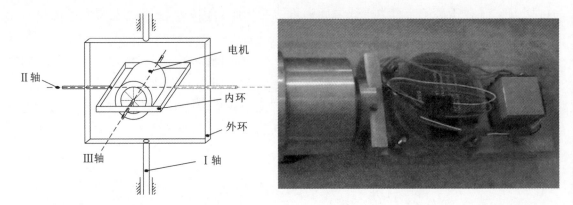

图 7-5 机械陀螺惯性定向原理   图 7-6 一种安装于水平钻进测向仪中的光纤陀螺仪

三、钻孔轨迹拟合

以井斜基本参数作为输入参数,运用空间几何原理,可以拟合出钻进轨迹轴线。该轴线的数学表达是序列三维坐标(x_i, y_i, z_i)。由具体拟合算法的不同,所获得的轨迹有所差别。最基础的拟合公式是简单折线公式,称为全角全距法(又称正切法)。

此法假定两个相邻测点之间的钻孔轴线为一直线段,其长度近似等于该两点实际路径的测距。以各当前测点(x_i, y_i, z_i)的井斜角 θ_i、方位角 α_i 和该点到下一测点的测距 Δl_i 为基础参数,通过空间三角函数关系,计算出下一测点的空间位置$(x_{i+1}, y_{i+1}, z_{i+1})$:

$$x_{i+1} = \Delta l_i \sin\theta_i \cos\alpha_i + x_i \tag{7-3}$$

$$y_{i+1} = \Delta l_i \sin\theta_i \sin\alpha_i + y_i \tag{7-4}$$

$$z_{i+1} = \Delta l_i \cos\theta_i + z_i \tag{7-5}$$

以此类推计算出所有测点的空间位置,并将各相邻测点用直线相连,从而形成空间折线型式的钻孔轴线轨迹(图 7-7)。

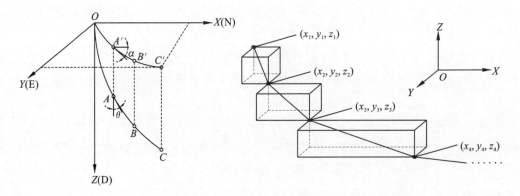

图 7-7 钻孔轨迹拟合原理图

分析上述方法可以看出,由于将相邻两点间的路径近似处理为一段直线,且孔斜角度仅以一点的代替一段的,因此在实际弯曲情况下会产生易见的计算误差。但该式相对简单,当测点较密时计算精度尚可。另外,该式也是推导更为深入公式的一种思路基础。利用有限个测点参数,以提高轨迹计算精度为目标,所推导的计算方法还有许多种,如均角全距法、全角半距法、曲率半径法、最小曲率法等。

均角全距法(平均角法)是在全角全距法的基础上,将直线段的顶角和方位角等于其前、后两测点的顶角和方位角的平均值。这样,在角度取值上得到更加合理的考虑,从而提高了轨迹计算的准确度。

全角半距法(平衡正切法)是将相邻两测点间的轨迹进一步等分为两段直线,前半段采用前测点的顶角和方位角进行计算,后半段采用后测点的顶角和方位角进行计算,以此分解细化来提高轨迹拟合的精度。

曲率半径法(行进曲线法)假定相邻两测点间的钻孔轴线是弧线,整个钻孔轴线轨迹由空间不同椭圆弧段组成。这比折线更符合于钻孔实际。做弧是在钻孔全程按接续分布的不同直径的直立圆柱表面上做出螺旋弧段;每段弧长等于该段测程;弧段的顶角弯曲强度假设为定值;弧段的曲率变化由前、后两测点的顶角和方位角决定;弧段连接为相切连接。

最小曲率法(折线圆整法)也是将钻孔轨迹处理成多圆弧线段的连接。在全角半距法的基础上,将两相邻测点间的 2 条折线圆整成弧线。圆弧线经过测点且必须在测点处与折线相切,同时还要满足前测点所做圆弧与后测点所做圆弧能够相切连接。这就形成了构造 2 段圆弧的必要和充分条件。

为了提高钻孔轨迹计算精度,应该较多地获得准确的测点数据。现代化的钻进测量技术已能近乎连续测量,因而为准确计算钻进轨迹提供了很好的基础条件。同时,大容量的原始测量参数与各种复杂的空间立体几何算法相融,势必要求运用计算机编程来求解钻孔精确轨迹,例如,运用 MATLAB、Visial C++等开发软件来处理上述各种算法,可以迅即得到手工计算难以得到的三维钻孔轨迹数据。借此,也可以高效获得多种型式的轨迹图形显示。

第二节 钻进防斜技术

一、钻孔弯斜的影响因素与规律

钻孔防斜的全面定义是:控制实际钻进轨迹不偏离或尽可能少偏离设计轨迹。它最为基本的体现就是保直钻进,尤其是在垂直井中。保直钻进要求在钻程各段深度范围内的井斜角(钻孔顶角)不超差。以煤田岩心钻探质量规定为例:非矿层的钻孔顶角控制要求为小于或等于 2°/100m，煤矿层的钻孔顶角控制要求为小于或等于 1.5°/100m。此外，还有井斜变化率(狗腿严重度或曲率)、井底水平位移等都有不能超过允许值的多项要求。

导致井眼偏斜的原因主要归咎于自然地质条件、钻头-钻具-孔径的组合状况、钻进操作控制参数这3个方面。受客观和人为多因素影响的井眼偏斜规律及程度，表现在某种交织的复杂系统中。

(1)地层各向异性：层理、片理发育的岩体，其可钻性具有明显的各向异性。钻头垂直于岩层面时碎岩快，平行于岩层面时碎岩慢。因此，在倾斜岩层中钻进时，会产生钻孔向垂直于层面方向弯曲，简称"顶层进"[图7-8(a)]。

(2)岩石软硬互层：钻头分别以较锐或较钝角度穿过软、硬岩层界面时，由于软、硬岩石的抗破碎阻力不同而会产生不同的弯斜方向。由软岩进入硬岩，若遇层角较小则钻头会"顺层跑"[图7-8(b)]；若遇层角较大则钻头会顶层进[图7-8(c)]。钻头由硬岩进入软岩一般趋向于顺层跑[图7-8(d)]。

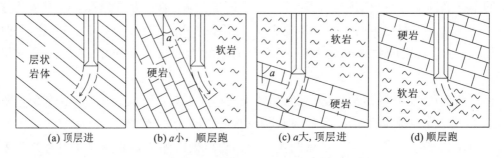

图7-8 层状和软硬交互地层的钻孔弯曲规律

(3)空洞、软泥与坚硬漂石等：钻遇大溶洞等地下空腔以及软泥层时，受钻具重力作用，井眼轨迹趋于下垂；当钻擦非常坚硬的漂石、断岩块或大卵石时，钻头将受别而偏向。

从三大类岩石的对比情况看，统计平均的偏斜强度是：变质岩＞沉积岩＞岩浆岩。从岩石均质性方面考察，不均质程度越高越容易发生井眼偏斜。

(4)钻头型式及结构尺寸：钻头型式及结构尺寸能使井壁规则、间隙小、回转同心度高、聚轴性强，则钻进保直的程度就高。例如以金刚石钻头与钢粒钻头比较，由于偏磨程度和碎岩产生的间隙大为降低，而使金刚石钻头的防偏性大大增强。

(5)井底钻具的扶正性：这是井斜影响因素的一个重点。由于井底钻具处于偏斜发生的最近位置，其结构的扶正能力对保直效果的影响最大。各种防斜钻具大都是在相关于扶正性问题的基础上，应用不同原理进行设计和研制的。

(6)轴压及转速：钻杆受压就可能产生弯曲，尤其是当钻进轴压超过钻杆失稳临界力时，钻杆弯曲会突增，从而引起井斜。不合适的钻柱回转速度也会使钻柱回转惯性力系偏离井眼中心轴而增加井斜。

(7)井壁的冲蚀与软化：钻井液对井壁的冲刷和软化影响也是造成井斜的一方面原

因。大泵量冲蚀井壁造成超径(尤其是在松散破碎层中)、钻井液失水使井壁软化和溶解，都会损减井壁的扶正作用，是导致钻井偏斜的不容忽视的间接影响因素。

(8)初始井斜角：地面开钻时的初始井斜角是否精准、其方向能否稳定延伸，对后续钻孔轨迹的准确度影响颇大。由几何三角关系可知，地面始钻角度的微小偏差会造成钻至深部后非常大的偏靶距离。

二、井底钻具致偏机理

由钻进的基本原理所决定，钻头钻出的井眼直径总是要大于井底钻具的外径。所以，井壁与钻具之间的间隙必然存在，也因此而构成钻具在轴压下发生偏倒的可能性。由此推理，井底钻具的偏倒角取决于井壁间隙和粗径钻具的长度，即

$$\varepsilon = \frac{180}{\pi}\sin^{-1}\frac{b}{L} \tag{7-6}$$

式中：ε——偏倒角，(°)；
　　　b——井壁间隙，m；
　　　L——粗径钻具长度，m。

粗径钻具越长，其偏倒角就越小，但直径小而长度过大，又会引起刚度不足而产生受压弯曲的问题。特别当轴压超过钻具的杆件失稳临界值时，钻具会产生大幅度的弯曲。按材料力学压杆失稳临界判据，可以确定粗径钻具不发生失稳的临界条件为

$$L_C \leqslant K\pi\sqrt{\frac{EJ}{P}} \tag{7-7}$$

式中：L_C——粗径钻具的临界长度，m；
　　　P——轴向压力，N；
　　　E——钻具钢的弹性模量，Pa；
　　　J——钻具截面轴惯性矩，m^4；
　　　K——动载系数，0.6～0.8。

三、常用防斜钻具

主动对钻进防斜，通常采用具有防斜功能的钻具组合，并且可以通过控制钻进参数、合理采用钻头形式、用好钻井泥浆、保证开孔直稳等技术环节来收到进一步的效果。

1.钻铤与钟摆钻具

加大钻柱下部的重量是保持垂直钻进的基本措施，因为重体总是比轻体更趋向于垂直下沉。而且由于底部重量加大，需要通过上部钻杆施加给钻头的轴向力可以减小，从而减轻了上部钻杆的失稳弯曲，偏倒影响就能减弱。

钻铤就是用来增加底部钻具重量的特殊钻杆，一般用大密度金属材料如铅及其合金制成。铅合金的密度可以高达11.34g/cm^3，其钻杆重量是同尺寸普通钢钻杆的1.45倍。

所以，防止井斜往往采用含铅的钻铤作为底部加重钻杆。

如果进一步将底端钻铤做成偏重状的钟摆钻具，则在回转中能对斜井产生下冲的钟摆作用。如图7-9的下半部分所示，当偏重部分转到向下位置时，重力加速度与回转离心力的垂向分量同向相叠加，倍增了钻头破碎正下方岩石的力量。钻具每转一圈就产生一次垂向摆冲，从而迫使钻头垂直下行。

由受力分析可知，钟摆钻具的降斜力随井斜角度的加大而增大，所以在较大井斜时用钟摆钻具降斜的效果更为显著。此外，使用钟摆钻具时不宜采用大的轴向钻压，因为钻压大会紧滞摆冲力，导致降斜效果变差。

以上仅从原理上介绍了最基本的光钻铤钟摆钻具。为了提高降斜保直效果，还

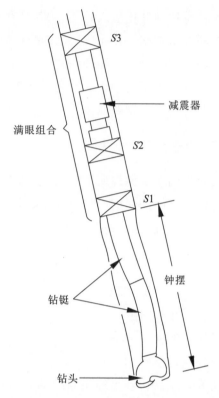

图7-9 钟摆钻具与满眼钻具（斜置）

有更进一步的钟摆钻具类型，如带稳定器的钟摆钻具（图7-9）和塔式钻具等。

2. 刚性满眼钻具与柔性钻具

"满眼"是指在井底钻具沿轴向的若干局部位置用等同于（略微小于）井眼直径的短环箍覆满井眼，用以扶正井底钻具。这种扶正环箍叫作稳定器。如图7-9上半部分所示为典型的满眼钻具，其稳定器至少有3个，相互隔开一定距离。结合式(7-7)可见，稳定器将原来相对细长、受压后容易失稳的钻杆分成几段相对短得多的"刚性"钻杆，同时将钻头牢靠地"扶正"在井眼轴心，这样就能显著提高井底钻具的抗弯能力从而防止钻进偏斜。

满眼钻具与钻铤/钟摆钻具的应用区别在于它不仅可用于垂直井的保直钻进，也可用于斜向直井的稳定斜度的钻进；但它却不适于将斜孔纠为垂直孔。满眼与钟摆钻具组合可以更有效地防斜。

稳定器上须开有充分的通水道，以防环空流动被阻滞。另外，为解决稳定器带来的易卡问题，往往辅之以振击器解卡。

"柔性"钻具则与"刚性"钻具相互映衬，也能用来防、纠井斜。但这种钻具只用于防、纠垂直井偏斜，又称为柔性钟摆钻具。柔性钻具防纠斜的工作原理体现为井底的"垂重作用"：在井底紧接钻头的是较短的加重钻具，起到显著的重力垂摆作用；加重钻具上部连接一柔性钻杆或柔性接头，它们难以传递弯矩，但能有效传递扭矩和轴向力。在已发生偏斜的井中，底部重力钻具几乎不受上部弯矩限制而能趋于垂向来偏磨斜下邦岩石，从而实现

降斜保直钻进。

柔性钻杆的防纠斜效果主要受钻压、钻铤重量、钻杆长度、钻头结构、回转转速及斜向岩层的倾角等参量影响。

3. 偏轴钻具与自动垂钻系统

偏轴钻具也能用来防斜。如图 7-10 所示，该种钻具由一个偏轴接头连接上、下钻杆（一般用钻铤）。由于偏轴引起的公转和自转的联合作用，使得钻具以圆周涡动的方式在井眼内作稳定的弓形回转运动。根据理论和实践研究分析，这种运动的防斜原理为以下几点。

(1) 与前述的偏重钻具防斜原理相似，利用重力惯性，当钻具"重边"下落时带动钻头对斜井眼下侧施加一个较大的冲击力，由此来抵消一些井底岩层的致斜趋势。

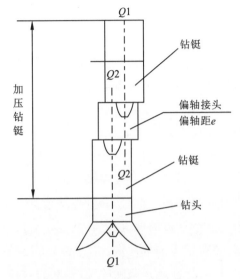

图 7-10 偏轴钻具原理图

(2) 公转形成的刚性离心力可以沿大圆周较为均匀地切削井壁围岩，弱化仅有自转时的弯斜偏力。

(3) 公转使切点以下的径向空隙加大，钟摆重力下垂作用得以较充分发挥，有利于降斜保垂直。

自动垂钻系统是具有高级结构的防斜保直钻进机具，目前已开始试验应用。一种典型的自动垂钻系统的工作原理如图 7-11 所示。不转动的导向套腔体中装有径向可伸缩的 4 个在圆周上均布的导向滑块。导向滑块支撑在井壁上，各自的伸缩量根据传感器测出的井斜角等参数由微处理器智能计算，并反馈到各自的液压缸自动控

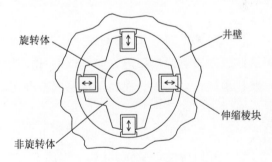

图 7-11 自动垂钻系统原理图

制各自的行程，以此得到 4 个方向不同的位移量来改变钻具的方向。各伸缩量调控计算的总目标函数就是使井斜角变小直至井眼轴线垂直，这用空间解析几何完全可解，算法程序预先植入微处理器中。中心轴传递上部钻杆的转动扭矩来带动下部钻头回转，它与不回转的导向套之间用轴承连接。

四、钻进防斜的其他措施

(1) 把握矿区地层的构造、产状、岩性、断层和破碎带等客观情况，分析可能出现的井眼自然偏斜的规律和程度。对于自然偏斜规律明显且钻遇率较大的地层，朝着预见偏斜

的反方向适度预设井眼轨迹斜角,借以人为逆偏斜量来抵消自然偏斜量。

(2)利用钻头的形状、尺寸及材质对井斜的影响。要保证钻头回转的同轴性,避免偏磨和横向晃振。钻头刃具材质要与所钻地层配伍,以利于顺利碎岩,从而减轻所需钻压并保持规则井径。钻头水道设计要有利于底唇全面均衡冲排钻屑,防止局部积渣引起超径。

(3)钻压在达到有效碎岩的合理区间值后,不要再盲目加大,特别是不要超出钻杆甚至井底钻具的失稳临界值;转速控制要兼顾到使钻柱回转处于平稳最佳区间,防止钻柱大幅偏甩及振荡;严格控制泵量,防止其过大而冲蚀井壁,以保证钻具扶正的重要依靠条件。

(4)在松散不稳定地层中,增强泥浆的粘稠性,防止井壁坍塌;在水敏性泥页岩中,增强泥浆降失水性和抑制性,防止井壁软化;在水溶性地层中,增强泥浆的矿化度和封堵性,防止井壁溶蚀。以这些泥浆技术来为钻具不发生歪斜提供有力的辅助支撑环境。

(5)注重开孔时井眼原始方向的精准性,要求钻塔、机台安装稳固,天车、主轴和孔口三点对成直线,井口表层套管要按设计方向准确下到硬盘并与井壁牢靠固结。这些都更是为了后续钻进的保直防斜,从起步阶段就打好基础。

(6)对钻头加载冲击,可使钻头底唇偏帮部位的硬岩得以较快碎裂,这无论对于软硬互层、各向异性还是坚硬的漂石、断岩块或大卵石,都有助于减少致斜程度。例如,在破碎地层中用冲击回转钻进提高钻孔的垂直度,就是运用这一原理。

第三节 定向钻进及分支井

定向钻进的定义是:调控钻进方向,沿着设计的井眼(或钻孔)轴线钻达预定目标层位的钻进方法。调控钻进方向是以钻进自然弯曲规律为客观参量,人工采用多种造斜工具及技术规程来实施。在煤与煤层气钻井工程中,分支井则是定向钻进衍生出的一类颇具广泛应用性的井型。

定向钻进是钻探与钻井工程的重要技术组成,是钻进现代化的一大发展方向。自20世纪初开始研发,到20世纪80年代步入成熟应用阶段,定向钻进技术在美国、俄罗斯、德国、英国、瑞士等国得到很大的发展。我国从20世纪50年代开始研究定向钻进技术,70年代至90年代进行了较多的引进与开发试验。20世纪90年代到现在,该技术在我国已较大面积地推广应用,较多核心内容已经可以自主研发。

一、定向与分支井的应用特色

目前,定向钻进技术不仅在石油天然气、固体矿床勘探、地下管道建设等领域得到实际应用,在煤与煤层气开发中更是一种重要的钻井工程技术方法。其主要应用如下。

(1)在煤炭与煤层气勘探中,为了提高钻探效率或者解决某些垂直钻孔难以钻达的困难,采用定向钻进钻出斜孔、弯曲孔、水平孔、多分支孔(从式井)(图7-12)。

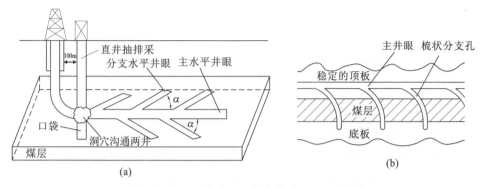

图 7-12　羽状孔(a)和梳状孔(b)示意图

(2)煤层气开发地面始钻一般都是先钻直井段穿过上部非煤地层,在即将遇到煤层时开始造斜弯曲,之后以近水平方向在深部煤层中钻进。对于产状陡斜的煤层,地面开孔时就按一定斜度钻斜井。

(3)煤矿巷道内钻进,省去了上覆地层的钻进工作量,近水平孔和斜孔(包括下倾和上仰)占比较多。无论是追索勘探、瓦斯排放还是能源气采收,它们对钻进方向的调控都是经常需要应用的技术。

(4)就煤层气钻采而言,地面始钻和巷道钻进都较多地应用多分支定向钻进技术,这类井型包括羽状孔(图7-12)、梳状孔等。它们都是以一个主井为先导,再在这个主井中的某些位置侧钻出多分支孔。由此高效地增大煤层钻遇率,近乎网状沟通来提高生产井的产气量。

(5)许多煤田勘探孔和一部分煤层气采气井在钻进中途发现井斜严重时,为了修正方向,一般都采用定向钻进来纠斜。

(6)有时在钻遇到障碍时,比如断钻具无法处理等事故,往往也采用定向弯曲钻进来绕过事故钻具再继续钻进。

(7)钻进对接技术是在地面相隔一定距离的两个不同井位始钻,分别在地下相向造斜钻进,最终在地下相互对接连通。这不仅是煤层气采收的一种井型,也是"煤成气"(褐煤阶段)、"燃炉采"、"热化采"的有效联通方式。它还是"非开挖"铺设输气管道的先进方法。

(8)与对接技术相近,利用造斜,"单钻入出"形成U型井,也具有广泛的应用前景。

"分支""造斜""调控""侧钻""修正""绕过""改向",这些术语都反映了定向钻进作业的内容,都是要使井轴发生弯曲,改变钻孔方向。用一个简单的词概括就是"造斜"。造斜是实现定向与分支钻进的根本技术。

定向钻进造斜,一是靠能够使钻孔发生恰当弯曲的井下器具;二是能够实时测出井轴和这些器具工作的角度、方位和所处位置;三是配套相应的操作程序。定向造斜的具体方法分为两类。

(1)下入偏心楔和造斜器造斜:首先在井底(定向)下入斜楔机构并固牢之,形成与原井轴线成斜角的人工井底,再经过此斜楔机构钻进,迫使钻头沿该倾斜面造斜钻进(参见本章第四节)。下入偏心楔和造斜器造斜虽然是较传统的造斜方法,但在一定条件下仍具有良好的应用效果。

(2)井底动力机直接造斜:利用井底旋转动力钻具的工作特性(仅在井底自转),在其本体上制作可以使该钻具按一定角度产生弯曲的机构,直接实现造斜钻进。螺杆马达和涡轮钻具即为代表性的井底动力机,它们的问世提供了现代化的高效造斜方法,在定向钻进工程中具有主流的应用前景。

对井下造斜参数的测试,是调整这些参数以达到准确定向的关键。第一类造斜方法侧重于楔面安置方位的测试和调整;第二类造斜方法侧重于钻具至弯单元方向的测试和调整。

按预设计轨迹,定向及分支孔钻进可以有一个或多个造斜段。每次造斜要把握好弯曲强度,即要得到较短的造斜长度以提高造斜效率,又要限制过急的弯曲以保证钻杆不易折断等要求。所以,对井眼弯曲轨迹的预设计必须考虑钻进工程所允许的条件。弯强的控制主要通过对造斜器具结构尺寸的调整来实现,并辅之以对造斜钻进规程参数的控制。同时,地层性状也是影响弯强的客观因素,必须予以紧密的联系。

二、自然弯曲与人工控制造斜

定向钻进在总体控制程度上,根据利用客观因素和发挥主动因素的比例不同,也可分为初级的自然弯曲定向和高级的人工受控定向两大基本类型。

自然弯曲定向更侧重依赖于矿区钻孔弯曲的客观规律,充分利用这些自然规律,再加以相适应的人为辅控,来达到操作简便、投资少、施工快的定向钻进目的。显然,这类定向钻进需要已有井眼弯曲具有明显的规律性。为了准确地查明和把握井斜变化趋势,可以采用统计作图法、相关分析法等对已有井斜数据进行统计、分析,获得具有代表性的井眼轨迹变化回归曲线和拟合方程。输入计算的已有井的数量越多,基本条件越相近,规律性反映得就越强。然后,按照该矿区这种井眼弯曲的自然发展规律,做出针对性的轨迹调整设计,如预置开孔井斜角和方位角、移动井位等。同时,视情况配用一定的增斜、减斜和纠斜钻具,如采用塔形钻具、安置扶正器、调整井底粗径钻具长度、改变下部钻具的垂重等。当井眼轨迹顺正回转方向弯曲严重时,甚至可以采用反转钻进来纠斜。

高级的人工受控定向,以各种弯曲造斜工具为主来改变钻进方向。其人为主动因素更强,方向可变化的范围和灵活性比初级定向要大得多,因而定向井和分支井的轨迹形式可更为丰富多样。当然,高级受控定向的技术复杂性及成本耗资也相应增大。本章大部分技术内容都反映为人工控制定向。

三、定向钻进设计原则

定向钻进设计,要依据钻井目的与用途、轨迹准确程度要求、地质条件及其岩石性质、地面对井位的限制条件、已具备的钻井工艺水平与综合技术条件,也要参考已施工井的井斜资料和自然弯曲规律。定向钻进设计要遵循以下原则。

(1)定向井及分支井的设计是煤田地质勘探和(或)煤层气开采总体规划的有机组成,其轨迹布置及空间位置计算必须与有关的地质和(或)采气部门的相一致。

(2)满足不同定向井施工的目的,抓住它对轨迹变化要求的特点,设计针对性显著的井眼轨迹。

(3)保证井眼轨迹的准确性,保证入、出井口位置、途中钻遇点、遇层角、中靶坐标等达到所需的精度要求。

(4)运用合理的轨迹设计顺序。井口位置或分支点已定时,自上而下即自开孔点推移到目标靶点;若井口或分支点可调变,则反过来自下而上推移。

(5)造斜强度合适。既要缩短造斜路程以提高效率降低成本,又要避免弯曲过急而影响正常钻进。

(6)尽量避开容易引起井眼失稳破坏的复杂地层和难钻地层,选择易于钻进的轨迹路线,有利于安全、高效和高质量钻进。

(7)把握地层的自然弯曲规律,紧密联系客观偏斜趋势带来的影响,将地层的自然弯曲规律作为轨迹控制的一部分要素。

(8)选择恰当的造斜及分支点:兼顾稳定性和易造斜性,以中等硬度、较完整、稳定的岩石为宜;避开钻探取心段和主力煤层气储层段;分支点位置适中;准确控制提前量。

(9)必须对定向及分支井的社会和经济效益进行预测、评估,全面权衡探明储量、增加产能与作业周期、施工费用、环境保护等综合利弊,并借此做出有益的设计调整。

四、定向钻进设计内容和方法

定向钻进设计以井眼轨迹设计为主,主要内容包括以下几点。

(1)掌握定向井施工的具体目的和要求,选择定向钻进的井型;规划整体井轴轨迹,包括在需要分支井时的分支点位置和分支井眼预设轨迹。

(2)确定定向钻进施工技术方法的基本类型,论证利用钻进自然弯曲规律造斜、采用人工定向造斜或二者相结合的总体方案。

(3)选择恰当的造斜、分支点位置。分析计算造斜强度,求得造斜段的弯曲角增量,设计合理的造斜段进尺量。

(4)求出各段井眼轴线的参数——井斜角 θ_i、方位角 a_i、段长 Δl_i、点坐标(x_i,y_i,z_i);拟定各段轴线之间相互合理的衔接组合,尤其是要保证钻遇重要目标中靶点坐标的准确,对预设的轨迹进行必要的修正。

(5)计算出控制弯曲量的工具弯角、斜角和工具面角,设计并选择合适的造斜机具,设计合理的钻压、转速、泵量等定向钻进参数。

(6)绘制井眼轨迹三维视图和重要的二维剖面视图,说明相应的技术控制要点,完成定向钻进的全程施工作业指导书。

进行井眼定向轨迹求解计算,主要应用空间几何方法,对相关的点、线、面做出数学解析,结合必要的力学分析,推导公式并计算结果。从形式上归纳定向钻进轨迹设计的方法有5种,即绘图法、手工计算法、查图法、图版法和软件编程法。现以一个二维曲线型煤矿钻探孔的基本轨迹设计为例,介绍其中的绘图法(图7-13)。

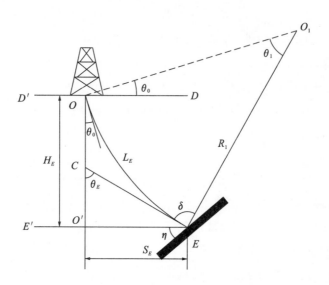

图 7-13 二维钻孔轨迹设计绘图法

给定条件:靶点坐标,中靶垂深 H_E,矿层倾角 η,遇层角 δ,钻孔顶角弯曲强度 i_θ。

求解参数:开孔位置 O,开孔顶角 θ_0,顶角弯曲增量 θ_1,中靶水平距 S_E,中靶顶角 θ_E,中靶孔深 L_E。

求解步骤(必须用同一种比例尺)如下。

(1)作两平行线 $D'D$、$E'E$,E 为靶点,$D'D$、$E'E$ 之间的距离为 H_E(H_E 按比例截取)。

(2)过靶点 E 作直线 EC,使之与矿层的夹角为 δ,EC 即为钻孔中靶点处之切线。该处的中靶顶角 $\theta_E = \delta + \eta - 90°$。

(3)由 E 点作 EC 之垂线,并截取 $EO_1 = R_1$($R_1 = 57.3/i_\theta$,可算出),以 O_1 为圆心,R_1 为半径,从 E 点起画圆弧与地平线 $D'D$ 交于 O 点,此即为地面开孔位置。

(4)由 O 点作垂线与 $E'E$ 相交于 O' 点,则 $O'O = H_E$,$O'E = S_E$,S_E 可由图上量出。

(5)圆心角 $\angle OO_1E = \theta_1$,可用量角器量出。

(6)按 $L_E = \dfrac{R_1 \theta_1}{57.3}$ 可求出 L_E。

(7)开孔顶角可由 $\theta_0 = \theta_E - \theta_1$ 求出。

鉴于定向钻进轨迹设计的数据量大,且往往是处理三维空间问题(坐标变换应用频繁),所以现在一般都是将相应的计算模型编写到计算机程序中,以基础数学软件平台与所输入的原始参数、控制指令相互结合,快速运行后获得定向钻进轨迹的各种数据和图形结果。

第四节　偏心楔、连续造斜器与斜掌钻头

采用偏心楔、无楔体连续造斜器、斜掌斜喷钻头、螺杆马达、涡轮钻具井底旋转动力机等方法造斜，使钻孔发生弯曲，改变钻进方向，方能够打出定向或分支井眼（钻孔）。本节讨论前3种较为传统或者较为基本的造斜器具，它们在许多条件下仍具有较广泛的适应性。

一、水泥固定式偏心楔

水泥固定式偏心楔的基本原理如图7-14所示，将具有坚硬斜截面的钢柱具作为偏心楔下到井底造斜部位，用水泥浇筑使偏心楔与井壁固牢，然后下入钻头钻进。钻头即顺着偏心楔的斜面在井孔的侧壁上斜钻出弯曲的井眼。显然，对偏心楔斜截面材料的硬度要求很高，它必须大于井壁岩石的硬度。

按设计的方位角入楔定向时，偏心楔上部接有井斜测量仪，二者之间用可于后期强力剪断的销子连接，形成组合单元。先用钻杆将此组合单元下至距井底约0.5m处（保持一定空旷），在地面缓缓旋转钻杆，观测从井底发送上来的斜楔面方位角的变化数据，直到将造斜方向调定在设计值上。接着，不旋转地将组合单元座入井底并加轴压剪断销子，使测量仪与偏心楔分离，然后提出井斜测量仪。最后再向井底灌注水泥浆，候凝固结。固留在井底的则是定好造斜方向的偏心楔。

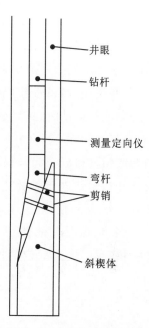

图7-14　水泥固定式偏心楔原理图

二、机械固定式造斜楔

用机械固定取代水泥固结来座牢偏心楔也是具有应用特色的方法。图7-15所示为一种有代表性的固定式造斜楔（JGX型）。它由上部实心楔体和下部紧固装置组成。用接有测量仪的钻杆先将此楔体下到离造斜孔底约0.5m处，定向后再直入到孔底（这一步与上述水泥固定式偏心楔的相同）。然后通过钻杆加压，使造斜楔的上、下涨体同时沿锥体下移，从而涨体被斜向力撑开，借此使造斜楔与孔壁撑挤紧固。接着再继续加压，剪断上部杆体与楔体之间的销钉，钻具即可顺着被固定的斜楔面向下回转钻进（在需要将定向测量仪器取出时，仍要先提出仪器再下入钻具钻进）。钻杆提出时造斜楔固留在孔底。这种方法不用灌注水泥，往往使置固楔体与造斜钻进衔接紧凑，一气呵成。但是，对于松软、

散碎井壁,这种造斜楔的稳固可靠性较低。

三、可取式造斜楔

顾名思义,这类造斜器在每段造斜完成后可以从孔底提取出来。可取式造斜楔的主要器型有压固式可取偏心楔、PK-56/59可取式偏心楔、XAD-75可取式偏心楔、上下卡固的可取式偏心楔等。

图7-16为一种较典型的可取式造斜楔(PK-56/59型),楔体用无缝钢管制作,楔体底部是燕尾滑块式固紧装置。将造斜楔定向下到孔底后,钻杆加压作用使燕尾滑块自动产生径向向外的位移,使造斜楔在造斜钻进时与孔壁紧紧压固。在造斜钻进完成后提钻时,燕尾滑块的径向外推力消失,紧固力自动卸除,燕尾滑块得以向内收缩,造斜楔连同孔底钻具得以一起被提出地面。这样,不仅置固楔体和造斜钻进连贯紧凑,而且可以使一套造斜楔重复多次得到使用,且克服了楔体留在孔底的缺点。当然,该器具的使用可靠性也如机械固定式造斜楔一样,受到一定的地层条件限制,并且只能用小一级的孔径先导斜,待楔子提出孔后再扩孔到原来的直径。

四、连续式造斜器

这种机械式造斜器没有楔体,其造斜反力的支点可以随钻进而不转动地沿钻孔轴线下移。造斜器下入孔内后从造斜钻进开始至造斜钻进结束,能连续进行定向弯曲钻孔,直到钻头磨损需要更换等情况才需提钻。主要器型有LZ型机械式连续造斜器、CK机械式连续造斜器、万向节式无楔造斜器等。

图7-17示意了LZ型连续式造斜器的工作原理。造斜器下到近孔底时先进行定向,然后下到孔底加压,钻压经轴承室、传压弹簧、外壳、上半楔,最终将滑块挤出,滑块滚轮以足够大的侧向力压向孔壁,使定子单元与孔壁支卡,但却能轴向滑移。与此同时,上、下半楔在侧向反力作用下传导给钻头一个对孔壁的侧向造斜

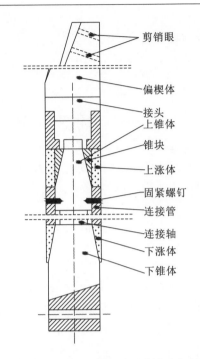

图7-15 机械固定式造斜楔原理图

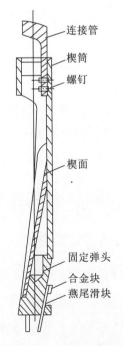

图7-16 可取式造斜楔
工作原理示意图

力。在传压弹簧压缩的同时,下端带有花键的上轴下行,定向固定用的离合器分离,转子与定子脱开。此时钻杆带动转子和钻头回转钻进,而定子不回转地产生造斜力。提钻时钻压卸荷,复位弹簧通过上、下半楔将滑块拉缩回来,离合器又将定子与转子联固回位,造斜器连同其他孔底钻具一起,可以顺利地从井底提到地面。

可见,这种连续式造斜器不需要楔体,所以又称为无楔体连续造斜器。用它造斜后孔身呈平滑曲线状,无"狗腿"急弯。

五、斜掌板斜喷射钻头

将钻头做成斜掌形(图 7-18),接钻杆送置于井底造斜点。然后直接在岩土中不回转地顶进钻具,利用斜掌面压迫岩土所形成的斜向力,可以直接顶出斜弯形钻孔。造斜结束后,取出斜掌面钻头,换为普通回转钻头再继续正常地保

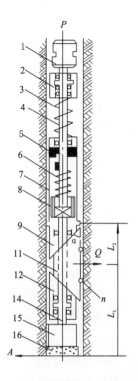

图 7-17 连续式造斜器工作原理示意图

1.接头;2.上轴承室;3.传压弹簧;4.上轴;
5.离合机构;6.复位弹簧;7.外壳;8.花键轴套;
9.上半楔;10.防护管;11.滑块;12.滚轮;
13.下半楔;14.下轴;15.短管;16.钻头

直钻进。为了加强斜向造斜效果,还可在斜掌板钻头上安装斜喷嘴,利用钻井液的斜向水力冲击力来辅助破碎造斜方向上的岩土。这种造斜方法主要用在较松软的岩石、泥土和软煤中,对硬岩则由于无旋转的直顶力较弱而难以挤碎岩石,不能使用。对此,目前已开始尝试辅加潜孔锤震击来顶进脆性硬岩,实现造斜。这种造斜方法的可造斜距离一般较短。

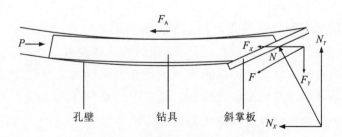

图 7-18 斜掌板斜喷射钻头示意图

P.钻机施加给钻具的水平顶力;F_A.管壁摩擦力;N.岩土体对钻头斜掌板的正压力;N_X.正压力的水平分量;N_Y.正压力的垂向分量;F.岩土体对钻头斜掌板的摩擦力;F_X.摩擦力的水平分量;F_Y.摩擦力的垂向分量

作为弯曲定向钻进必须掌握的重要参数,斜掌板钻头的造斜强度定义为:每顶进一定长度时,斜掌板钻具在造斜方向上的角度改变量,用 B 表示,单位:°/m。根据力学推导,该造斜强度可由下式计算:

$$B = \frac{7.2 \times 10^6 \sin\theta}{\pi} \times \sqrt{\frac{A\sigma(\cot\theta - f)}{\pi E(D^4 - d^4)}} \qquad (7-8)$$

式中:E——钻杆弹性模量,MPa;

D——钻杆外径,mm;

d——钻杆内径,mm;

A——斜掌面积,cm^2;

θ——斜焊角,(°);

σ——岩土的压入硬度,MPa;

f——摩擦系数。

分析式(7-8)中对造斜强度的影响因素,可以得出如下结论。

(1)岩土的压入硬度和摩擦系数是地层的客观存在,地层越硬,造斜强度就越大。而在较软的煤层中欲获得较明显的造斜弯曲强度,则须对钻具结构尺寸和钻进参数作出人为调整,例如增大斜掌面面积。

(2)钻杆的弹性模量即刚度越大造斜强度就越小,而钻杆的刚度又取决于钻杆的材质和截面尺寸,所以细钻杆比粗钻杆易于快速造斜。

(3)改变斜掌板面积是调整造斜强度的最有效的主观因素。对于较软煤层,一般采取适当加大斜掌板面积来提高造斜强度。

(4)斜掌板的斜焊角有一个最佳取值区间,一般控制在 $18°\sim 28°$ 之间。其值小,造斜强度低;其值过高则会形成摩擦自锁而无法顶进。

此外,加大顶进速度也可以提高造斜强度,这是由扁盘状物体的动力学特点所决定的,类似于"打水漂"的原理。同时,增加斜喷嘴的水射流能量也是提高造斜给进速度的重要因素。

以上所述都是在井底(孔底)直接进行造斜。而有些情况下(比如远离孔底回退至上部造斜点),则要求在不到底的井眼中途位置造斜,于是便需要做出"空中架桥"即悬空座封。悬空座封一般是由塞具挤涨井壁来实现。简易的塞具可用稍具弹性变形的竹木扎捆,直径达到与井壁紧配合为宜,长度约数米,用钻杆推挤至井筒中的空中造斜点。然后在其上部灌注一定量的水泥浆。因这种塞具的止渗力和楔塞力足够,水泥浆是不会透过塞具渗漏和压脱塞具的。最终候凝固结即形成坚固的人工"悬空井底"。高级但较复杂的塞具可采用多种类型的机械和液压座封器具。

第五节　螺杆与涡轮钻具造斜

一、井底旋转动力机造斜机理

螺杆马达和涡轮钻具是两类现代化的造斜钻具,很大程度上可以省却下偏心楔而直接随钻造斜。它们同属于井底旋转动力机,同样使用钻井液作为驱动介质。二者主要不同点在于:一个利用钻井液的液压力驱动螺杆马达副的转子转动(容积式),另一个利用钻井液的液流力冲击斜叶片组而驱动多联涡轮转子转动(冲击式)。螺杆马达和涡轮钻具的直轴转动产生机理详见第四章第六节的介绍。这里重点分析它们共性的造斜机理。

为了能够随钻造斜,在螺杆马达或涡轮钻具的定子外壳体上端或下端固联一个弯曲短节,安装在上端的称为弯接头,安装在下端的称为弯外管。弯外管与弯接头相比的特殊点在于,其转子输出轴需要通过弯外管中的万向联轴器连接下部钻头,如图 7-19 所示。造斜时,固联为一串体的钻杆柱、定子和弯外管不转动,只承受由钻机施加传递的轴向力而向前推进,仅由转子带动下部钻头回转来破碎岩石。由于弯管的存在,使其下部钻具的中轴线相对于其上部钻具的中轴线相交成一弯角,从而迫使钻头偏斜于原钻孔轴线而造斜钻进。图中的各轴承是用来保障转动部件能相对于非转动部件自如地同轴转动。弯外管在此有一个客观存在的特殊问题,就是需要通过弯轴线来传递转子的自转,采用万向联轴技术可以有效解决之。而弯接头安装在螺杆或涡轮的上端,因此无需万向联轴器。

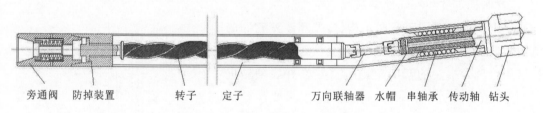

图 7-19　井底旋转动力机造斜原理

二、旋转造斜用弯短节及配套机构

井底旋转动力机造斜须要选配一定的弯曲短节,如弯接头、弯外管、弯钻杆、偏心块等。弯短节的弯曲程度即其自身上、下轴线的交角是决定造斜强度的关键参数。这个弯曲角度越大,造斜强度就越高。但弯曲角的取值要考虑多项因素,不仅造斜效率,还有钻具尺寸、钻头嵌入能力、钻柱允许弯曲极限、造斜自锁角、井径限制等。根据工程使用经验和理论分析计算,以 ϕ60mm 孔径中的 YL-54 型螺杆钻为例,弯接头的弯曲角目前设计在 $0.5°\sim1.5°$,对应的造斜强度是 $(0.10\sim0.20)°/m$;弯外管的弯曲角一般控制在 $0°45'\sim$

1°30′,对应的造斜强度为(0.15～1.10)°/m。

相比较而言,弯接头的使用优点是简单方便、通用性强,其缺点是距钻头较远因而只能构成较小的造斜角度即造斜强度低;弯外管的优点是靠近钻头从而定向稳定,造斜强度较大,其缺点是必须采用万向联轴器而使得工作结构复杂。

万向联轴器是弯外管式旋转动力造斜器的一个关键部件。转轴在弯外管中旋转,必须要有这样一种能在轴线弯曲条件下传递转动扭矩的机构。万向联轴器的上端与动力机转子连接,下端与驱动轴连接。其结构主要有十字轴型、花瓣型、鼓形齿内花键型等。

驱动轴位于旋转动力机的最下部,作用是将扭矩传递给钻头,同时承受钻压。考虑耐磨损、抗冲击、适高温、强密封等钻井特有的工况要求,驱动轴的润滑轴承结构型式主要有:推力轴承加径向橡胶、滚珠推力轴承加硬质合金径向轴承、金刚石轴承加硬合金径向轴承、密封轴承等。

具有致斜作用的井底旋转动力机的辅配工具还有弯钻杆和偏心块。弯钻杆与弯接头的使用原理相近似,只是长度要比弯接头大些,在造斜强度和精度要求不高的场合下可以简便采用。偏心块是一种单偏方向的孔壁触压器,位于钻头上方而与旋转动力机下端相连,使用一定刚性的弹簧以提供给钻头合适的侧向力,所产生的造斜强度一般为(0.15～0.20)°/m。

苏联外贝加尔科研所还研制了一种配合于螺杆钻的组合式造斜工具 ОД-76 型偏斜器,用于 Ⅵ—Ⅹ 级岩层中钻进 $\phi 76mm$ 的定向勘探孔。该造斜工具的上部是与孔壁相互作用的伸缩式机构(楔形滑块滚轮支撑机构),起造斜稳定作用,中部是转子和定子副组成的螺杆马达,下部是可调节倾斜角度的弯接头状的偏斜装置。组合式造斜工具的造斜强度大,弯曲稳定性和准确性均较高。

以上所列均为固定弯曲角构件,要想改变它们的弯曲角,不得不提出钻具进行拆装更换。而新颖的遥控液压可调弯接头的弯曲角则可直接在井底随钻进行调整,如图 7-20 所示。在钻进中,如果要改变钻具偏角进行造斜钻进,只需从孔口投入预先选择好的不同直径的探针即可。探针投入后,可调弯曲接头活塞上部腔体内的局部压力随即增高(活塞与下部形成压力差),迫使活塞下行,活塞使凸轮向右偏转,进而推动偏斜块,偏斜块转动万向节,于是下部接头偏斜一定角度,从而带动孔底动力钻具,实现人工弯曲。当携出探针后,接头内压力差消失,活塞在弹簧力的作用下上行,可调弯曲接头立即恢复到原始状态。

不同直径的探针可形成不同的压力差,压力差越大,钻具的偏转角也越大。遥控可调弯接头目前的最

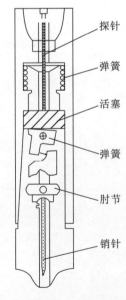

图 7-20 液压可调弯接头原理

大偏转角为 2°。因此，投入不同直径的探头能有效地控制钻具实现从 0°～2°的角度变化。探针可用钢丝绳打捞器随时提出钻孔进行必要的更换。投入最大探针所产生的泥浆压力损失也不太大，在用流量为 1900L/min 清水钻进时，约为 1.2MPa。

用遥控可调弯曲接头进行定向钻进，不必提钻重新组合钻具就能完成从直井变为造斜的钻进，减少起下钻回次，有利于提高生产效率，也减小了复杂地层中发生孔内事故的概率。

三、弯曲面向角与定向测量单元

弯曲面向角 φ 是指弯钻具弯曲平面的法线绕钻孔轴线偏转的角，以其呈水平线时为零度角。它与钻孔顶角联立反映钻孔轨迹弯曲平面的倾斜程度，是调定造斜方向的最重要的参数之一。造斜轨迹总是落在由弯工具上轴线和下轴线所构成的弯曲平面上。转动钻柱，这个轨迹平面也跟着发生偏转。因此可以通过转动钻柱来调定弯曲面向角，从而调定井底轨迹弯曲平面的倾向，使造斜按照人们预设的方向行进。钻孔方向在其轨迹弯曲平面上的变化程度由弯曲强度所决定，轨迹的方位又由钻孔当前方位角所决定。所以，联立工具面向角、弯曲强度和钻孔方位角，就可获得定向钻进造斜的三维绝对轨迹。

一种用于井底动力机造斜的测量定向单元，其内安装有倾斜角和方位角测量传感器。方位角传感器采用不受磁干扰型的。顶角和钻具面角的测量由 2 个重力加速度计 A 和 B 正交组合安装实现（图 7-21）。其中，A 面就是钻孔轴线的法平面，重力加速度计 A 直接测出钻孔顶角 θ_A，再与重力加速度计 B 所测得的斜角 θ_B 相结合进行空间几何推导，则可以进一步求得造斜平面相对于铅锤面绕钻孔轴线所改变的角度 β，即钻具面向角式(7-9)。借此式，通过转动钻杆来测调 θ_B，就可以获得预设的造斜方向。

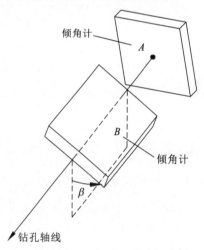

图 7-21 顶角与弯曲面向角

$$\beta = \arccos \frac{\cos\theta_B}{\sin\theta_A} \qquad (7-9)$$

式中：θ_A——钻孔顶角（重力加速度计 A 的测值），(°)；

θ_B——斜角（重力加速度计 B 的测值），(°)；

β——钻具面向角，(°)。

定向测量单元可以固定连接在井底螺杆钻具上端，随回转钻进进行实时测量，并通过钻杆内电缆、泥浆脉冲波（MWD）或电磁波将各角度信号实时连续地发送到地面。

鉴于测量单元在井底复杂工况下的安全可靠性，以及一些小直径钻具的随钻尺寸限制，也可以在回转钻进之前先下入测量单元，如绳索取心钻进是从钻杆中用电缆下入，测量调定好造斜角度后提出测量单元,然后再回转造斜钻进。这种非随钻的测量定向方法又有入键法和高帮找准法。

四、钻杆反扭转角补偿计算

螺杆马达造斜钻进时形成反扭矩,使其上部钻杆柱产生扭转变形,客观上就存在着一个反扭转角 φ_n。反扭角总是使实际弯曲面向角小于理论设计面向角 φ。为此,真正的井底弯曲安装角 φ' 需通过下式补偿计算得到:

$$\varphi' = \varphi + \varphi_n \tag{7-10}$$

反扭角的大小主要决定于钻头碎岩所产生的扭矩、钻杆材质的力学性质、钻杆截面尺寸和长度,也受钻杆与井壁间摩擦力影响。可以通过力学分析建立反扭角理论计算模型,主要运用弹性力学的杆件扭转变形公式求解;也可利用积累的经验数据形成反扭角参考表(表7-1),以供对照取值。

表7-1 YL型螺杆钻具实用中测定的钻杆反扭角度值

钻具规格	井深(m)					说明
	100	200	300	400	500	
YL-54	6°~8°	10°~12°	12°~14°	14°~18°		$\phi53$ 或 $\phi55$ 绳索钻杆
YL-65	8°~10°	10°~14°	14°~18°	18°~20°	20°~24°	$\phi55$ 或 $\phi73$ 绳索钻杆

五、井底动力造斜钻进配套工艺

(1)对始于井底的弯曲轨迹,直接下入螺杆钻具到井底进行造斜钻进。而在已有井眼中部(非井底)的分支造斜(煤层气多分支井常用),则依造斜点至井底的距离,较近的采用井底灌注水泥固封至造斜点;较远的采用架水泥桥塞或机械座封形成中途造斜的承座。

(2)中途造斜分支点将处在主井眼与分支井眼的交错部位,形成"夹壁墙"的应力集中,容易在后续的钻、采工程中发生坍塌破坏。因此,经常在定向造斜之前先对各造斜分支点进行局部灌浆固结。

(3)视螺杆钻具结构尺寸和地层条件(如岩石的软硬),采用 1°~2° 的弯接头或弯外管,造斜强度控制在 (0.2~1.0)°/m,以防止过大的造斜强度导致断钻杆的事故。每段造斜钻进的进尺,采用弯接头时控制在 2~10m;采用弯外管时控制在 1.8~2.0m。

(4)造斜钻头根据岩石可钻性选择,Ⅴ级以下的岩石可用硬质合金或复合片钻头;Ⅵ级以上的岩石则用金刚石钻头。钻头结构多采用三翼矛式型,有利于稳定造斜方向。造斜钻头一般应选用新钻头。

(5)定向造斜时的钻进参数必须严谨地把握。例如,LY-65螺杆钻的钻压一般控制在 5kN 左右，LY-54 螺杆钻的钻压一般控制在 3kN 左右。转速主要以驱动螺杆马达具备足够碎岩力的泵量而决定。钻进速度一般控制在 0.5~0.8m/h 之间，过高或过低都会对造斜定向的准确性带来不利影响。

(6)造斜钻进时不可随意上下提动钻具，倒杆时应停泵；钻进中注意观察冲洗到地面的岩粉变化情况和泥浆泵泵压是否增大等情况。保持井底干净，不发生淤阻，也是保障准确、高效造斜的重要技术因素。

(7)用 LY-54 和 LY-65 螺杆马达造斜钻进 4~8m 应测斜一次，以便及时发现可能的偏误，及时纠正。对于更大口径的定向钻进，可适当增加每测一次的造斜长度。要用测、纠的数据及时计算钻孔实际轨迹。

(8)造斜轨迹形成后应继续钻进 2~3m，以构成与后续保直段钻进的过渡衔接。造斜结束后要对其产生的不顺滑井壁进行修井，以避免起下钻具困难、钻具回转阻力增加、测斜仪下放遇阻等隐患。修磨井壁可采用锥形硬质合金钻头和锥形金刚石钻头。修孔钻速要放慢，往往需重复多次，直到无异常阻力为止。

第八章　护壁堵漏与固井

第一节　水泥浆材特性及应用

一、钻井水泥应用范围

水泥是一种广泛使用的可凝固材料，与水混合后，开始能够流动，后期能够硬化并能把砂、石等颗粒状材料牢固地胶结在一起。由于水泥具有货源广、成本低、无毒、使用方便、利于井内灌注等优点，早在20世纪40年代钻井工程中就已经开始使用。对于煤与煤层气钻井工程，水泥灌浆是不可缺少的配套工艺，其主要用途体现在以下几个方面。

(1)护壁堵漏：在破碎、漏失的复杂地层中，将水泥浆注入钻孔井眼内，使其适量进入裂隙、孔隙、和散体层段。待水泥胶结、凝固后，可以有效防止井眼坍塌并封堵漏层。

(2)固井：向井眼和套管之间的环空中注入水泥浆，目的在于封隔地层、加固套管，以保证继续安全钻进、试气、压裂和排采。水泥是固井作业的主体浆材。

(3)封孔：许多钻孔结束后需要将钻孔井眼填封住。特别是煤田矿山钻探，封孔对于避免以后开采掘进的巷道透水事故是绝对必需的。水泥则是一种是可靠且高效的封孔材料。

(4)其他辅助用途：水泥浆材在煤与煤层气钻进工程中还有快速止水、应急防止井喷、加固井场基础等多项辅助功用。

综合上述专业用途，钻井水泥的应用特性应表现为如图8-1所示的过程曲线。前期，水泥浆具有较好的

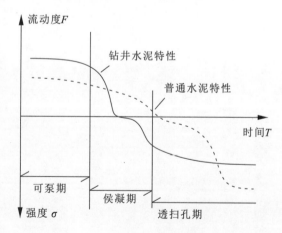

图8-1　钻井水泥特性曲线示意图

流动性（以流动度F来反映），可以满足泵送和在孔、裂隙中渗流的需要。接着，流动性逐渐变弱且泵送趋于困难。以一个流动度的临界值作为可泵期的安全下限，水泥浆的灌注

作业必须在可泵期内完成。继而,水泥进入凝结期,呈塑性状态但还无强度,以初凝时间 t_1 和终凝时间 t_2 作为这个阶段的始、末,凝结时间测试仪见图 8-2（维卡仪）。后期,水泥固结硬化,当强度增长达到护壁堵漏所需值时,就可以下入钻具透扫水泥塞。钻井工程对水泥的晚期强度要求不高,但希望其速凝、早强以缩短停候工期。

二、水泥的种类和级标

水泥种类很多,有常规水泥和特种水泥之分。我国常规的水泥按矿物组成分为硅酸盐水泥、铝酸盐水泥、硫铝酸盐水泥、氟铝酸盐水泥、磷酸盐水泥 5 类,在钻探工程中也可根据不同要求和不同目的选择之,配以外加剂而直接应用。常用的基础性硅酸盐水泥是用石灰石、粘土、矿渣、铁粉磨细,经煅烧后再加石膏磨细而成,是发展其他水泥类型的基础。

图 8-2 水泥凝结时间测试仪（维卡仪）

水泥按标准条件下养护 28d 的抗压强度值来划分等级,进行标号。例如 425 号水泥,就是其 28d 标准抗压强度达到 42.5MPa。

水泥可根据用途分为普通水泥、油井水泥、地质勘探水泥、大坝水泥;按成分分为矿渣水泥、火山灰水泥、粉煤灰水泥、无熟料水泥及聚合物水泥;按特性分为膨胀水泥、低热水泥、快硬早强水泥、低密度水泥及加重水泥、抗硫酸盐水泥、耐火水泥等。

三、水泥反应机理

硅酸盐水泥的主要熟料矿物是硅酸三钙、硅酸二钙、铝酸三钙和铁铝酸四钙。这些熟料矿物的含量及其特性决定了硅酸盐水泥的性质（表 8-1）。

表 8-1 硅酸盐水泥熟料矿物组成

矿物名称,代号	含量(%)	水化速度	水化放热	放热速率	强度	作用
硅酸三钙,C_3S	37~60	快	大	大	高	决定水泥标号
硅酸二钙,C_2S	15~37	慢	小	小	早期低后期高	决定后期强度
铝酸三钙,C_3A	7~15	最快	最大	最大	低	决定凝结快慢
铁铝酸四钙,C_4AF	10~18	较快	中	中	较高	决定抗拉强度

由表 8-1 可知,改变各熟料矿物的相对含量,可获得不同凝结时间和不同凝固强度的水泥。如提高 C_3S 含量,可制得高强度水泥;若提高 C_3S 和 C_3A 的总含量,则可制得快

硬早强水泥；降低 C_3A 和 C_3S 的含量，提高 C_2S 含量，则可得到低水化热的防裂水泥。

水泥与一定量的水拌和后，成为不断发生水化反应的趋塑性浆体，而后逐渐稠化失去可塑性形成凝胶体，这一过程称为水泥的"凝结"。此后，伴随着继续水化，水泥体放热结晶，强度形成并逐渐增长而变为水泥石，这一过程称为水泥的"硬化"。

(1) 硅酸盐水泥的水化是各种熟料矿物以不同的速度与水反应，生成具有不同组成和结晶程度的水化产物，因此水化过程非常复杂。例如，其中较快生成水化硅酸钙和氢氧化钙的反应如下：

$$2(3CaO \cdot SiO_2) + 6H_2O = 3CaO \cdot 2SiO_2 \cdot 3H_2O + 3Ca(OH)_2 \qquad (8-1)$$

同时较慢生成水化硅酸钙及氢氧化钙，快速生成水化铝酸三钙，进一步生成水化铝酸四钙，较快生成水化铝酸钙和水化铁酸钙，生成难溶的三硫型水化硫铝酸钙（称钙矾石）结晶等。

水泥水化的生成物，以水化硅酸钙为主，约占50%以上，其次为氢氧化钙，约占20%，其余为水化硫铝酸钙（约占7%）和未水化的熟料矿物残余（约3%）。

(2) 硅酸盐水泥的凝结硬化，是因为水泥与水拌合后在发生水化反应的同时，形成凝聚结构网和晶体结构网两种内聚结构的复杂的凝结硬化的物理化学变化。水泥凝结硬化过程经历：① 水泥颗粒分散在水中；② 水泥颗粒表面水化并形成凝胶膜；③ 凝胶膜破裂，内层继续水化，同时胶膜扩大，出现结晶网状结构；④ 水泥颗粒内层继续水化，凝胶体布满整个空间，结晶网增多加密具有强度，强度逐渐增大。

(3) 影响水泥凝结硬化的因素可分为两类：水泥生产过程中控制的因素，包括水泥熟料矿物的成分和含量、熟料矿物的磨细度、石膏的掺入量、混合材料的性质及掺量等；水泥应用方面的影响因素，包括拌合水灰比、水的性质、外界温度、外加剂的种类和加量等。

a. 拌合用水量（即水灰比）。用水重量与水泥重量之比（即水灰比）对水泥的凝结硬化有很大影响。如图8-3和图8-4所示，随着水灰比的增大，水泥浆凝固时间增长，而抗压强度与水灰比的关系则有一个最佳水灰比，此时抗压强度最高。钻孔灌浆的水灰比一般在0.4～0.5之间为宜。

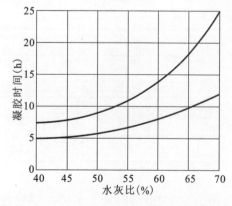

图 8-3　凝结时间与水灰比的关系

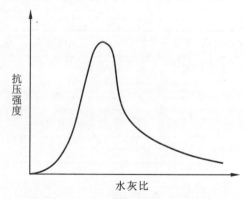

图 8-4　抗压强度与水灰比的关系

b. 水的化学性质。拌和水中含有碱金属和碱土金属的氧化物、硫化物、碳酸盐、硝酸盐等,都将对水泥产生不良的侵蚀性。其次,如糖类、脂肪类等也对水泥有腐蚀作用。

c. 环境温度。温度高可加速水泥的水化、凝结和硬化,缩短候凝时间。相反,温度降低则凝结时间延长,强度增长也减慢。温度在冰点以下,水泥硬化终止,即水泥不硬化。

d. 加入外加剂。不同的外加剂如速凝剂、缓凝剂、早强剂、减水剂等的加入,可以调节水泥浆的凝结时间、流动性和强度等。应根据不同工程的需要合理选用不同的外加剂。

四、钻探与钻井的特性水泥

1. 硫铝酸盐地勘水泥

以无水硫铝酸钙为主要熟料矿物的硫铝酸盐水泥,其特性是凝结快,早期强度高,且具有微膨胀性,称为快硬早强水泥或超早强水泥,能较好地满足钻孔护壁堵漏要求。

硫铝酸盐水泥熟料的主要矿物成分为无水硫铝酸钙$(C_3A_3\overline{CS})51\%\sim64\%$、$\beta$型硅酸二钙$(\beta C_2S)24\%\sim36\%$和无水石膏$CaSO_4(\overline{CS})$少量,遇水后的正常水化反应为

$$3CaO \cdot 3Al_2O_3 \cdot CaSO_4 + 2(CaSO_4 \cdot 2H_2O) + 33H_2O \longrightarrow 3CaO \cdot Al_2O_3 \cdot 3CaSO_4 \cdot 31H_2O + 2(Al_2O_3 \cdot 3H_2O) \tag{8-2}$$

$$2(2CaO \cdot SiO_2) + 4H_2O \longrightarrow 3CaO \cdot 2SiO_2 \cdot 3H_2O + Ca(OH)_2 \tag{8-3}$$

$$Al_2O_3 \cdot 3H_2O + 3(CaSO_4 \cdot 2H_2O) + 3Ca(OH)_2 + 19H_2O \longrightarrow 3CaO \cdot Al_2O_3 \cdot 3CaSO_4 \cdot 31H_2O \tag{8-4}$$

硫铝酸盐水泥的主要水化产物为钙矾石,在水化初期便以针状结晶析出,形成一个彼此相互交错的水化硫铝酸钙结晶骨架,提高了水泥石的早期结构强度。同时,生成的水化硅酸钙和铝胶充填于钙矾石结晶骨架的孔隙中,构成了致密的早期水泥石结构。

目前用于地质勘探护壁堵漏的硫铝酸盐水泥有两种型号:H型凝结较慢,后期强度较高;R型则凝结较快,后期强度稍低一些。H型和R型硫铝酸盐水泥的凝结及强度特性如表8-2所示(水灰比0.5,温度20℃)。可见,H型水泥8h的强度即可达到扫孔开钻所需的强度,R型水泥4h便可达到扫孔开钻所需强度,故可大大缩短灌注水泥浆后的候凝时间。

表8-2 净浆凝结时间与强度

型号	初凝时间(min)	终凝时间(min)	抗压强度(MPa)				抗折强度(MPa)			
	不早于	初凝后不迟于	4h	8h	1d	28d	4h	8h	1d	28d
H	30	30	—	31.4	44.1	56.4	—	3.43	4.41	6.67
R	15	10	11.8	22.6	46.6	46.6	1.77	3.14	3.92	6.18

2. 油井水泥

专门用于油气井固井的水泥称为油井水泥。其分类和品种繁多，国外主要有 ASTM（美国材料试验学会）和 API（美国石油学会）标准。我国国家标准亦按上述分为 9 个级别，并分为普通型(O)、中抗硫酸盐型(MSR)和高抗硫酸盐型(HSR)3 类，同时根据井深不同还保留温度系列的标准，分 45℃、75℃、95℃和 120℃ 4 种油井水泥。

由于石油天然气钻井的井深大，井内压力大，温度高，而且一次注入水泥的量大，注浆时间长，因此要求水泥浆有较好的流动性，保证足够的可泵期，耐高温，耐腐蚀等。其化学成分和矿物组成严格。研究表明，温度高于 110℃后，水泥的强度有明显的降低，其次是水泥的抗腐蚀性能降低。在水泥熟料中加入 SiO_2 粉，可使强度有所提高。SiO_2 粉的掺入量为 20%～25%。对于温度在 200℃以上、井深在 6000m 以上的深井或地热井也可采用无熟料水泥，如矿渣砂质水泥、石灰砂质水泥、赤泥砂质水泥、石灰火山灰水泥等。这类水泥在高温、高压条件下可以形成以低碱性水化硅酸钙为主要组成的水泥石。

3. 低密度水泥

在煤系地层中钻进，常遇到严重的漏失层、低压气层等。为了防止水泥浆流失和压漏地层等问题，需采用低密度水泥。降低水泥浆密度通常有以下 3 种方法。

(1)在水泥中加入高保水材料，增大水灰比，如加膨土、硅藻土、膨胀珍珠岩和低密度材料如粉煤灰、火山灰、硬沥青等代替水泥。它们具有成本低、使用方便、材料来源广等特点。但是，在低温下强度过低，高温下强度退化严重，密度只能降至 $1.4g/cm^3$ 左右。

(2)用空心玻璃微珠、空心陶瓷球、空心脲醛树脂微泡等作低密度材料掺入水泥中。空心玻璃微珠是将熔融的玻璃通过特殊喷头喷制，粒径 20～200μm，壁厚 0.2～0.4μm，密度 0.4～0.6g/cm^3，可以配得密度 1.0～1.2g/cm^3 的水泥浆。

(3)用充气泡沫，可将水泥浆密度降至 0.42～1.68g/cm^3，并在该范围内任意变化调节，这是最大的优点。常用的配比为：水灰比 0.5～0.6 的水泥原浆加水泥重量 0.5%～1%的发泡剂。

五、水泥外加剂

水泥外加剂是改善和调节某些水泥性能的有效途径。其特点为用量小、使用简便、成本低、技术经济效益高。水泥中一般都需加入外加剂。这是因为钻孔护壁堵漏的特点而对水泥提出的要求，因为任何一种基础水泥一般均难以全面满足钻井应用要求。

1. 减水剂

减水剂或减阻剂是一种能减少水泥拌和用水量(降低水灰比)、提高水泥浆流动性、改善水泥石的密实性(增加强度)的水泥外加剂。

常用的水泥减水剂按其化学成分不同可分为：木质素磺酸盐类，如木钙粉 M 型；芳香烷基磺酸盐类，如 NNO、FDN；水溶性树脂磺酸盐类，如密胺树脂 DL；糖蜜类，如己糖二酸钙;腐植酸类,如腐植酸钠等。其中以木质素磺酸盐类、芳香烷基磺酸盐类和腐植酸类应用较多。减水剂按其对凝结时间的影响,可分为促凝型、标准型和缓凝型3类。

当减水剂加入水泥浆中后,水泥微粒表面吸附减水剂,拆散了原来包围游离水的凝聚结构,使水泥微粒分散在水中。产生分散的原因为吸附溶剂化膜厚度增大、水泥微粒分子间的距离增大、水泥微粒分子间的分子引力减小、水泥微粒间的电斥力增大,从而改善了水泥浆的流动性,起到减少拌和水的效果。常用的水泥减水剂推荐加量一般在0.2%~1.5%之间。

2. 早强剂

加速水泥硬化过程、提高水泥早期强度的外加剂叫水泥早强剂,它可分为三大类。

(1)无机化合物类:①氯盐,如 $NaCl$、$CaCl_2$ 等;②硫酸盐,如 $CaSO_4$、$Al_2(SO_4)_3 \cdot 18H_2O$ 等;③硝酸盐,如 $NaNO_2$、$Ca(NO_3)_2 \cdot 4H_2O$ 等;④碳酸盐,如 Na_2CO_3、K_2CO_3 等。其他还有 $K_2Cr_2O_7$、NaF、$NaS_2O_3 \cdot 5H_2O$ 等。

(2)有机化合物类,目前使用较多的有三乙醇胺[$N(C_2H_4OH)_3$]、三异丙醇胺[$N(C_3H_6OH)_3$]和甲酸钙[$Ca(HCOO)_2$]等。

(3)复合类:是有机化合物和无机化合物的复合,如三乙醇胺+氯化物、二乙丙醇胺+氯化钠、乙醇胺+二水石膏+亚硝酸钠等。

早强剂的机理首先是无机盐电解质的阳离子聚结作用,特别是高价阳离子的凝聚能力强,促使水泥凝结时间缩短,而低价阳离子浓度高时,也有促凝效果。其次是按溶度积规则原理,加入早强剂提高了低溶度物的浓度,较早达到过饱和,提前结晶。以 $CaCl_2$ 为例说明之:①$CaCl_2$ 与水泥熟料矿物 C_3A 生成不溶性复盐水化氯铝酸钙 $C_3A \cdot CaCl_2 \cdot 10H_2O$ 和 $C_3A \cdot 3CaCl_2 \cdot 3H_2O$,早期形成长纤维状结晶,并相互交叉结合,促使早期强度增加;②水泥熟料中加入 $CaCl_2$ 后,提高了水泥水化中 $Ca(OH)_2$ 的浓度[$CaCl_2 = Ca^{2+} + 2Cl^-$,$Ca^{2+} + 2OH^- = Ca(OH)_2$],加速了水泥的水化速度,致使水泥速凝和早期强度增加;③$CaCl_2$ 能加速 C_3A 与石膏的反应,在水化初期就生成低硫型硫铝酸钙 $C_3A \cdot CaSO_4 \cdot 12H_2O$ 和 $C_3A \cdot Ca(OH)_2 \cdot 12H_2O$ 固溶体,使早期水化物增多,水泥早期强度提高;④加入 $CaCl_2$ 后,增加了化学结合水,相应减少了自由水,这不仅有利于提高早期强度,而且还提高了水泥的密实度和不透水性。

3. 速凝剂

水泥速凝剂可以缩短水泥的凝固时间。常用的速凝剂有水玻璃、氯化钠、碳酸盐、磷酸盐、硫酸盐、铝酸盐、低分子有机酸盐等,复合型速凝剂有"711"等。促凝基本机理:通过压缩析出水化物表面的扩散双电层,使它在水泥颗粒间形成有高渗透性的网络结构,有利于水的渗入和水化反应的进行而起促凝作用。

水玻璃在水泥中的加量为2%~3%时起速凝作用,当加量少于2%时,则起缓凝作用。水玻璃速凝的原理是水玻璃与水泥水化时生成的 $Ca(OH)_2$ 发生强烈反应,生成大量的硅酸钙和二氧化硅胶体,从而使水泥迅速凝结。

氯化钠+三乙醇胺复合速凝早强剂的作用原理是:氯化钠主要起速凝作用,三乙醇胺主要起早强作用。因为三乙醇胺是表面活性剂,吸附在水泥颗粒表面,降低了其表面张力,加速了水泥的润湿水化分散,加快了水泥的水化反应,此外,三乙醇胺分子量小,在水泥颗粒表面形成薄的亲水膜,促使水泥分散,使单位体积中的颗粒数增加,故起速凝早强作用。

4. 缓凝剂

能延缓水泥凝结时间的外加剂叫水泥缓凝剂。按化学成分可分为无机化合物和有机化合物。其缓凝机理包括:①吸附机理:缓凝剂吸附在水泥颗粒表面,阻碍与水接触。也可吸附在饱和析出的水泥水化物表面,影响其在固化阶段和硬化阶段形成网络结构的速率。②螯合机理:缓凝剂可与 Ca^{2+} 通过螯合形成稳定的五元环和六元环结构而影响水泥水化物饱和析出的速率。

无机化合物缓凝剂有硫酸铁 $Fe_2(SO_4)_3$、氯化锌 $ZnCl_2$、硼酸 H_3BO_3、磷酸盐等。

有机化合物缓凝剂有纸浆废液、酒石酸、柠檬酸、丹宁酸、糖蜜、纤维素等。

5. 降失水剂

水泥浆滤液进入地层,其后果一是使水泥浆失水,流动性变差,严重者可使施工失败,二是滤液进入储层形成不同程度的伤害。为达到降失水目的,基于以下两方面机理入手解决。

(1)当水泥浆液相向地层滤失时,水泥滤饼在井壁表面形成。降失水剂的作用是改善滤饼结构使之形成致密、渗透率低的滤饼从而降低失水。

(2)聚合物类降失水剂,可增大水泥浆滤液粘度,增加向地层滤失的阻力,从而降低水泥浆失水。

目前常用降失水剂主要有微粒材料和水溶性聚合物两大类,微粒材料包括膨润土、微硅、沥青、热塑性树脂以及胶乳等;水溶性聚合物降失水剂包括天然改性高分子材料、羟乙基田菁、羟乙基合成龙胶、改性纤维素、改性淀粉等以及合成水溶性聚合物等。

六、水泥灌注工艺

水泥的灌注工艺也是护壁堵漏成功的关键。应摸清复杂地层情况,针对现场钻井环境条件做好水泥性能实验,设计合理的灌注工艺。在浆材备料、机具配套、井深与水位测定、扫孔清井以及井内架桥等到位的前提下,实施水泥灌注。水泥护壁堵漏常用的灌注工艺如下。

1. 泵注法

泵注法是使用最广泛的一种水泥灌注方法,用泥浆泵通过钻杆泵注水泥浆至井内坍塌漏失层位。此方法连续灌浆量可以很大,不受井深和井斜的限制。但对水泥浆的流动性和安全凝结时间的控制要求较高。水泵灌注水泥浆时的技术要点如下。

(1)尽量钻过复杂层至少 2~3m,进行一次性灌浆。如果复杂层较厚,也可分段灌注。

(2)当护壁堵漏的层段不在井底时,可以进行井中塞楔或封隔器架桥。

(3)灌注前应尽可能开泵短时间冲洗井壁,清掉泥皮,使水泥浆适度透入井壁。

(4)水灰比与外加剂的量及添加顺序须以理论推荐为参考,并结合地层和工艺条件进行现场实验调整,保证可泵期的流动度达到 15cm 且速凝早强,固结质量满足护壁堵漏需求。

(5)水泥浆体积量 $V(\mathrm{m}^3)$ 的计算主要考虑施灌段的长度、孔径、漏失量等因素。以灌注后提出钻杆时,水泥浆面应超过漏垮层顶部约 10m 为准。要准确把握水泥浆泵达途经时间。

(6)确定驱压井中水泥浆到位所需的替水量(图 8-5),计算公式为

$$Q = (H - h_0 - h)q + Q_1 \quad (8-5)$$

式中:Q——替水量,L;

H——地面以下灌浆管长度,m;

h_0——井内静水位距孔口距离,m;

h——灌浆段总长度,m;

Q_1——地面管线容积,L;

q——每米灌浆管容积,L/m。

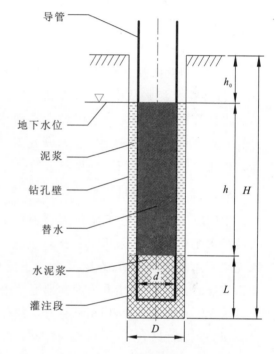

图 8-5 水泥灌注示意图

(7)灌注管底端要下到离井底 0.5~1m;全部浆量一次性灌完以防水泥浆变性;灌毕缓慢提出钻杆并回灌清水以防抽吸破坏浆体;钻杆提出后立即清洗以免损毁;候凝阶段定时探测水泥面强度,及时掌握可透孔时间。

(8)在孔、裂隙较小时,为保证水泥浆在封堵段有一定的渗入深度,可采用井内封隔器或井口封闭装置进行憋压灌注,使水泥浆有效挤入预定地层。

(9)若地层空隙很大(如大型裂隙或溶洞),则应先根据空隙大小投入一定尺寸的充填物,如炉渣、碎砖、卵砾石、棉籽壳等,用粗径钻具开泵上下扫挤,使充填物充分填入井壁四周的空隙中,以减少水泥浆的漏失,提高护壁堵漏的成功率。

布袋水泥法(图 8-6)是一种防止水泥浆在大空隙中流失的有效方法。在花管外用低强度线绳扎拢布袋,花管以反丝连接钻杆。下入井底后即泵入水泥浆,利用浆压撑开布袋,同时又限制了水泥浆的漏失。泵注完毕撤出钻杆,花管和水泥布袋则留在井底,等候凝固后,再用钻头套取或扫掉水泥心与花管。

2. 井口倒灌法

1) 井口直接倒入

此简便省时的方法适用于 100m 以内的浅井和低水位严重漏失的中浅井，井的斜度不能过大。使用水灰比较小的水泥浆，但要使其具有一定的流动度，并将初、终凝时间调到 10～20min 以内。如果漏失层裂隙较大，水泥浆液中可掺入适当粒度的裂隙充填料。

2) 经导管倒入

导管可用钻杆或小径套管。将其下到灌浆段下部，经漏斗将水泥浆从中倒入，直到注满预灌孔段，然后将导管提出并清洗。采用导管柱灌注法，必须计算初凝时间，并依此确定安全水灰比、添加剂及用量。该法适于有一定水位、斜度不大的中、浅井。

3. 灌注器送入法

采用灌注器送入适于固封大裂缝或溶洞时，为了减少水泥浆的流失，采用水灰比较小（小于 0.4）的水泥浆或速凝水泥干粉；在遇到多段小厚度的漏失或坍塌层时，频繁护壁堵漏。灌注器通常用直径略小于井径的钢管制作，将水泥浆或塑料袋装水泥干粉置入其中，用钻杆将其送到孔底预灌部位，开泵向钻杆内注入钻井液，利用液体压力将水泥浆、粉向下挤出灌注器。经即刻的回转搅动后，提出灌注器，等候井底浆材凝固。

为防止灌注器中的浆材在下入过程中漏掉，在其底部安装带有可剪销的阀门或填塞具有粘塞强度的塑性物，它们在泵压下可以被冲开。为提高挤灌效果，可在灌注器中加入一个水压活塞。若采用干水泥粉送入，为得到易溶易凝性，推荐配方为：矾土水泥 60％、半水石膏 35％、粉状熟石灰 5％。其初、终凝时间相应为 1～5min。

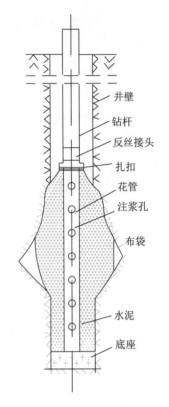

图 8-6　布袋水泥法示意图

第二节　固井工序与质量检测

在一口井的钻井过程中，由于各种原因，当钻头钻到某一深度时，需要从井内起出钻头，向井内下入称之为套管的中空钢质管柱，然后向井眼和套管之间的环形空间内注入水泥浆（干水泥与水及外加剂的混合物，有时也常将水泥浆简称为水泥），并让其凝固；接着再换用直径小一点的钻头继续钻进。一口井，视其所钻穿的地层的复杂程度，要经历一次到几次这样的过程，才能钻达目的层。

向井内下入套管,并向井眼和套管之间的环形空间注入水泥的施工作业称为固井。固井工程的内容包括下套管和注水泥两大部分。

下套管就是将单根套管及固井所需附件逐一连接下入井内的作业。单根套管通常由两部分组成,即套管本体和接箍(图8-7)。接箍与本体是分开加工的,接箍两端加工有内螺纹(母扣),本体两端加工有外螺纹(公扣)。为便于上扣连接,螺纹面与套管本体、接箍的轴线成一定锥度。在出厂时将接箍装配在本体上。入井时,接箍(母扣端)在上,利用螺纹将一根一根单根套管连接而成套管柱。也有特殊加工的公母扣均在套管本体上的无接箍套管。无接箍套管的特点是螺纹连接处管子的外径比有接箍套管的接箍外径小,因此常用于环空间隙小的情况,以利下套管和随后的注水泥作业。

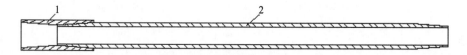

图8-7 单根套管示意图
1.接箍;2.套管本体

下完套管之后,把水泥浆泵入套管内,再用钻井液把水泥浆顶替到套管外环形空间设计位置的作业称为注水泥。如图8-8所示为典型的采用双胶塞注水泥的施工程序。

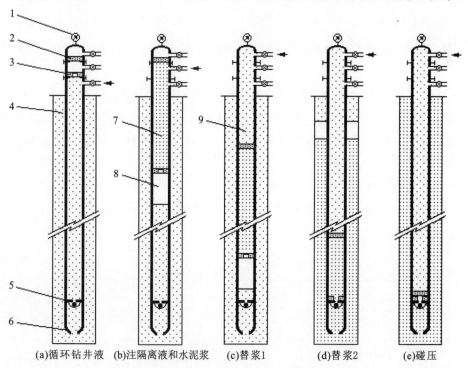

图8-8 注水泥工艺流程示意图
1.压力表;2.上胶塞;3.下胶塞;4.钻井液;5.浮箍;6.引鞋;7.水泥浆;8.隔离液;9.钻井液

如图 8-8 所示,在套管柱的最上端的装置为水泥头,内装有上、下胶塞。下胶塞的作用是与隔离液(一种专门配制的液体,用以隔离钻井液与水泥浆)一道,将水泥浆与钻井液隔离开,防止钻井液接触水泥浆后影响水泥浆的性能。下胶塞为中空,顶部有一层橡胶膜,该膜在压力作用下可压破。上胶塞为实心,其作用是隔离顶替用的钻井液与水泥浆;另外,当其坐落在已坐于浮箍上的下胶塞上之后,地面压力将很快上升一定值(称为碰压),该信号说明水泥浆已顶替到位,施工结束。套管柱的最下端装有引鞋以利下套管。浮箍实际上是一单向阀,其作用是防止环空中的水泥浆向管内倒流(因一般水泥浆的密度比钻井液的密度大),另外也起承坐胶塞的作用。

当按设计将套管下至预定井深后,装上水泥头,循环钻井液。当地面一切准备工作就绪后,开始注水泥施工。先注入隔离液,然后打开下胶塞挡销,压胶塞,注入水泥浆(注入水泥浆的过程常简称为注浆或注灰);按设计量将水泥浆注入完后,打开上胶塞挡销,压胶塞,用钻井液顶替管内的水泥浆(钻井液顶替水泥浆过程简称为替浆);下胶塞坐落在浮箍上后,在压力作用下破膜;继续替浆,直到上胶塞抵达下胶塞而碰压,施工结束。

注入井内的水泥浆要凝固并达到一定强度后才能进行后续的钻井施工或是其他施工,因此,注水泥施工结束后,要等待水泥浆在井内凝固,候凝时间通常为 24h 或 48h,也有 72h 或几小时的,候凝时间的长短视水泥浆凝固及强度增长的快慢而定。候凝期满后,测井进行固井质量检测和评价。

固井质量包括套管柱和水泥环两方面的质量。本节主要介绍水泥环质量的检测和评价。水泥环的质量也可以说就是注水泥的质量。在现场,人们也通常将注水泥的质量称为固井质量。

现在通常用水泥胶结测井(CBL)和声波变密度测井(VDL)来评价固井质量。正常情况下,胶结测井应在注水泥后 24~48h 内进行,特殊工艺固井(尾管固井、分级注水泥固井、长封固段固井、低密度水泥固井等)胶结测井时间依据具体情况而定。胶结测井曲线必须测至最低油气层底界以下 10m。

常规水泥浆固井水泥环胶结质量解释标准如表 8-3 所示。常规水泥浆固井声幅相对值 0~15% 为 CBL 评价胶结质量优等;声幅相对值 15%~30% 为 CBL 评价胶结质量中等;声幅相对值超过 30% 为 CBL 评价胶结质量差。

表 8-3 常规水泥浆固井水泥环胶结质量 CBL/VDL 综合解释标准表

测井结果		胶结质量评价结论
CBL 曲线	VDL 图	
0≤声幅相对值≤15%	套管波消失,地层波清晰连续	优
15%<声幅相对值≤30%	套管波弱,地层波不连续	中
声幅相对值>30%	套管波明显	差

低密度水泥浆固井水泥环胶结质量解释标准如表 8-4 所示。密度在 1.30～1.65g/cm³ 之间的水泥浆固井,声幅相对值 0～20% 为 CBL 评价胶结质量优等;声幅相对值 20%～40% 为 CBL 评价胶结质量中等;声幅相对值超过 40% 为 CBL 评价胶结质量差。水泥浆密度低于 1.30g/cm³ 时,声幅相对值小于 40% 为 CBL 评价合格。

表 8-4 低密度水泥浆固井水泥环胶结质量 CBL/VDL 综合解释标准表

项目	测井结果		胶结质量评价结论
	CBL 曲线	VDL 图	
水泥浆密度 1.30～1.65g/cm³	0≤声幅相对值≤20%	套管波消失,地层波清晰连续	优
	20%<声幅相对值≤40%	套管波弱,地层波不连续	中
	声幅相对值>40%	套管波明显	差
密度低于 1.30g/cm³	声幅相对值≤40%	套管波弱,地层波不连续	中

固井是高风险作业。固井作业质量除了取决于固井设计和固井施工外,还受井眼条件、地质条件及其他因素的影响。除了水泥环质量外,固井质量评价结论还受固井质量测井技术、工程判别技术和测井解释人员固井质量综合评价水平等多种因素的影响。因此,可根据固井施工记录、水泥胶结测井资料和工程判别结果等进行综合评价。

第三节 封孔与架桥封隔

对煤层的开采往往伴随着大量瓦斯涌出,若钻遇地下水,还可能在矿产开发过程中发生透水等严重事故,特别是随着煤炭生产的高效集约化和开采深度的增加,瓦斯灾害以及透水事故已成为影响安全生产的最重要因素。因此,如何有效地解决高瓦斯煤层以及地下涌水层的封堵问题,对煤层气开发以及煤矿安全生产具有十分重要的意义。

解决高瓦斯低透气性突出煤层开采过程中的瓦斯问题的主要措施是瓦斯抽采。通过瓦斯抽采,不仅可以有效地减少煤层开采过程中的瓦斯涌出,确保煤矿生产的安全性,同时,抽采出来的高浓度瓦斯又可加以利用,实现煤与瓦斯的共采。由于井下钻孔周围的煤岩体强度较低(尤其在松软的岩层和煤层中),钻孔周围往往存在微裂隙,这种情况增加了密封的难度。理论上来说,如果钻孔不漏气,瓦斯抽采浓度应当为 100%。据调查,我国约有 65% 的回采工作面预抽瓦斯浓度低于 30%,充分反映了抽采钻孔封孔质量差的现状。

目前所采用的钻孔密封材料及工艺多种多样,没有统一的技术要求和标准,封孔材料经历了水泥砂浆到高分子聚氨酯类材料到注浆式封孔的发展过程,普遍存在瓦斯抽采浓度低,钻孔密封性差的问题;针对上述问题,各大院校及企业开展了多年钻孔密封技术、密封材料及配套装备的研究工作。现就封孔材料及技术发展的历程及现状进行介绍。

目前国内普遍采用的封孔技术主要有机械式封孔、聚氨酯类有机材料封孔、水泥类无机材料封孔等。

一、机械式封孔

机械式封孔方法主要分为封孔器封孔和胶囊封孔两类。

1. 封孔器封孔

目前现场采用的钻孔封孔器大多是利用封孔器与钻孔壁的摩擦或粘结锚固来达到封孔的目的,且都是在孔口段进行封孔,主要有摩擦式和推胀式两种。图8-9显示为推胀式封孔器使用前和使用中状态。机械式封孔器封孔较严实,抽完瓦斯后还可接上水管实施煤体浅孔注水,实现一孔两用,封孔器用完后还可以回收继续使用,缺点是较笨重,操作不方便,若用于煤层开口的钻孔时,由于煤孔形状难以保持规则的圆形及孔壁破碎而封孔效果往往不好,封孔质量得不到保证。

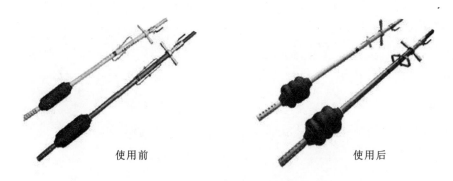

图8-9 瓦斯抽采用推胀式封孔器

使用前　　　　　　使用后

2. 胶囊封孔

胶囊封孔技术的示意图如图8-10所示,它利用特殊橡胶的膨胀与恢复功能,通过管路及阀门控制,实现对钻孔密封。该装置采用多级橡胶密封,大大提高了钻孔密封的可靠度,对于煤层的瓦斯压力准确测定,瓦斯抽采率提高等具有较好的效果,同时可回收多次使用。该种封孔方法结构简单,操作方便,具有膨胀性大、密封性好等特点;该装置不需要注浆泵等动力源,只需一个小型打气筒,杜绝了电气安全事故;该装置无有毒物质,杜绝了工人职业健康危害问题。但是装置使用起来劳动强度大,成本较为昂贵,并且对裂隙发育扩展的封堵几乎无用。

二、聚氨酯类有机材料封孔

聚氨酯封孔是较为常见的一种封孔工艺技术,其主要原理是利用聚氨酯高发泡率填

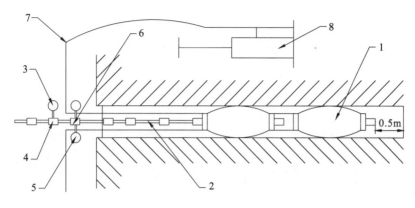

图 8-10 胶囊封孔

1.双体封孔胶囊;2.抽采管;3.真空压力表;4.球阀;5.充气压力表;6.仪表架;7.充气软管;8.打气筒

充钻孔来完成封孔。聚氨酯封孔工艺大致可分为人工封孔和机械喷注两种。

1. 人工聚氨酯封孔

聚氨酯的人工封孔工艺最初由俞启香教授在《矿井瓦斯防治》一书中做了详尽描述,即卷缠药液法,如图 8-11 所示,主要包含聚氨酯双组分混合、涂布卷缠和插入钻孔 3 个步骤。

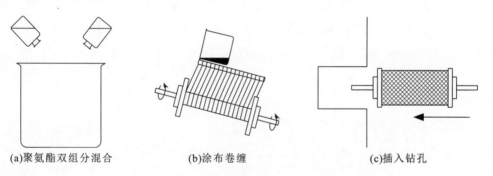

(a)聚氨酯双组分混合　　　(b)涂布卷缠　　　(c)插入钻孔

图 8-11 卷缠药液法封孔操作程序

但是该方法整个操作过程较麻烦,工人接触聚氨酯药液机会较多,易将药液溅到皮肤上。目前煤矿流行的聚氨酯手工封孔方式是用封孔袋直接绑在瓦斯抽采管上,双手合攥把封孔袋从中缝压开混合,用力上下揉搓使两袋物料充分混合,把抽采管送到孔中,聚氨酯在封孔袋中膨胀,直到把袋子撑破,完成对钻孔封堵。中国矿业大学和徐州博安科技发展有限责任公司共同开发的 PB 型号封孔袋,产品膨胀后生成树脂泡沫,能渗入煤(岩)壁缝隙,充分封堵钻孔裂隙,并且树脂泡沫体强度高韧性强,能够长时间内保持良好的密实性,保证封孔效果。其外观及使用后情况如图 8-12 所示。

人工封孔简单易行、操作方便,但在具体操作过程中管路需要及时送入孔内,避免聚氨酯未到位置就发生膨胀凝固,所以要求工作人员技术过硬,操作精度高。

 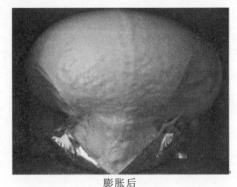

使用前　　　　　　　　　膨胀后

图 8-12　PB 型号封孔袋

2. 机械喷注聚氨酯封孔

聚氨酯机械喷注式封孔工艺主要利用聚氨酯双组分注浆技术，两组单独按固定配比进料、输出和混合，通过注浆管直接把聚氨酯注入钻孔内，从而实现现场注浆量可控，以便节约用料。图 8-13 是聚氨酯注浆泵工艺简图，在气源箱(空气压缩机等)提供的动力下，聚氨酯 A、B 两种料经由压力表、单向阀，进入静态混合器充分混合，最后注入钻孔内，在阻液堵头的阻挡作用下，聚氨酯膨胀封孔完毕。这种注浆泵以压缩空气为动力源，可以自动实现不同体积比进料、混料和输出，输出压力可达 18～23MPa，可以实现自动封孔技术，配套施工配件有封孔器、混合器、注浆杆等，施工操作简便易行，1～2 人操作即可。虽然机械喷注工艺具备操作简便，质量稳定等优点，但准备工作量大、设备费用昂贵、聚氨酯消耗量大、成本较高。

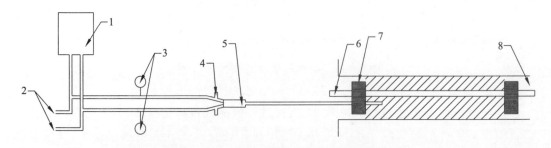

图 8-13　新型封孔泵通用的工艺简图
1.气源箱；2.A、B 料入料口；3.压力表；4.单向阀；5.静态混合器；6.抽放管；7.阻液堵头；8.钻孔

聚氨酯类有机发泡材料具有发泡倍数高、质量轻、封孔迅速快等优点，在本煤层浅孔抽采钻孔的封孔中应用较为广泛。但是由于聚氨酯为粘性液体，渗透能力较弱，对钻孔周围岩体裂隙的封堵作用比较有限，直接影响了封孔质量。此外，该类材料存在遇水膨胀倍率过大，长时间放置收缩、与钻孔离壁等问题。即使如此聚氨酯封孔袋由于操作方便，现在被广泛用作堵头，选用其他注浆材料作为封孔主体，即目前比较流行的"两堵一注"式封

孔方法(图 8-14)。

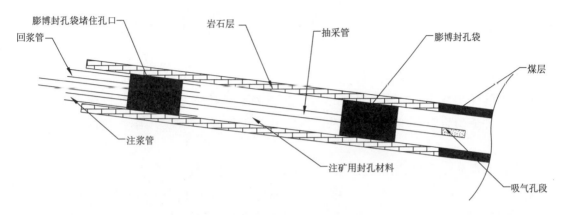

图 8-14 "两堵一注"式封孔方法

三、水泥类无机材料封孔

水泥砂浆封孔技术方便、简单、成本低,对钻孔周围煤岩体的裂隙有一定的封堵作用,但水泥砂浆容易沉淀,固化后有开裂、收缩等现象。水泥无机类封孔材料原材料广、价格低廉,但是封孔深度有限、封孔相对复杂,并且普通水泥颗粒粒径大,在煤岩体裂隙中的渗透性较差。随着技术的发展,特种膨胀水泥作为封孔材料被引入,虽然膨胀水泥克服了普通水泥浆液凝结速度慢、收缩性强、难以渗入微裂隙中的缺点,使钻孔的封孔效果大大提高,加快了施工进度,但是膨胀水泥仍存在膨胀倍率不高,自身强度低,现场使用极易堵塞注浆泵,效果不太稳定等缺点。

四、注管封孔

随着现有封孔工艺的不足所带来的局限性越来越显著,欧美国家展开了"注管封孔法"技术研究,显著提高了封孔成功率及瓦斯抽采效率,其封孔方法步骤如下。

(1)在煤壁上首先钻出一个深度 10～15m,钻孔直径大于正常钻进时的钻孔。

(2)将金属管插入钻孔,金属管的内孔直径不小于正常钻进时钻头的直径。

(3)采用专用的注浆装置将金属管锚注入钻孔内,使金属管外壁与钻孔壁之间充满浆液。

(4)钻头通过金属管内孔,开始正常钻进。

(5)在金属管内部进行封孔。

这种钻孔封孔方法十分可靠,但是代价太高(澳大利亚要求金属管必须是铜管)、投资大、操作工艺复杂。另外,为了采煤的需要必须在采煤之前将注管回收,对配套的装备和井下空间环境有特殊的要求。这种封孔方法在澳大利亚、日本、美国等国广泛采用,但是国外的封孔方法并不能够适应我国国内的实际情况。

第四节　化学浆材封堵固壁

用可以凝固的无机或有机化学浆材进行井内灌注,是钻井护壁堵漏的又一技术体系,是继水泥灌注护壁堵漏而发展起来的。类似于水泥作用,这类化学浆材以流动态在散碎层段挤入井壁的裂隙、孔隙、溶洞中和散体之间并很快凝结起来,固结井壁同时封堵漏失通道。

比较水泥灌注浆材,化学灌注浆材具有凝结时间更准确可调、可实现瞬间固化、终期强度可控、渗透能力和流动性好、不易被水稀释等优点,但也存在价格较贵、工业货源不够稳定、部分材料最终强度不足、少数有一定毒性等缺点。随着化学工业技术的发展,这类材料品种趋于繁多,改进潜力大,应用前景可观。

在钻井护壁堵漏中具有代表性的化学可凝固浆液,包括水玻璃、聚氨酯、脲醛树脂、聚丙烯酰胺等体系。此外,还有许多品种的化学浆液也可选用,如乙酸乙酯、马丽散、铬木素、木铵、丙凝、丙强、氰凝等浆液。其中,常用的水玻璃体系是无机化学类的代表,而脲醛树脂、丙烯酰胺体系等则是高分子化学类的代表。近年来,无机与高分子化合物复合使用,使得化学灌注浆材在提高性能方面呈现出较多更有效的新配方。

钻井化学灌注浆材的使用,往往是通过对某种主剂与配套辅剂(又称催固剂或固化剂)的联合反应来实现。二者各自单独存在的状态均为较稳定的液态(或散粉状),一旦二者混合就会在一定时间内凝结固化。

化学浆液灌注的方法从工序上可以分为"单液注浆"和"双液注浆"两种形式。单液注浆与上节水泥灌注方法大致相同,可以采用泵注法、井口倒灌法或者灌注器送入法。它们是在地面混配好浆材后即以同一浆体送入井底,故又称为"一步法"。

但是,由于不少化学灌浆材料具有更快速凝结的特点,而常规泵注和倒灌所需时间长而来不及作业,所以化学灌浆在较多场合又常采用"双液注浆"(二步法)工艺。它特别适应于快速甚至瞬间凝固的井内封堵作业。该法是把浆材主剂和催固剂先隔离开,分别送到井底待灌位置,让它们只在井底发生混合凝结。这样就可满足既快速凝固又安全作业的需求。

双液注浆有双管泵注、先后泵注、分装泵注等多种方式(图 8-15)。双管泵注是将主剂(A)与催凝剂(B)分别经 2 套管柱灌注入井,也可以用 1 套钻杆与 1 个套管环空相组合。先后注入法只用 1 套管柱,但须将 A 剂与 B 剂分先后顺序灌注入井。分装送入法是将 A 剂与 B 剂分别装在塑料瓶中→用钻具筒将它们下入井底→开泵用钻井液液压将塑料瓶挤出→用钻具旋扫塑料瓶使它们破裂→A 剂与 B 剂得到混合,迅速凝结。

1. 水玻璃体系

水玻璃是一种能溶于水的硅酸盐,它是由不同比例的碱金属和二氧化硅组成的,是化

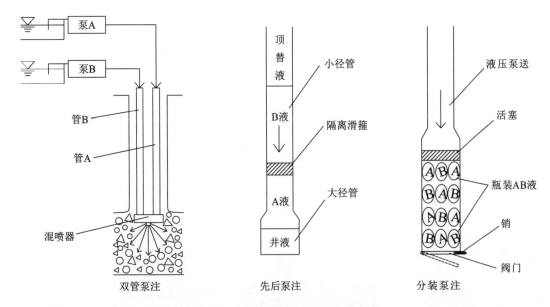

图 8-15 各种双液注浆法的原理图

学浆液中无机类的一种注浆材料。它具有价格低廉,货源较广,适于多种钻进工程的需要以及配制简便等优点,是一种被较大量使用的化学浆液。水玻璃除了被单一使用外,更多是作复合浆液使用,如水玻璃-氧化钙、水玻璃-铝酸钠、水玻璃-水泥,水玻璃-稀磷酸等。

最常用的水玻璃是硅酸钠 $Na_2O \cdot nSiO_2$(还有硅酸钾 $K_2O \cdot nSiO_2$)。通常把水玻璃组成中的二氧化硅和氧化钠(或氧化钾)的摩尔数之比,称为模数 M。

$$水玻璃模数 M = \frac{SiO_2 摩尔数}{Na_2O 摩尔数} \quad （乌效鸣等，2014） \quad (8-6)$$

实用价值最大的水玻璃其 M 在 2.0~3.5。模数是影响水玻璃性能的重要因素。模数高时,胶体组合相对增多,粘结能力也大,但在水中溶解的难度却加大。同模数的水玻璃溶液,其浓度越高,密度就越大,粘结力越强。工厂生产的水玻璃的浓度用波美度 B 表示,一般为 $50°\sim56°B$,而一般钻井注浆多采用 $35°\sim40°B$,故使用时需加水稀释。

水玻璃有液体的,还有不同形状(块状、粒状、粉状)固体的。液体水玻璃呈青灰色或黄绿色,以无色透明为好。常用的固体水玻璃模数为 2.6~2.8,密度为 1.36~1.50g/cm³。水玻璃的粘度还与温度关系密切,通常随温度降低而加大。

水玻璃可凝固浆液是由水玻璃溶液(主剂)和相应的胶凝剂组成。其无机胶凝剂有氯化钙、铝酸钠、氟硅酸、磷酸、草酸、硫酸铝、混合钠剂等,有机胶凝剂有醋酸、酸性有机盐、有机酸酯、醛类、聚乙烯醇等,部分胶凝剂的主要性质见表 8-5。水泥也可作为水玻璃的胶凝剂。水玻璃凝胶的基本原理归结为如下反应机理:

$$Na_2O \cdot nSiO_2 + 2H^+ \longrightarrow 2Na^+ + nSiO_2 \downarrow + H_2O \quad (8-7)$$

例如,为了加速水玻璃的硬化,常加入硅氟酸钠 Na_2SiF_6 或氟化钙 NaF,所发生的化学反应能促使硅酸凝胶加速析出：

$$2[Na_2O \cdot nSiO_2] + Na_2SiF_6 + mH_2O \longrightarrow 6NaF + (2n+1)SiO_2 \cdot mH_2O$$

(8-8)

硅氟酸钠的合适加量为水玻璃重量的12%～15%，加量越多，凝结越快。

水玻璃类浆材主要性能特点是：①胶凝时间从瞬间至24h不等；②固砂体强度可达6MPa；③粘度从1.2～200mPa·s可调；④渗透系数可达10^{-6}～10^{-5}m/s，可灌入0.1mm以上孔隙的土层；⑤毒、污副作用小，价格低。

有些胶凝剂与硅酸盐的反应速度很快，例如氧化钙、磷酸和硫酸铝等，它们和主剂必须在不同的灌浆管或不同的时间内分别灌注，故称为双液注浆法（简称二步法）；另一些胶凝剂如盐酸、碳酸氢钠和铝酸钠等与硅酸钠的反应速度则较缓慢，因而主剂与胶凝剂能在注浆前预先混合起来注入钻孔中，故称为单液注浆法或一步法。

表8-5 部分水玻璃胶凝剂的主要性质

胶凝剂名称	浆液粘度（$\times 10^{-3}$Pa·s）	胶凝时间	固砂体抗压强度（MPa）	灌浆方法
氯化钙	100～800	瞬时	<3	双液
铝酸钠	5～10	数分钟至几十分钟	<3	单液
碳酸氢钠	2～5	数分钟至几十分钟	0.3～0.5	单液
磷酸	3～5	数秒至几十分钟	0.3～0.5	单液
氟硅酸	2～4	几秒至几十分钟	2～4	单液或双液
乙二醛	2～3	几秒至几小时	<2	单液或双液

2. 聚氨酯类

聚氨酯化学灌浆材料是一种防渗堵漏能力较强、固结强度较高的防渗固结材料，属于聚氨基甲酸酯类的高聚物，是由多异氰酸酯和多羟基化合物反应而成。

1) 多异氰酸酯

常见的多异氰酸酯有甲苯二异氰酸酯（TDI）、二苯基甲烷二异氰酸酯（MDI）和多苯基多次甲基多异氰酸酯（PAPI）等。TDI的粘度最小，用它合成的预聚体，粘度低，活性大，遇水反应速度快，而MDI或PAPI合成的预聚体，粘度大，但固结强度高。一般"一步法"常采用PAPI，"二步法"采用TDI较适宜。

2) 多羟基化合物

常用的多羟基化合物为聚醚类。聚醚树脂的品种很多，它随引发剂、链增长剂、官能团、分子量的不同而异，常见的聚醚树脂有204、303、505、604等。水溶性聚氨酯常用的有环氧乙烷聚醚、环氧丙烷聚醚,或它们的混合物。

由于该类浆液中含有未反应的异氰酸基团,遇水发生化学反应,交联生成不溶于水的聚合体,因此能达到防渗、堵漏和固结的目的。反应过程中产生二氧化碳,使体积膨胀,增加了固结体积比,且产生较大的膨胀压力,促使浆液二次扩散,从而加大了扩散范围。浆液还有遇水不易被稀释和冲走、凝胶时间可以控制等特点。

聚氨酯化学灌浆材料可分为水溶性(简称 SPM)和非水溶性(简称 PM)两大类,它们的区别在于,前者与水能混溶,而后者只溶于有机溶剂。非水溶性聚氨酯浆液制备应用也可分为一步法和二步法两种。

当聚氨酯作为灌浆材料,灌入被灌体时,它的分子两端的异氰酸基(—NCO)遇水后,在催化剂的作用下,迅速发生链增长反应,使分子链增大。分子两端的—NCO 基团也会与分子链中的氨基甲酸酯基和脲基发生反应,生成网状结构,致使反应物粘度迅速增大,逐渐形成不溶于水的聚合体,起到堵漏和加固井壁的作用。

以 LW、HW 水溶性聚氨酯为例,这种灌浆材料是由多异氰酸酯与含多羟基的化合物在一定的条件下通过反应合成的一种预聚体,是快速高效防渗堵漏补强加固材料。LW、HW 对于钻井工程中出现的大流量涌水、漏水等有独特的止水效果。其主要特点如下。

(1)具有良好的亲水性,遇水能均匀地分散乳化,进而凝胶固化。水即是稀释剂又是固化剂,浆液遇水反应而凝固,不会产生未固化浆液的流失现象。这当中水的量是关键,水不能太多,否则浆液固结体质量差。

(2)LW 的固结体为具有水胀性的弹性体,适应变形能力强,并可遇水膨胀,具有弹性止水和以水止水的双重功能,特别适用于变形缝的防水处理。

(3)HW 浆液粘度低,可灌性好,强度高,对潮湿面的粘结力强。

(4)可在潮湿或有涌水的情况下进行灌浆,尤其是快速堵漏,效果十分显著。浆液对水质适应性强,在海水和 pH 值为 3~13 的水中均能固化。

(5)LW、HW 可以任意比例混合使用,HW 能与 LW 混掺,所得固结体性能介于二者之间,改变固结体的强度和遇水膨胀的倍数。补强加固以 HW 为主,防水堵漏以 LW 为主。

(6)固结体无毒,施工工艺简单,浆液无需繁杂的配制,用单液法直接灌注。

LW、HW 的性能指标见表 8-6。

类似的产品还有"氰凝""马丽散""艾格劳尼""罗克休"等。

3.环氧树脂

环氧树脂作为灌浆材料,初见于 20 世纪 50 年代末期,它具有强度高、粘结力强、收缩小、化学稳定性好等特点。环氧树脂是指分子结构中含有环氧基的树脂状高分子化合物,它是一大树脂类的总称。由于结构上的差异,有不同类型的环氧树脂,如双酚 A 型环氧树脂、酚醛环氧树脂、脂肪族环氧树脂、元素有机环氧树脂、含氮环氧树脂等。双酚 A 型环氧树脂是一种最普遍、最常用的环氧树脂,通常所说的环氧树脂就是指该类型,它是由环氧氯丙烷与双酚 A 在苛性钠作用下缩聚而成。

表 8-6　LW、HW 的性能指标

性能		LW	HW
粘度(mPa·s)		150～350	40～70
凝胶时间(min)		≤3	≤20
包水量(倍)		≥20	—
遇水膨胀率(%)		≥100	—
粘结强度(MPa)	干燥	≥0.8	≥2.5
	饱和面干	≥0.7	≥2.1
拉伸强度(MPa)		≥2.1	—
扯断伸长率(%)		≥130	—
压缩试验	抗压屈服强度(MPa)	—	≥10
	抗压破坏强度(MPa)	—	≥20

未固化的环氧树脂是热塑性的线型结构,只有加入固化剂并在一定条件下进行交联固化反应,生成体型网状结构,才表现出优良的性能。环氧树脂的固化剂种类很多,如脂肪胺类、芳香族氨类和各种胺改性物、有机酸及其酸酐、树脂类固化剂等。在化学灌浆工作中,所用的固化剂主要是脂肪族伯胺和仲胺,因为它们可以使环氧树脂在室温下固化。

环氧树脂在使用时往往需要先行稀释。其稀释剂包括非活性稀释剂(如丙酮、甲苯、二甲苯等)和活性稀释剂(如环氧丙烷苯基醚、环氧丙烷丁基醚、甘油环氧树脂、乙二醇二缩水甘油醚等)。

较典型的环氧树脂灌浆材料有 HK-G 型、EA 改性型和 CW 系列。例如,HK-G 环氧树脂灌浆材料具有粘度小、强度高、双组分、操作方便等优点,可以对微细的岩基缝隙进行灌浆处理,从而达到防渗补强加固之目的。其特点如下:

(1)粘度小,可灌性好,可以灌注宽度 0.2mm 以下的裂缝。
(2)和混凝土的粘结强度高,一般都大于混凝土本身的抗拉强度。
(3)浆液固化后的抗压强度和抗拉强度都很高,因此有补强作用。
(4)浆液具有亲水性,对潮湿基面的亲和力好。
(5)凝固时间可由固化剂 B 来调节,范围可在数十分钟至几十小时之内调节。
(6)操作方便,配制简单。只需将 A 组分和 B 组分按比例混合均匀后即可灌浆。

HK-G 环氧灌浆材料性能指标:粘度(25℃)5～15mPa·s;凝固时间在数十分钟至数十小时内可任意调节;抗压强度 40.0～80.0MPa;抗折强度 9.0～15.0MPa;抗拉强度

5.4~10.0MPa；粘结强度 2.4~6.0MPa。

4. 脲醛树脂类

脲醛树脂是一种水溶性树脂，它在酸性条件下能迅速凝固成有一定机械强度的固结体，是适合于钻孔护壁堵漏的注浆材料。脲醛树脂是由尿素和甲醛水溶液合成的一种聚合物，其性能可调，可人为地控制固化时间，成本较低，配制简单且低毒。目前已生产出适合地质钻探用的粉末脲醛，其灌注工具也得到进一步改进，可获得钻孔"快速堵漏"的效果。

尿素与甲醛的反应是一个复杂的化学反应过程，整个反应可分为加成反应、缩聚反应和固化 3 个阶段。开始阶段为尿素与甲醛在弱碱或弱酸性介质中发生加成反应，生成脲的羟甲基（—CH_2OH）衍生物；继而进行缩合反应，得到缩聚的初产物即脲醛树脂，在实际使用时，以酸作催化剂（一般用盐酸），使树脂固化生成不溶的体型网状结构的固结体。

基本材料：尿素 $\begin{matrix} NH_2 \\ | \\ C=O \\ | \\ NH_2 \end{matrix}$ 和甲醛（HCHO）。

固化剂：酸类，常用的是盐酸（HCl）。

脲醛树脂的固化过程可分为初凝（胶化）和终凝（硬化）两个阶段。其终凝是一个缓慢的过程，一般凝固后还需在水中养护 16~24h 后，才具有较高的机械强度。

影响固结硬化的主要因素有酸的强弱、酸的浓度和温度。若酸性强、浓度大、温度高，则固化时间缩短。

普通脲醛树脂固化后的强度不够高、性脆易碎、粘结岩石的能力不强。为此，可以对脲醛树脂进行改性，以提高其强度，增加韧性。改性常采取在脲醛生产过程中加苯酚、苯酚-聚乙烯醇等，来改变反应生成物的化学结构，增大树脂的分子量和内聚力。

苯酚改性的配方是：尿素：甲醛：苯酚＝1：1.485：0.032（克分子比），结石的抗压强度可提高到 45.8MPa，抗冲击强度提高到 $0.576J/cm^2$。

苯酚-聚乙烯醇改性是在上述配方中加尿素量 1.41% 的聚乙烯醇。结石的抗压强度为 52.3MPa，抗冲击强度为 $0.788J/cm^2$。

在灌注前往树脂中多加入尿素也能使强度得到改善。加 10% 尿素后，其抗压强度可增大为 53.9MPa，凝固时间为 32min；硬化时间为 3.5h。

脲醛树脂浆液用于钻孔护壁堵漏，鉴于其凝固较快的特点，常采用双液灌注工具来解决严重漏失层的快速堵漏问题。

脲醛树脂水泥球是一种更具特色的护壁堵漏方法。主体用脲醛树脂胶粉加入水泥后与水混合，搓成不会被水散解稀释的塑性球体，成形地送到井底护堵部位，可以解决传统水泥浆液漏失的大难题。脲醛树脂的加入使水泥球的减水能力增强，使水泥微粒相互粘连，因而具有强的抗水稀释散解性能。它与岩石粘结力强，且有可堵期可调、早期强度高的特点，特别是在地下水活动剧烈、裂隙和漏失量较大的地层，只要选准漏失层位，一次就能将漏失层堵住,成功率高。所用的材料较其他浆液材料来源广,成本较低。

这种水泥球的基本材料重量配比为:水泥 100g,脲醛树脂 23g,水 20ml。当用硫铝酸盐水泥时加 0～0.03g 的酒石酸作缓凝剂,可堵期 0～2.5h,4h 强度在 0.2～4.5MPa 之间,24h 强度达到 22～15MPa;用普通硅酸盐水泥时则加 14～16mL 的水玻璃作促凝剂,可堵期 0.5～3h,4h 强度在 0.5～1.5MPa 之间,24h 强度达到 2.5～9.0MPa。

5. 丙烯酸盐类

丙烯酸盐是由丙烯酸和金属结合组成的有机电解质。丙烯酸盐单体一般是溶于水的,视成盐金属之不同,聚合后可得到溶于和不溶于水的两种聚合物。丙烯酸钠、钾这类一价金属盐,生成水溶性的聚合物,它们是典型的高分子电解质,广泛用作絮凝剂,在加入交联剂后可生成不溶于水的固结聚合物。丙烯酸的多价金属盐开始是溶于水的,一旦聚合后,就成为不溶于水的固结聚合物(无需加入交联剂)。

丙烯酸盐浆液是由一定浓度的单体、交联剂、引发剂、阻聚剂等组成的水溶液。根据不同目的可使用各种共聚单体。常用的共聚单体有丙烯酰胺、羟甲基丙烯酰胺、丙烯腈等。丙烯酸盐单体浓度在 10%～30% 之间变化。该类浆液和凝胶体主要性能如下:

(1)聚合反应开始前,粘度基本保持不变。聚合反应一旦开始,粘度剧增,很快凝胶。
(2)丙烯酸盐浆液能浸润土粒,对泥质岩层的微细孔隙有较好的可灌性。
(3)浆液胶凝时间可控制在数秒到数小时内。
(4)凝胶体的渗透系数为 10^{-10}～10^{-7} cm/s,固砂体的渗透系数为 10^{-8}～10^{-5} cm/s。
(5)固砂体抗压强度在 0.3～1MPa 之间。

6. 丙烯酰胺类及无毒丙凝

丙烯酰胺类浆材国外多叫 AM-9,国内则称丙凝。20 世纪 50 年代美国最先使用它作注浆材料。其以水溶液状态注入地层,在地层中发生聚合反应而形成不溶于水的弹性聚合体。20 世纪 60 年代日本研制成功日东-SS,它们与我国 MG-646 浆液一样,主剂均是丙烯酰胺,只是交联剂或其他辅助剂不同,性能并无本质的差别。AM-9 在工艺方面采用双液注浆系统,其粘度为 1.2×10^{-3} Pa·s,接近于水的粘度(1×10^{-3} Pa·s)。其标准配方见表 8-7。

表 8-7　丙凝浆液的标准配方

试剂名称	代号	作用	浓度(质量百分比)
丙烯酰胺	A	主剂	9.5
N-N′亚甲基双丙烯酰胺	M	交联剂	0.5
过硫酸铵	AP	引发剂	0.5
β-二甲氨基丙腈	DAP	促进剂	0.4
铁氰化钾	KFe	缓凝剂	0.01

丙烯酰胺类凝固体的抗压强度较低,改变配方对抗压强度的影响不大,但其凝胶时间则可以控制在几秒到几个小时之间。影响凝胶时间的因素主要有过硫酸铵、β-二甲氨基丙腈、铁氰化钾及水中离子等的浓度以及温度和pH值。

丙凝浆液及凝固体的主要特点如下。

(1) 浆液属于真溶液,其粘度仅为 1.2×10^{-3} Pa·s,与水甚接近,其可灌性非常好。

(2) 从制备到凝结所需的时间,可以在几秒钟到几小时内精确地加以控制。

(3) 浆液的粘度在凝结前基本不变,能使浆液在灌浆过程中维持同样的渗入能力。

(4) 浆液凝固后基本上不透水(渗透系数约为 10^{-9} cm/s),耐久性和稳定性都好。

(5) 丙凝浆液能在很低的浓度下凝结,例如目前采用的标准浓度为10%,其中有90%是水,而且浆液凝结后在潮湿条件下不干缩,因此,丙凝浆液的成本相对较低。

丙凝有一定的毒性,会影响中枢神经系统,对空气和水也存在环境污染问题。

7. 木质素类浆液

木质素类浆液是以纸浆废液为主剂,加入一定量的固化剂所组成的浆液。目前仅有重铬酸钠和过硫酸铵两种固化剂能使纸浆废液固化。前者因毒性大而不被使用。

硫木素浆液是在铬木素浆液的基础上发展起来的,是采用过硫酸铵完全代替重铬酸钠,使之成为低毒、无毒木质素浆液,是一种很有发展前途的材料。硫木质素浆液具有的特点为:①浆液粘度与铬木质素相似,可灌性能好;②胶凝时间随浆液中木质素、氯化铁、氨水等含量的增加而缩短,一般可控制在几十秒至几十分钟之间;③凝胶体不溶于水、酸及碱溶液中,化学性能较稳定;④结石体抗压强度在0.5MPa以上。

第五节 随钻堵漏泥浆

一、随钻堵漏泥浆原理与适用性

在煤系岩体中钻进经常会遇到钻井液向地层中漏失问题,不仅浆材消耗大,而且容易引发井内事故,对储层和环境也带来负面影响。因此,在钻井工程中必须配套堵漏技术。

尽管用水泥和化学灌浆封堵或者下套管封隔可以最终可靠堵漏,但是它们是在每次钻进一定深度后才能付诸实施的方法,并且工序复杂,停待耗时,作业成本高。如果使用随钻堵漏泥浆则可以边钻进边堵漏,这在大量非恶性漏失情况下已成为广泛的高效堵漏方法。

随钻堵漏泥浆是在泥浆中添加一些特殊的堵漏剂材料而形成,约占泥浆体积的1%~3%。一般用在漏失不大的情况下,一边循环钻进一边堵住漏失(图8-16)。这时,钻进工程的效率就不会因为另外采取停钻处理措施而受到较大影响。所以,在许多可行的条件和场合下,采用随钻堵漏泥浆来钻进漏失层段不失为上策。

造成钻井液漏失的主要原因是煤系地层中存在着敞通型的裂隙、孔隙、溶隙等,泥浆中的随钻堵漏剂就是用来堵塞这些空隙的材料。使用中要使堵漏剂能够均匀地分散在泥浆体系中,避免其快速沉降或漂浮。再者,由于是随钻使用,泥浆还要保持其自身的流变性等性能,这就要求随钻堵漏剂的添加不能损坏泥浆原有性能。要满足这些要求,堵漏剂的材质、密度、尺寸和加量等是选配时要考虑的关键要素。

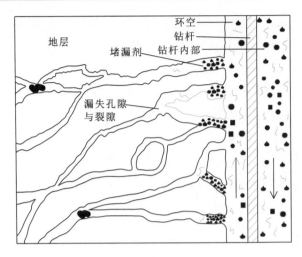

图 8-16 随钻堵漏泥浆原理示意图

把握好随钻堵漏泥浆的适应范围是必要的。当地层漏失状况复杂到一定程度后,堵住漏失所需要的堵漏剂性状及其浆液配伍性若超出泥浆自身的合理性能范围时,就不能采用。例如,当地层孔、裂隙尺寸明显大于井眼环状间隙时,所需的大尺寸的堵漏剂就很容易堵死环空上返通道而不能使用。

以地层孔裂隙宽度尺寸作为衡量依据,将漏失地层分为微漏隙($\leqslant$1mm)、小漏隙(1~3mm)、中漏隙(3~10mm)和大漏隙($\geqslant$10mm)4类。一般来讲,随钻泥浆堵漏只适于微、小漏隙和部分中漏隙的情况,大漏隙和部分中漏隙则不得不采用停钻堵漏方式即灌注水泥等固结浆材或下套管隔离。

将堵漏剂直接掺入泥浆搅拌均匀,通过泵送循环,流经漏失带时自动嵌入裂隙中。有时堵漏剂粒度大而难以经过泥浆泵,也可以将其从井口钻杆中倒入再接上泥浆泵进行泵浆。为了进一步保证堵漏的效果,可以在投注堵漏材料后,进行短暂的憋压处理(例如临时的井口密封泵注等),使堵漏材料充分进入漏失通道,并且可以将通道内的堵漏材料压实,将漏失通道较彻底地堵牢。

二、随钻堵漏剂的性状和加量

为了避免原浆发生化学反应而导致钻井液性能变坏,一般都选用化学惰性的材料作为随钻堵漏剂。常用的随钻堵漏剂品种很多,从物理性状看,可分为颗粒状、纤维状和片状材料,详见表 8-8。

随钻堵漏剂的密度应该尽量与钻井液原浆密度相近或略大于原浆的密度,以避免其上浮或沉降。当选材无法满足这一需求时,应该适当调整钻井液的切力和粘度,形成适度的网絮结构,以确保堵漏剂的均匀悬浮分散。

粒度尺寸是随钻堵漏剂的关键指标,它决定了多颗粒"桥塞"楔卡的效果。根据流体力学原理,选取粒径为漏失通道断面尺寸的 1/2～1/3 的材料作为主体堵漏剂,可以最有效地桥塞住孔隙和裂隙。我们称这种尺寸为"桥塞骨架"尺寸。如果堵漏剂尺寸过大就无法进入漏失"咽喉",过小则无法在近井壁漏失通道中桥塞而流失到地层远处。

表 8-8 常用随钻堵漏剂一览表

类型	名称	颜色	密度(g/cm³)	尺寸	建议加量
颗粒状材料	核桃壳碎粒	褐色	1.25	粒径为裂缝宽度的1/2～1/3	0.7%～1.5%
	棉籽核碎粒	灰褐色	0.9～1.1		
	黄豆及其碎粒	黄白色	1.0～1.1		
	橡胶粒	黑色	0.93～0.98		
	合成塑料粒	白色、黄白色	0.90～1.10		
	蛭石	褐色、黄色、暗绿色	0.9～1.2		
	硅藻土	褐色、灰褐色	1.9～2.3		
	沥青	青褐色	0.95～1.03		
	碳酸钙细粒	白灰色	2.70～2.93		
纤维状材料	锯末	黄色、黄褐色	0.4～0.6	纤维长度为裂缝宽度的2～3倍	约1%
	棉纤维	白色	0.3～0.4		
	塑料纤维	白色、半透明	0.3～0.5		
	亚麻纤维	黄褐色	0.5～0.8		
	干草	青黄色	0.2～0.3		
	树皮	褐色	0.3～0.4		
	牛、马粪	暗杂色	0.3～0.5		
片状材料	棉籽核皮	土黄色、黄褐色	0.5～0.8	长度约为裂缝宽度的1/2	约1%
	云母片	白色、黄色	2.7～3.5		
	赛珞珞碎片	白色	0.4～0.6		
	贝壳碎片	黄色、白色、褐色	0.8～1.1		
	谷壳	黄色	1.12～1.44		
	麦麸	黄色、黄褐色	0.3～0.4		
	海带	紫色、褐色	0.3～0.5		

为了增强堵漏效果,还可在桥塞骨架剂中掺入多级尺寸、形状不同、软硬兼有的辅堵材料,形成多物性互补的级配封堵。颗粒状、鳞片状和纤维状的堵漏材料复配比一般为2∶1∶1,并有5%的惰性材料略大于桥堵缝隙的尺寸。纤维状材料长度一般为所要桥堵裂缝宽度的2~3倍,直径为漏层孔径的1/3左右。对于强度低而柔性大的材料,应选用稍长的尺寸;对于强度高而柔性小的材料,应选用稍短的尺寸。目前,有些类型的随钻堵漏剂是以多性状材料复配而成,如"801""803""堵漏王"等。

随钻堵漏剂材料在泥浆中的加量一般控制在1%~3%范围内,加量太少形成不了剂粒之间"后追前"的楔卡桥塞效应。要视具体漏失地层规模和钻井工艺许用情况调整加量。漏失面积大多加;漏失面积小则少加。在井内流动条件较为苛刻时,可分多次少量加入。一次性过多地加入堵漏剂往往会使钻井液流动困难,造成憋泵甚至相反压裂地层,这在小井眼深部钻进中尤其要注意。例如鄂州铁矿某 $\phi75$ 绳索取心650m钻深时,采用1mm粒度的锯末配浆堵漏,当锯末加量大到 $20kg/m^3$ 时,泵压由2MPa骤升至6.0MPa,无法正常开泵,后加量改为 $12kg/m^3$,泵压降低到3.0MPa,维持了正常钻进,分多次添加锯末而成功堵漏。

三、配方举例与实验评价

堵漏剂浆材的堵漏效果,可以采用堵漏测试仪进行评价。通过对被测堵漏浆液加压,使其通过模拟漏失地层(封板和砾床2种),再根据选定的温度、试验压力以及记录的漏失时间、漏失量、封堵时间、封堵状态等,来评价研究堵漏剂的组分配比,确定合理的施工条件,为实际钻井堵漏提供科学依据。

堵漏仪如图8-17所示,由加压装置、储浆装置、漏层模拟装置、温度调控装置和渗流计量装置几部分组成。堵漏剂浆液储存于储浆装置中,在加压驱动下,进入模拟的漏失地层,并堵塞漏失通道。

其漏失地层的模拟装置可选两种类型。一种是的裂隙型的,由半合铣隙钢板构成,长度约15cm,缝宽制为1mm、2mm、3mm、4mm、5mm的5种尺寸,可以根据实际地层裂隙的缝宽进行更换;另一种是孔隙型的,由不同粒径的钢弹球组成床体,视实际地层的孔隙度来选择钢球尺寸。实验时,调节压力至井内压差值,在仪器出口观测浆材流出情况,计量浆液渗流量,之后还可以打开模拟地层装置来观察分析堵漏剂的进入和嵌塞状况,以此对堵漏剂浆液进行可堵性强弱的评价。

表8-9所列的是对核桃壳碎粒与锯末不同组合配方的堵漏效果的实验测试情况。所取基浆粘度30s,控制压差3.0~6.5MPa,核桃壳碎粒尺寸0.5~1.0mm,板缝宽度2mm。通过对比可以看出配方3的骨架颗粒与软质阻塞体比例搭配合理,既能堵住高压差漏失,粘度又不过高,因而堵漏效果最佳。从中还可以认识到:①硬、软材质搭配可以提高封堵效果;②合理调整硬、软材料的比例又可以进一步提高封堵效果。

第八章 护壁堵漏与固井

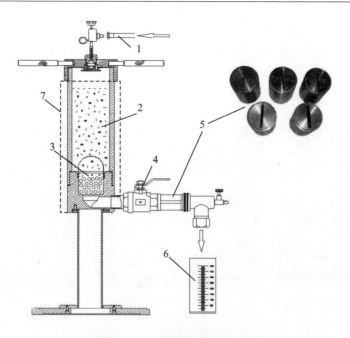

图 8-17 堵漏仪结构原理图

1.压力源进口；2.实验浆材；3.孔隙弹子及弹子床；4.球形阀；
5.裂隙缝板及座仓(1mm、2mm、3mm、4mm、5mm 共 5 种规格)；6.渗滤计量；7.加热套筒

表 8-9 以核桃壳为桥塞骨架的不同配方堵漏实验数据

惰性材料堵漏配方	漏斗粘度(s)	100s 漏出量(mL)	堵漏效果(100s 后)	失效差压(MPa)
配方 1：基浆＋6％核桃壳	34	640	仍滴流	3.5
配方 2：基浆＋2％核桃壳＋4％锯末	55	308	不漏	5.5
配方 3：基浆＋4％核桃壳＋2％锯末	39	303	不漏	≥6.5

注：基浆为 6％钠土＋0.12％纯碱＋0.025％MV-CMC，测得漏斗粘度 30s。

四、膨胀型随钻堵漏剂

一般堵漏剂材料不具有或很少具有膨胀性，它们在使用中尚存不足：一是选粒度时较难把握尺寸，稍大于漏层孔隙裂缝颗粒就不易进入，只在漏层表面形成堆积，过小则随流漏光；二是进入裂隙后在井内较大波动压差作用下不能可靠地稳定在被堵漏层当中，有可能冲移走。这样往往堵漏效果不佳或堵漏后又发生重复漏失。为此，选配具有遇水膨胀性能的材料来做堵漏剂是积极的措施。早期，已借用过黄豆、海带等食用品做水胀性材料，在许多钻进场合应用取得过较好的堵漏效果。

新型膨胀型堵漏剂是近年发展起来的一类功能高分子材料。它含有强亲水性基团，可以吸收大于自身重量几百倍甚至几千倍的水，吸水后体积膨胀(图 8-18)，并且具有很

强的保水性,即便施加较大压力,吸收的水分也很难被挤压出来。由于这种材料具有膨胀性和很好的弹性,在堵漏时几乎不受漏失通道尺寸限制,用足够小的原始尺寸顺利进入裂隙通道,而在通道内膨胀后形成致密牢固的可靠封堵,承压能力大,从而可以显著提高钻井堵漏的成功率。

刚刚加入　　　　　　　　　浸泡8min　　　　　　　　　浸泡25min

图8-18　膨胀剂在水中的膨胀效果

膨胀性堵漏材料是一种由低分子物质聚合生成的立体交联高聚物,内部分子结构为三维网状结构,吸水膨胀后为粘弹性凝胶体。其分子链内存在大量酰胺基和羧基等亲水基团,这些亲水基团在水中同性相斥使分子链产生扩张力,同时交联点又限制了分子链的分离,两种力相互作用使材料能够吸水膨胀形成具有一定强度的凝胶。溶胀材料分子中的离子和基团与水溶液中相关成分浓度差会产生相当高的渗透压,分子电解质与水具有强亲和力,从而可以大量吸水直至浓度差消失为止。由于分子结构交联,分子网络所吸水分不能用一般物理方法挤出。膨胀性堵漏材料的抗盐性和稳定性也较好。

应用实例:2010年4月就安徽寿县正阳关铁矿勘探区ZK-01#孔出现的严重漏失,笔者研配并试用了一种基于上述原理的膨胀性堵漏剂泥浆。该孔上部用ϕ95mm绳索取心钻进,在90～660m厚段多处夹有敞开型卵砾石层,钻井液漏失量很大,几乎不返浆。采用传统随钻堵漏剂和水泥浆封堵均无效,分析原因为浆材流失。对此,经过计算采用25min 10倍膨胀率的堵漏材料50kg,颗粒原始细度为0.5mm左右,于孔口钻杆中灌入,经15min小泵量压浆,钻井液开始返出,之后循环稳定建立,堵漏获得成功。

实际应用中,对膨胀性堵漏剂的膨胀时间有不同的要求。井深时,泵注堵漏剂到位的时间长,因此希望堵漏材料膨胀得慢,而井浅时则希望膨胀快。进一步的研制工作已开始运用缓释剂和"包衣"等技术,旨在能更准确地调控膨胀变化时间,以适于不同深度及各种环境下的钻井堵漏作业。

第九章　完井与增产措施

第一节　完井方式

完井（well completion）是指根据储层的地质特征和开发开采要求，在井底建立储层与井筒之间连接通道的技术手段。

以不同的手段和方式在井底建立储层与井筒之间的连接通道构成了种类繁多的完井方式。经过长期的生产实践与研究总结，一些基本的要求与原则也逐渐被人们所掌握，只有严格地以煤层气藏类型、地质特征、开发要求为依据，才能有效的把资源经济效益最大化。

因此，合理的完井方法应力求满足以下要求。

(1) 储层和井筒之间应保持最佳的连通条件，储层所受的损害最小。

(2) 储层和井筒之间应具有尽可能大的渗流面积，煤层气入井的阻力最小。

(3) 应能有效地封隔气、水层，防止气窜或水窜，防止层间的相互干扰。

(4) 应能有效地控制储层出砂，防止井壁垮塌，确保气井长期生产。

(5) 应具备进行分层注水、注气、分层压裂、酸化等分层措施以及便于人工举升和井下作业等条件。

(6) 开发后期具备侧钻定向井及水平井的条件。

(7) 施工工艺尽可能简便，成本尽可能低。

目前国内外常用完井方法主要有裸眼完井、射孔完井、割缝衬管完井及砾石完井等。为了进一步强化防砂效果，又出现了一系列化学防砂和物理防砂完井方式，其中用于煤层气开采的以裸眼洞穴完井和射孔完井居多。

一、常规完井方式

1. 裸眼完井方式

裸眼完井就是井眼完全裸露，井内不下任何管柱。裸眼完井有两种完井工序：一种是钻头钻至储层顶界附近后，下技术套管注水泥固井。水泥浆上返至预定的设计高度后，再从技术套管中下入直径较小的钻头，钻穿水泥塞，钻开储层至设计井深完井，此为先期裸眼完井,见图9-1。另一种工序是不更换钻头,直接钻穿储层至设计井深,然后下技术套管至储层顶界附近,注水泥固井,此为后期裸眼完井,见图9-2。水平井裸眼完井见图9-3。裸眼完井在直井、定向井、水平井中都可采用。

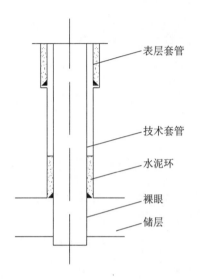

图9-1 直井先期裸眼完井示意图

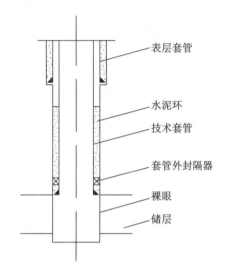

图9-2 直井后期裸眼完井示意图

由于裸眼完井无法克服井壁坍塌和储层出砂等问题,所以一般适用于岩层坚硬致密、无含水层、无宜坍塌夹层的单一储层。

煤层不稳定性会造成坍塌进而形成洞穴,但煤层气却因此更加容易产出,所以裸眼洞穴完井方式是煤层气开发的一项特有完井方式,它将于本章第四节重点讨论。

2. 射孔完井方式

射孔完井是国内外使用最为广泛的一种

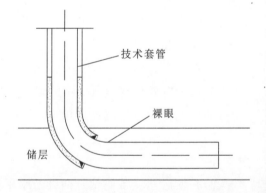

图9-3 水平井裸眼完井示意图

完井方法,在直井、定向井、水平井中都可采用。射孔完井包括套管射孔完井和尾管射孔完井。

套管射孔完井是用同一尺寸的钻头钻穿储层直至设计井深,然后下套管至储层底部并注水泥固井,最后射孔,射孔弹射穿套管、水泥环并穿透储层一定深度,从而建立起气流的通道。图9-4为直井套管射孔完井示意图。

尾管射孔完井是在钻头钻至储层顶界后,下技术套管注水泥固井,然后用小一级的钻头钻穿储层至设计井深,用钻具将尾管送下并悬挂在技术套管上,尾管和技术套管的重合段一般不小于50m,再对尾管注水泥固井,然后射孔。图9-5为直井尾管射孔完井示意图。

对于水平井,一般是技术套管下过直井段注水泥固井后,在水平井段内下入完井尾

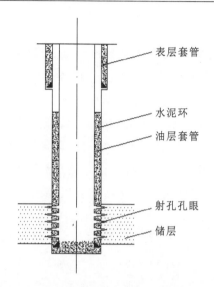

图 9-4 直井套管射孔完井示意图

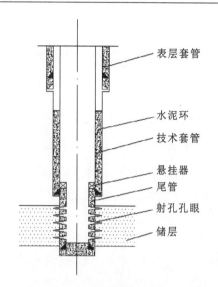

图 9-5 直井尾管射孔完井示意图

管、注水泥固井,完井尾管和技术套管宜重合 100m 左右,最后在水平井段射孔。这种完井方法可将层段分隔开,因而可以进行分层的增产作业,图 9-6。

射孔完井方式适用于稳定性岩层和非稳定性岩层相互交错,不同压力体系岩层相互交错,以及有含水夹层,或是有底水和气顶的非均质含气层。

射孔完井法的主要优点如下。

(1)能封隔不同压力和不同性质的气、水层,防止互相窜扰,有利于进行分层测试、分层开采、分层酸化压裂和分层注水作业等工艺。

(2)能消除井壁坍塌对储层的影响。

(3)可根据钻进取心、电测或地层测试等取得生储层的实际资料来决定套管是否下入,减少或消除下套管的盲目性。

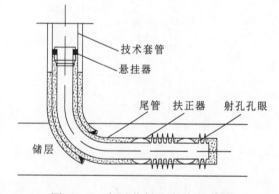

图 9-6 水平井射孔完井示意图

(4)可进行无油管完井、多管完井等。

射孔完井法的主要缺点如下。

(1)在钻井和固井过程中,储层受到钻井液和水泥浆污染较为严重。

(2)由于射孔数目、深度、孔径有限,导致储层与井底连通面积小,煤层气流入井内阻力大。

(3)射孔的成功率和准确性不高。

(4)不易防砂。

3. 割缝衬管完井

割缝衬管完井是在裸眼完井的基础上，在裸眼井内下入割缝衬管，此方法在直井、定向井、水平井中都可采用。与裸眼完井相对应，割缝衬管完井方法也有两种完井工序。一是钻头钻至储层顶界后，先下技术套管注水泥固井，再从技术套管中下入直径小一级的钻头钻穿储层至设计井深，最后在储层部位下入预先割缝的衬管，依靠衬管顶部的衬管悬挂器(卡瓦封隔器)，将衬管悬挂在技术套管上，并密封衬管和套管之间的环形空间，使气通过衬管的割缝流入井筒，如图9-7所示。二是用同一尺寸钻头钻穿储层后，套管柱下端连接衬管下入储层部位，通过管外封隔器和注水泥接头固井封隔储层顶界以上的环形空间，如图9-8所示。

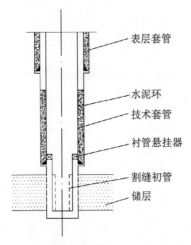

图9-7 割缝衬管完井(先期固井)示意图　　图9-8 割缝衬管井(后期固井)示意图

割缝衬管就是在衬管壁上沿着轴线的平行方向或垂直方向割成多条缝眼，如图9-9所示。缝眼的功能是：一方面允许一定数量和大小的"细砂"通过，因为生产时此处流速很高，小砂粒会被带入井筒，另一方面能把较大颗粒的砂子阻挡在衬管外面，这样，大砂粒就在衬管外形成"砂桥"或"砂拱"，如图9-10所示。砂桥的这种自然分选，使它具有良好的通过能力，同时起到保护井壁的作用。

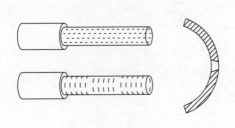

图9-9 割缝衬管(陈平,2005)

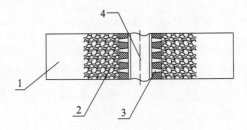

图9-10 衬管外侧砂桥(陈平,2005)

1.储层；2.砂桥；3.缝眼；4.井筒

(1)缝眼的形状。缝眼的剖面应该呈梯形,梯形两斜边的夹角与衬管的承压大小及流通量有关,一般设计为12°左右。梯形大的底边应为衬管内表面,小的底边应为衬管外表面。这种缝眼的形状可以避免砂粒卡死在缝眼内而堵塞衬管。

(2)缝口宽度。梯形缝眼小底边的宽度称为缝口宽度。缝口宽度为

$$e \leqslant 2d_{10} \tag{9-1}$$

式中:e——缝口宽度,mm;

d_{10}——产层砂粒度组成累积曲线上,占累积质量10%的砂粒直径,mm。

式(9-1)表明,占砂样总重量为90%的细小砂粒被允许通过割缝缝眼,而占砂样总质量10%的大直径承载骨架砂不能通过缝眼,被阻挡在衬管外面形成具有较高渗透率的"砂桥"。

(3)缝眼的排列形式。排列形式有沿衬管轴线的平行方向或沿衬管轴线的垂直方向割缝两种(图9-9)。

(4)割缝衬管的尺寸。根据技术套管尺寸、裸眼井段的钻头直径,可确定割缝衬管外径(表9-1)。

表9-1 割缝衬管完井,套管、钻头、衬管匹配表(陈平,2005)

技术套管		裸眼井钻头		割缝衬管	
公称直径(in)	套管外径(mm)	公称直径(in)	钻头外径(mm)	公称直径(in)	衬管外径(mm)
7	177.8	6	152	5～5½	127～140
8⅝	219.1	7½	190	5½～6⅝	140～168
9⅝	244.5	8½	216	6⅝～7⅝	168～194
10¾	273.1	9⅝	244.5	7⅝～8⅝	194～219

注:1in=25.4mm。

(5)缝眼的长度。缝眼的长度应根据管径的大小和缝眼的排列形式而定,通常为20～300mm。由于垂向割缝衬管的强度低,因此垂向割缝的缝长较短,一般为20～50mm。平行向割缝的缝长一般为50～300mm。小直径高强度衬管取高值,大直径低强度衬管取低值。

(6)缝眼的数量。缝眼的数量决定了割缝衬管的流通面积。在确定割缝衬管流通面积时,既要考虑产量的要求,又要顾及割缝衬管的强度。

缝眼的数量可由下式确定:

$$n = \frac{\alpha F}{el} \tag{9-2}$$

式中：n——缝眼的数量，条/m；

α——缝眼总面积占衬管外表总面积的百分数，一般取 $\alpha=2\%$；

F——每米衬管外表面积，mm^2/m；

e——缝口宽度，mm；

l——缝眼长度，mm。

割缝衬管完井方法是当前主要的完井方法之一。它既起到裸眼完井的作用，又防止了裸眼井壁坍塌堵塞井筒的作用，同时在一定程度上起到了防砂的作用。由于这种完井方法工艺简单、操作方便、成本低，故而在一些出砂不严重的中粗砂粒储层中使用较为广泛。

4. 砾石填充完井

对于胶结疏松出砂严重的地层，一般应采用砾石充填完井方法，它可以分为直接充填和预充填两种方式。

直接充填是先将绕丝筛管下入井内储层部位，然后用充填液将在地面上预先选好的砾石（砾石可以是石英砂、玻璃珠、树脂涂层砂或陶粒）泵送至绕丝筛管与井眼或绕丝筛管与套管之间的环形空间内，构成一个砾石充填层，以阻挡储层砂流入井筒，达到保护井壁、防砂入井的目的。

预充填砾石绕丝筛管是在地面预先将符合储层特性要求的砾石填入具有内外双层绕丝筛管的环形空间而形成的防砂管。将此种筛管下入裸眼井内或射孔套管内，对准出砂层位进行防砂。该种防砂方法的气井产能略低于井下砾石充填，但工艺简便、成本低，国内外均经常采用。该种完井方法在直井、定向井、水平井中都可使用。预充填砾石粒径的选择，双层绕丝筛管缝隙的选择等，皆与井下砾石充填完井方式相同。外筛管外径与套管内径的差值应尽量小，一般在 10mm 左右为宜，以增加预充填砾石层的厚度，从而提高防砂效果。预充填砾石层的厚度应保证在 25mm 左右。内筛管的内径应大于中心管外径 2mm 以上，以便能顺利组装在中心管上。

砾石充填完井一般都使用不锈钢绕丝筛管而不用割缝衬管。其原因如下。

(1)割缝衬管的缝口宽度由于受加工割刀强度的限制，最小为 0.25～0.5mm。因此，割缝衬管只适用于中、粗砂粒储层。而绕丝筛管的缝隙宽度最小可达 0.12mm，故其适用范围要大得多。

(2)绕丝筛管是由绕丝形成一种连续缝隙，它的流通面积要比割缝衬管大得多，流体通过筛管时几乎没有压力降。

(3)绕丝筛管以不锈钢丝为原料，其耐腐蚀性强，使用寿命长，综合经济效益高。

砾石充填完井在直井、定向井中都可使用，但在水平井中应慎重，因为容易发生砂卡，从而使砾石充填失败，达不到有效防砂的效果。为了适应不同储层特性的需要，裸眼完井和射孔完井都可以充填砾石，分别称为裸眼砾石充填和套管砾石充填。

1)裸眼砾石充填完井

在地质条件允许使用裸眼,而又需要防砂时,就应该采用裸眼砾石充填完井方法(图 9-11)。其工序是:钻头钻达储层顶界以上约 3m 后,下技术套管注水泥固井,再用小一级的钻头钻穿水泥塞,钻开储层至设计井深,然后更换扩孔钻头将储层部位的井径扩大到技术套管外径的 1.5~2 倍,以确保充填砾石时有较大的环形空间,增加防砂层的厚度,提高防砂效果。一般要求砾石层的厚度不小于 50mm。裸眼扩径的尺寸匹配见表 9-2。

表 9-2 裸眼砾石充填扩径尺寸匹配表(陈平,2005)

套管尺寸		小井眼尺寸		扩眼尺寸		筛管尺寸	
in	mm	in	mm	in	mm	in	mm
5½	139.7	4¾	120.6	12	305	2⅞	87
6⅝	168.3~177.8	5⅞~6⅛	149.2~155.5	12~16	305~407	4~5	117~142
7⅝~8⅝	193.7~219.1	6½~7⅞	165.1~200	14~18	355.6~457.2	5½	155
9⅝	244.5	8¾	222.2	16~20	407~508	6⅝	184
10¾	273.1	9½	241.3	18~20	457.2~508	7	194

2)套管砾石充填完井

如图 9-12 所示,套管砾石充填的完井工序是:钻头钻穿储层至设计井深后,下储层套管于储层底部,注水泥固井,然后对储层部位射孔。要求采用高孔密(30 孔/m 左右),

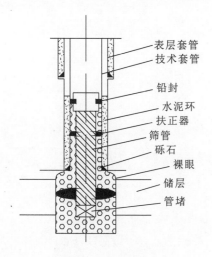

图 9-11 裸眼砾石充填完井示意图

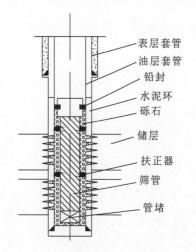

图 9-12 套管砾石充填完井示意图

大孔径(20mm左右)射孔,以增大充填流通面积,有时还把套管外的储层砂冲掉,以便于向孔眼外的周围储层填入砾石,避免砾石和地层砂混合增大渗流阻力。由于高密度充填(高粘充填液)密实,充填效率高,防砂效果好,有效期长,故当前大多采用高密度充填。筛管匹配表见表9-3。

表9-3 套管砾石充填筛管匹配表

套管规格(mm)		筛管外径(in)	
5½	139.7	2⅜	74
6⅝	168.3	2⅞	87
7	177.8	2⅞	87
7⅝	193.7	3½	104
8⅝	219.1	4	117
9⅝	244.5	4½	130
10¾	273.1	5	142

3)砾石质量要求

充填砾石的质量直接影响防砂效果及完井产能。因此,砾石的质量控制十分重要。砾石质量包括以下几个参数。

(1)砾石粒径。国内外推荐的砾石粒径是储层砂粒度中值 d_{50} 的 5~6 倍。

(2)砾石尺寸合格程度。砾石尺寸合格程度的标准是大于要求尺寸的砾石质量不得超过砂样的 0.1%,小于要求尺寸的砾石质量不得超过砂样的 2%。

(3)砾石的强度。砾石强度的标准是抗破碎试验所测出的破碎砂质量含量不超过表9-4所示的数值。

表9-4 砾石抗破碎推荐标准

充填砂粒度(目)	破碎砂质量百分含量(%)
8~16	8
12~20	4
16~30	2
20~40	2
30~50	2
40~60	2

(4)砾石的球度和圆度。要求砾石的平均圆度应大于0.6,平均球度也应大于0.6。

(5)砾石的酸溶度。砾石酸溶度的标准是:在标准土酸(3%HF+12%HCl)中砾石的溶解质量百分数不得超过1%。

(6)砾石的结团。砾石应由单个石英砂粒所组成,如果砂样中含有1%或更多个砂粒结团,该砂样不能使用。

4)绕丝筛管缝隙尺寸的选择

绕丝筛管应能保证砾石充填层的完整,故其缝隙应小于砾石充填层中最小的砾石尺寸,一般为最小砾石尺寸的1/2～2/3。例如根据储层砂粒度中值,确定砾石粒径为16～30目,其砾石尺寸的范围是0.58～1.19mm,所选的绕丝缝隙应为0.3～0.38mm。

二、其他完井方式

1. 其他防砂完井方式

1)金属纤维防砂筛管

不锈钢纤维是主要的防砂原件,由断丝、混丝经滚压、梳分、定形而成。它的防砂原理是:大量纤维堆集在一起时,纤维之间就会形成若干缝隙,利用这些缝隙阻挡地层砂通过,其缝隙的大小与纤维的堆集紧密程度有关。通过控制金属纤维缝隙的大小(控制纤维的压紧程度)达到适应不同储层砂粒径的防砂要求。此外,由于金属纤维富有弹性,在一定的驱动力下,小砂粒可以通过缝隙,避免金属纤维被填死。砂粒通过后,纤维又可恢复原状而达到自洁的作用。

金属纤维筛管防砂工艺与其他防砂工艺相比有以下独特优点。

(1)渗透率高,孔隙度大。金属纤维筛管的渗透率比一般工业用砾石充填渗透率大近10倍(大于$1000\mu m^2$),且平均孔隙度大近1倍(大于90%)。

(2)耐高温、耐腐蚀,在井下的寿命长。首先,由于金属纤维筛管的不锈钢材料有优良的抗高温、抗腐蚀性能,适用于在井下长期工作和热采井。其次,由于金属纤维筛管具有很大的孔隙度,其抗堵性能强;同时由于金属纤维具有较好的弹性,具有自洁能力。最后,金属纤维筛管的开启面积大,有利于降低筛管的冲蚀损坏速度和气流阻力。另外,对注蒸汽热采井,结垢后可以用各种化学冲洗液冲洗,每轮注汽相当于对筛管的一次清洗,有利于延长筛管寿命。

(3)防砂效果好。通过控制金属纤维的压紧程度来调节金属纤维缝隙的大小,以达到适应不同储层粒径的防砂,出砂量小于0.01%。

(4)结构简单,强度高,连接方便。

(5)施工工艺简单,动用设备少,防砂总成本低。

(6)应用范围广,适应性强。

目前,通过改进金属纤维,还形成了烧结陶瓷防砂筛管、金属毡防砂筛管等。

2)多孔冶金粉末防砂筛管

这种防砂筛管是用铁、青铜、锌白铜、镍、蒙乃尔合金等金属粉末作为多孔材料加工而成的。

3)多层充填井下滤砂器

美国保尔(Pall)油井技术公司推出一种多层充填井下滤砂器,它是由基管、内外泄油金属丝网、3~4层单独缠绕在内外泄油网之间的保尔(Pall)介质过滤层及外罩管所组成。该介质过滤层是主要的滤砂原件,它是由不锈钢丝与不锈钢粉末烧结而成的。因此,可根据储层砂粒度中值选用不同粒径的不锈钢粉末烧结,其控制范围广。该种完井方法在直井、定向井、水平井中都可使用。

4)压裂砾石充填防砂完井

在砾石充填工艺上的突破主要是将砾石充填与水力压裂结合起来,称为压裂砾石充填技术,包括清水压裂充填、端部脱砂压裂充填、胶液压裂充填3种。其原理就是射孔井在用砾石充填之前,利用水力压裂在地层中造出短裂缝,然后在裂缝中填满砾石,最后在筛管与套管环空充填砾石。同样,压裂砾石充填完井在直井、定向井中都可使用,但在水平井中应慎用,因为易发生砂卡,从而使砾石充填失败,达不到有效防砂的目的。

5)化学固砂完井

化学固砂是以各种材料(水泥浆、酚醛树脂等)为胶结剂,以各种硬质颗粒(石英砂、核桃壳等)为支撑剂,按一定比例拌和均匀后,挤入套管外堆集于出砂层位,凝固后形成具有一定强度和渗透性的人工井壁,防止储层出砂,或者不加支撑剂,直接将胶结剂挤入套管外出砂层位,将疏松砂岩胶结牢固防止储层出砂。化学固砂虽然是一种防砂方法,但在使用上有其局限性,仅适用于单层及薄层,防砂储层一般以5m左右为宜,不宜用在大厚层或长井段防砂。化学固砂完井主要在直井中使用。

2. 贯眼套管(尾管)完井

贯眼套管(尾管)完井也称地面预钻孔套管(尾管)完井,这是在地面按一定的布孔参数预先在套管(尾管)上钻孔,然后像割缝衬管一样完井。一般的布孔参数为:孔密20~24孔/m,孔眼直径10mm,相位角60°~90°,交错布孔。

贯眼套管(尾管)的加工成本要比割缝衬管低得多,适用于不出砂的碳酸盐岩地层及其他裂缝性气藏。贯眼套管(尾管)完井在直井、定向井、水平井中都可使用。

第二节 酸化处理

酸化(acidification)是将酸性水溶液(如盐酸、氢氟酸、有机酸等)注入地层,溶解地层岩石或充填物和胶结物,在石油、天然气、水井等钻井生产中已被广泛用来提高储层渗透性,增加井产量。这在煤层气井中亦有相类似的重要功效。煤层天然裂隙和孔隙往往被原生充填物所胶封(图9-13),也会在钻井过程中被钻井液固相或缝壁掉渣所堵塞。酸化可以通过酸液对煤岩胶结物或煤层孔隙、裂缝内堵塞物等进行溶解和溶蚀,恢复或提高地层孔隙和裂缝的渗透性,从而增大煤层气返排的产量。

酸化按照工艺阶段不同可分为酸洗、常规酸化和压裂酸化。

酸洗也称为表皮解堵酸化,主要用于井壁煤层的表皮解堵及疏通射孔孔眼,是将少量酸液注入井筒内,清除井壁及射孔眼中酸溶性颗粒、钻屑及污垢等。

常规酸化也称基质酸化、解堵酸化,是指在井底施工压力小于储层破裂压力的条件下,将酸液注入地层,解除井筒附近的伤害,恢复储层产能的酸化。常规酸化作业用酸量比酸洗酸化大,一般约 $20\sim50\text{m}^3$,

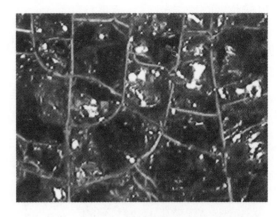

图 9-13 煤层天然裂隙被原生充填物胶封

酸液浓度 15%~28%;但施工的泵注排量和泵送压力不高,不会形成新的压裂缝,故又被称为基质酸化,它多作为新井完井或修井作业后、气井投产前的常规处理措施。在基质酸化中,酸液主要在煤岩天然裂缝和孔隙内流动,并与孔隙或裂缝中的堵塞物质反应,使之溶解于酸液中达到解堵的目的。基质酸化可以恢复或提高井筒附近较大范围内煤层的渗透性。

压裂酸化又称为酸压。酸压时的井底压力高于地层的破裂压力或天然裂缝的闭合压力,形成在施工结束后也不能完全闭合的流动槽沟。通过酸液对裂缝壁面物质的溶蚀形成高导流能力的裂缝,从而提高煤层气储层的渗流能力。

按所用材料细分,酸化又包括低浓度盐酸酸化、高浓度盐酸酸化、土酸酸化、互溶土酸酸化、氢氟酸酸化、氟硼酸酸化、逆土酸酸化、油酸乳化液酸化、缓速酸化、磁处理酸化、低伤害酸酸化、热酸酸化、防膨酸酸化、集成酸酸化、胶凝酸闭合酸压、混气胶凝酸闭合酸化、硝酸粉末酸化等技术。

煤层酸化的酸类选用,主要应该根据欲溶解的煤层中充填、胶结物的矿物组分来确定,因为能溶解不同充填、胶结物的酸是不相同的。从对应性看,煤层酸化的用酸大类上可分为盐酸(溶解碳酸钙物类)、土酸(溶解土质物类)和氢氟酸(溶解硅质物类)。如果不能对应用酸,酸化是收不到成效的。例如对于富含石英硅质充填物的煤层裂隙,用盐酸则几乎不能溶解疏通。

盐酸(chlorane)是氯化氢(hydrochloric acid)(HCl)的水溶液,又名氢氯酸,属于一元无机强酸,工业用途广泛。盐酸的性状为无色透明的液体,有强烈的刺鼻气味,具有较高的腐蚀性,分子量 36.5,密度 1.18g/cm^3,不可燃,摩尔质量 36.46g/mol,粘度 1.9mPa·s(25℃,31.5%溶液)。

盐酸可以强有力地溶解胶结在煤裂隙中碳酸钙(方解石的主体成分)[式(9-3)],也可以溶解钠、镁、钡、稀土元素、铁、铜、铅、锌、锰等其他碳酸盐矿物。碳酸盐矿物分布广泛,其中钙镁碳酸盐矿物最为发育,形成巨大的海相沉积层,占地壳总质量的 1.7%,在煤层中也不乏其比例。因此,用盐酸作为煤层气储层的酸化介质,往往可以收到疏通产气通道的显著效果。

$$2HCl + CaCO_3 \longrightarrow CaCl_2 + CO_2 + H_2O \tag{9-3}$$

稀盐酸还能够溶解金属活动性排在氢之前的许多金属,生成金属氯化物与氢气。钢铁工业中,盐酸一个最重要的用途是酸洗钢材,可用盐酸反应掉表面的锈或铁氧化物。通常使用浓度为18%的盐酸溶液作为酸洗剂来清洗碳钢。

$$Fe_2O_3 + Fe + 6HCl \longrightarrow 3FeCl_2 + 3H_2O \tag{9-4}$$

还可以利用盐酸与难溶性碱反应的性质,溶解一些其他固体。制取洁厕灵等日用品的方法可以借鉴用来酸洗煤层裂隙中的残渣。

用于煤层酸化的盐酸的浓度一般可控制在8%~18%范围内。

氢氟酸是氟化氢气体的水溶液,清澈、无色、发烟的腐蚀性液体,有剧烈刺激性气味。熔点$-83.3℃$,沸点$19.54℃$,闪点$112.2℃$,密度$1.15g/cm^3$。易溶于水、乙醇,微溶于乙醚。

因为氢原子和氟原子间结合的能力相对较强,且水溶液中氟化氢分子间存在氢键,使得氢氟酸在水中不能完全电离,所以理论上低浓度的氢氟酸是一种弱酸。氢氟酸具有极强的腐蚀性,能强烈地腐蚀金属、玻璃和含硅的物体。实验室一般用萤石(主要成分为氟化钙)和浓硫酸来制取,需要密封在塑料瓶中,并保存于阴凉处。市售通常浓度:溶质的质量分数40%。

随着HF溶液质量分数的提高,HF对碳钢的腐蚀速率是先升高后降低。浓度低时因形成氢键具有弱酸性,但浓度高时(5mol/L以上)会发生自偶电离,此时氢氟酸就是酸性很强的酸了。

氢氟酸能够溶解很多其他酸都不能溶解的石英玻璃(主要成分二氧化硅),生成气态的四氟化硅,反应方程式如下:

$$SiO_2(s) + 4HF(aq) = SiF_4(g)\uparrow + 2H_2O(l) \tag{9-5}$$

生成的SiF_4可以继续和过量的HF作用,生成氟硅酸:

$$SiF_4(g) + 2HF(aq) = H_2SiF_6(aq) \tag{9-6}$$

反应生成的气体氟化硅和水均可排出地面,而生成的氟硅酸在水中可离解为H^+和SiF_6^{2-},SiF_6^{2-}又能和地层水中的Ca^{2+}、Na^+、K^+、NH_4^+等离子相结合。生成的$CaSiF_6$和$(NH_4)_2SiF_6$易溶于水,不会产生沉淀,而Na_2SiF_6和K_2SiF_6均为不溶物质会堵塞地层。因此,在处理过程中应先将地层水顶替走,避免其与氢氟酸接触。

对于煤层中夹杂的高含二氧化硅的矿物(石英、硅藻土、燧石等),氢氟酸具备了溶解它们的独特酸化连通功效。此外,硅氟酸虽然能强力腐蚀二氧化硅及玻璃,但对塑料、石蜡、铅、金、铂不起腐蚀作用。

$$SiO_2 + 4HF \longrightarrow SiF_4 + 2H_2O \tag{9-7}$$

$$SiO_2 + 6HF \longrightarrow H_2SiF_6 + 2H_2O \tag{9-8}$$

用于煤层酸化的氢氟酸的浓度一般可控制在 3%～13% 范围内。

土酸（又称泥酸）是氢氟酸（浓度 3%～8%）与盐酸（浓度 10%～15%）以及添加剂所组成的混合酸。土酸用于解除钻井泥浆堵塞和提高泥砂岩环境下的渗透性，以利于煤层气的产出。土酸中的盐酸能溶蚀地层中的碳酸盐类及铁铝等化合物（胶结物），氢氟酸则能溶蚀地层中的粘土质和硅酸盐类（石英、长石等砂粒）。在岩层中含泥质较多、含碳酸盐较少和钻井泥浆堵塞较为严重而泥饼中碳酸盐含量较低的情况下，用普通盐酸处理常常得不到预期的效果。对于这类煤层气井如果采用土酸液进行处理，则能收到酸化疏通的良好效果。

盐酸与碳酸盐反应的化学方程式见盐酸处理原理；氢氟酸与砂质和泥质反应的化学方程式见氢氟酸酸化原理。同时，土酸中的盐酸能维持酸液较低的 pH 值，防止产生再沉淀。这种协同酸化机理表现在当与泥质砂岩（富含硅酸铝钙）作用时：

$$CaAl_2Si_2O_8 + 16HF \longrightarrow CaF_2 + 2AlF_3 + 2SiF_4 + 8H_2O \tag{9-9}$$

同时，与碳酸盐作用时：

$$CaCO_3 + 2HF \longrightarrow CaF_2 + CO_2 + H_2O \tag{9-10}$$

$$CaMg(CO_3)_2 + 4HF \longrightarrow CaF_2 + MgF_2 + 2CO_2 + 2H_2O \tag{9-11}$$

上列反应中所生成的 CaF_2 和 MgF_2 沉淀，在酸液浓度高时，处于溶解状态，而当酸液浓度降低后，即会沉淀。而土酸中含有 HCl，恰恰可以依靠 HCl 维持酸液于较低的 pH 值，以提高 CaF_2 和 MgF_2 的溶解度。

确定土酸浓度实质上是确定土酸中盐酸和氢氟酸的浓度。施工时土酸中盐酸浓度和氢氟酸浓度之比叫土酸配比。例如配比为 7:6 的土酸，表示土酸中的盐酸浓度 7%，氢氟酸浓度 6%。土酸配比取决于地层的泥质及碳酸盐的含量和胶结程度等。当碳酸盐含量低、泥质含量较高且胶结致密时，宜用低浓度（10% 左右）的盐酸和高浓度（8% 左右）的氢氟酸混合成的土酸处理；当碳酸盐含量较高，泥质含量较低且胶结疏松时，则用高浓度（15% 左右）的盐酸和低浓度（3% 左右）的氢氟酸混合成的土酸处理。

为了提高土酸处理砂岩地层的效果，国外还采用了互溶剂-土酸处理，盐酸加氟化氢铵处理（自生土酸）等酸化新工艺，均获得良好的效果。有实践证明，自生土酸处理效果要比常规土酸处理的最佳效果好 2～4 倍。

煤层常规酸化施工作业的流程如下。

1. 资料分析及方案制定

收集井史资料和目前生产情况，进行煤层气井系统分析，判断气井生产不正常原因，制定出合理的煤层气储层酸处理方案。根据合理的酸化处理方案，编制正确的酸化施工设计书。

2. 施工准备

(1) 酸化施工前必须探清人工井底,并按设计要求冲砂或填砂。

(2) 洗井管柱下至酸化层以下 1~2m,清水正洗井 1.5~2 周,洗井排量不少于 30m³/h。

(3) 酸化管柱下至酸化层顶部或中、上部。

(4) 井口装采气树,其最大耐压值应为预计最高施工压力的 1.2~1.5 倍。采气树应装气、套压力表。下封隔器井必须装套压表。

(5) 井场应平整并做到宽敞。

(6) 备大罐或池子,做到:①酸液必须用玻璃钢罐或池子配制、储放和用酸罐车运送。②罐、池、罐车不得有渗漏,出口闸门开关自如。③罐、池、罐车应事先清除掉铁锈、油垢及残留的泥浆、污水等。④罐、池、罐车较多时,应逐一编号,注明所盛液体名称。

3. 配液

(1) 配酸用工业盐酸含铁量应小于 8.9mol/m³。

(2) 配酸用清水的机械杂质含量应小于 1‰或全部使用自来水配制。

(3) 配制酸液时,应先向配液池中加入预计清水量的 70%~80%,再按设计要求顺序加入各种添加剂和盐酸或氢氟酸。固定添加剂宜先用水化开后再加入;水溶性较好的添加剂于加酸前加入,水溶性差、酸溶性较好的添加剂于加酸同时或加酸后加入。边投料边搅拌或打循环。混合均匀后,测定酸液质量分数(测密度或滴定),视其质量分数再加水或加酸,使其达到设计要求。

土酸处理的施工工艺基本上与盐酸、氢氟酸处理相同,所不同的是应首先进行盐酸预处理。其步骤如下。

(1) 用 12%~15% 的盐酸进行预处理,溶解地层中的碳酸盐类并顶出地层水。

(2) 土酸处理时,其中盐酸进一步溶解碳酸盐类并保持酸液在较低的 pH 值水平上,氢氟酸溶解泥质成分和部分石英颗粒。

应注意的是,土酸用量一般不宜超过预处理时的盐酸用量,反应时间一般不超过 3~4h,地层温度高时,可缩短为 1~3h。

4. 注酸施工

(1) 走泵和试压。清水走泵的目的在于观察泵车的上水情况,合格后方可进行下一步工序。试压是关采气树总闸门,开泵用清水对管线和井口试压。试压压力应比预计最高施工压力高 5~10MPa。现场应按设计要求压力施压,憋压 3~5min,不刺漏为合格。

(2) 替酸或替预处理液。目的是将油管中的液体替出,以减少进入地层的液量。替酸排量不宜过大,下封隔器井不得胀开封隔器。替酸量按油管容积计算。对于井筒不满的井,替酸(或预处理液)前应用清水灌满。

(3) 挤酸。替酸完成后,关套管闸门,在不超过地层破裂压力和套管允许压力下,按设计要求的排量和注酸顺序,将酸液和其他工作液挤入地层。施工泵压接近上述限压值时,应降低施工排量。下封隔器井施工压差接近封隔器允许的压差时,应用泵车从套管打至平衡压力,平衡压力视施工压差而定。

(4)顶替。为将油管中的酸液或其他工作液挤入地层,在挤酸完成后,应立即挤入设计数量的后冲洗液或顶替液。施工限压同上。进行"替酸、挤酸、顶替"工序时,如设计要求混氮、投球等,也应按设计要求顺序同时进行。

(5)关井与排酸。挤完顶替液后,按施工设计要求时间关井,同时做好酸液返排的准备工作。①视关井压力或放喷喷势大小装油嘴放喷,控制含砂小于1‰,关井压力较小的井,可用油管控制放喷。②非自喷井,停喷后应立即采取抽汲、气举、混排等措施迅速排液。③排出液量不得少于挤入地层液量的1.5倍或排出残酸质量分数小于2‰为排液合格。④排酸开始、中间和末尾各取1个残酸样(分别不少于500mL),做以下分析:第一,残酸质量分数。第二,固体杂质的含量和类型。第三,总的含铁量。第四,形成的沉淀物。第五,存在的各种乳化液。

5. 资料集取

应取资料包括井号、井段、厚度、层位、岩性、施工日期、工作液配方、体积、施工方式,管柱结构及下深,施工泵压、排量,施工中出现问题,关井反应时间,排酸时间、方式,排出液量,残酸分析数据以及酸化前后效果对比等。

6. 安全和环保

酸化施工的安全事项包括:①整个施工过程严格按设计要求进行。②施工前向参加施工的所有人员交底。③施工应有专人负责指挥和衔接。④接触酸液人员应穿工衣、雨靴,戴风镜、口罩(或防毒面具)、胶皮手套,系胶皮围裙。配酸现场和施工井场应备苏打水或食用自来水20～25kg。⑤井口采气树螺丝必须上全上紧,采气树应用四道绷绳加固。⑥地面高压管线应垫实和用地锚固定牢,施工中严禁敲打。⑦施工中井口、管线刺漏时,必须等停泵、关总闸门和放压后才能进行整改。⑧施工中非有关人员不得进入高压区(泵车与井口间的区域)。⑨施工结束,应先关总闸门,再进行管线拆卸工作。⑩施工井场不得吸烟和出现其他火源。

施工未打完的酸和井内排出的残酸应妥善处理,不得排入附近农田、水塘、河流、生活区和民用水道等。

第三节 煤层气井压裂增产

以钻井为依托,对地下煤岩进行压裂,是显著增产煤层气的重要措施,是当今世界上开发煤层气所用的主要技术方法之一。在压裂过程中,向井眼内注入高压流体并限制其在预定井段压开煤层,使裂缝扩展,往往再注入携砂液,形成长达十几米到一百多米的煤层导流裂缝。这样,在比原井眼面积大得多的压裂缝壁面上,所产出的 CH_4 气体能够大量汇流到井眼中而被排采至地面。举一个典型的水力压裂增产煤层气的例子:钻井至 460m 钻开一 8m 厚的煤层,压裂之前的试气井产量仅为 $50m^3/d$,而对该煤层进行水力压裂后,井产气量巨增至 $5500m^3/d$。

尽管传统的水力压裂方法在石油天然气开采中已有较长的应用历史,但由于煤系地层在地质条件和岩石性质等诸多方面与常规油气储层有明显不同,如割理发育、各向异性、性脆易碎、漏失严重、煤粉阻塞等,并且煤层气的赋存、产出、运移机理与常规储层也存在较大差异,因此,煤层气井水力压裂工艺和作业参数有其自身的特点和规律。为适于煤层气的开采,需要对常规钻井水力压裂技术进行必要的改进和开发。

煤层气井压裂增产的具体目的包括:透开井筒附近被污染的地层;更有效地连通井筒与煤层的天然裂缝系统;加速脱水以增大煤层气解吸速度;扩大井筒附近压降分布范围而避免应力集中以及降低煤粉量。

煤层气井压裂以水力压裂为基本方法,又发展出高能气体压裂、复合射孔压裂、液态 CO_2 压裂、连续管压裂等新工艺。为进一步提高煤层气压裂增产效果,不仅可以在垂直井中实施单一煤层段的单次压裂,且可以进行多段合压以及重复、控向、二级加砂、前置液降滤失、复合支撑、大排量套管注入等压裂,还能在水平井中实施多分段压裂。

一、煤层气井水力压裂的设施

一套完整的煤层气压裂增产措施由以下逐项工序组成。
(1)完井——钻井、下套管、固井、射孔、下油管、座封。
(2)压裂——泵入压裂前置液,压开地层并使裂缝延伸。
(3)加砂——在压裂液中加入支撑砂剂,继续泵注压裂。
(4)停泵——关泵,地层自然闭合,形成夹砂缝。
(5)反排——排水、降压,使煤层气解吸以供排采。

煤层气井水力压裂的设备以液体高压泵(车)为主,兼或有气体压缩机(液氮车)。配套的设备还有储液罐、砂罐、混砂车、输砂器、仪表车以及高压管汇、井口排采阀组等。典型的压裂作业原理和井下压裂装置如图 9-14 所示。

压裂泵的输出额定压力是关键参数,它必须高于压开煤层所需要的压力值。根据目前我国煤层气压裂的力学参量,这类泵的额定输出压力一般都在 $80\sim150MPa$。在使用气体型压裂液时,气体压缩机都带有增压器。

泵的排量要满足压裂所需的流量以提供瞬间压裂开煤岩的条件,这一点特别适用于天然裂隙发育、渗漏性大的煤岩压裂中。实用经验上,压裂泵排量一般都在 $3m^3/min$ 以上,有的甚至高于 $15m^3/min$。因而往往是多台泵并联以提供较大排量。

固井和完井是煤层气钻井水力压裂重要的先行作业。现在我国煤层气压裂主体采取套管射孔完井,较典型的直井单煤层压裂完井井下器具原理如图 9-14 所示。另外,随着压裂技术的不断发展,直井多层煤压裂和水平井分段压裂等的相应固井、完井技术也开始得到应用和完善。

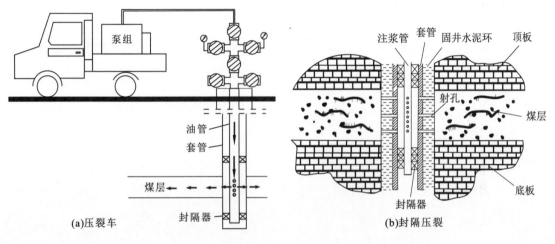

图 9-14 煤层气井水力压裂示意图

二、破裂压力与裂缝形态

在相当于无限大的地层中,用封隔装置将注入的压裂液限制在一定地层段压开煤层,可视为在该地层深度处一个压力点源的挤张作用。根据不同地层性质,这种作用可能导致 3 种不同的结果。

(1)对于散、软且密闭、高弹塑性变形的地层,由于难于形成脆性开裂,且压裂液无定向挤渗,因而挤压出近似球状的泡穴。

(2)对于孔隙或裂隙很发育的高渗地层,在施工注入流量有限时,只能形成压裂液向周围地层的滤失,无法生成少数大型压裂缝。

(3)对于硬脆、低弹塑性变形的地层,当施工注入流量足够时,聚敛起来的压裂液高压力可以压开扁状的裂缝。

压开煤岩所需的液压力必须达到地应力和煤岩抗张强度的和值,称为煤层的破裂压力,一般可至几十兆帕,有时会更高。

脆性裂缝开启与发展的方向(裂缝产状)主要受原地应力在不同方向上的差异所决定,也受煤岩力学性质的各向异性的影响。若不计煤岩力学性质参数,则裂缝是挤开最小地应力面,即走向是朝着地应力的最大主应力方向发育。所以,一般在地层较浅位置多产生水平缝,而较深位置多产生垂直缝,这正是由于上覆地层重力(垂向应力)的差异所造成的。在此,将水平缝向垂直缝变换的地层深度称为临界深度。

煤层裂缝的几何形态客观地由原地应力、岩石强度(抗拉强度、抗压强度等)、岩石变形性质(弹性模量、泊松比等)、岩石渗透性质等所决定。而压裂施工作业参数,包括压裂液粘度、注入排量、注入时间等,则可以在一定程度上改变裂缝形态。由以下定性分析可以得出6种形态煤层压裂裂缝的基本模型。

(1)当上下围岩的破裂强度明显大于煤层,且煤层与上下围岩交界处连续性好,无明显水平分层界面时,裂缝不能突破上下围岩而只能限制在煤层中扩展,并在煤层与上下围岩交界处两缝面不产生相对分离,裂缝高度恒定为煤层的厚度,横截面呈椭圆形[图9-15(a)]。

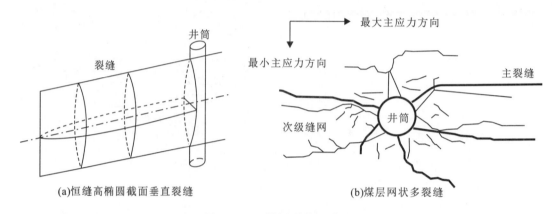

图9-15 煤层裂缝示意图

(2)当上下围岩的破裂强度明显大于煤层,且煤层与上下围岩交界处连续性差,水平分层界面明显时,裂缝不能突破上下围岩也只能限制在煤层中扩展,并在煤层与上下围岩交界处两缝面产生相对分离滑移,且裂缝高度恒定。它的横截面呈矩形状。

(3)在垂直缝条件下,当煤层厚度很大,超过压裂裂缝可延伸距离,或者上下围岩与煤层的地应力和岩性条件很接近时,裂缝沿径向放射扩展的程度比较均一,因而形成直立的铁饼状裂缝,称为径向扩展垂直裂缝。

(4)与径向扩展垂直裂缝相应,当水平缝条件成立时,裂缝平躺,形成径向扩展水平裂缝,此时煤层的厚度及顶底围岩的性质差异对水平缝扩展影响不大。

(5)当上下围岩与煤层的破裂强度相差较小时,裂缝在上下围岩中有所扩展,在煤层中缝宽较大,而在上下围岩中呈较窄的劈尖形;由井眼至裂缝前端,裂缝高度扩展的程度逐渐减小,称为变(非恒)缝高型裂缝。

(6)以上5种情形是在水力压裂中较为典型的单一裂缝,但是在一些自然裂隙(尤其是煤层特有的割理系统)和煤岩力学各向异性发育的情况下,许多次生裂缝被诱发,压开的裂缝往往不止一条[图9-15(b)]。多裂缝现象是煤层压裂区别于常规油层压裂的一大特征。因此,对煤层压裂缝的一种新认识是将其以裂缝网系来看待的,"诱发"并"沟通"多裂隙是煤层压裂提高井产量的特殊机制。

裂缝数量的多少不仅受制于煤岩体的结构、构造、地应力分布和力学性质等客观因素,也受到压裂液粘性、泵注排量等压裂工艺的影响。例如,用高粘度大排量压裂液压裂时,多数小裂缝的渗流和开启就明显受到遏制,而少数主体大裂缝得以集中发育扩展。

三、压裂液

压裂液是煤层水力压裂的主体介质。它被泵入井下,以高压力压开煤岩并使裂缝继续向前扩展,接续着支撑剂的添加最终形成夹有导流砂床的压裂缝。对压裂液的主要要求如下。

(1) 具有合适的粘度和切力,有利于造缝和悬浮支撑剂。
(2) 润滑性好,流动摩阻低,可提高压裂成缝的效率。
(3) 低残渣,对被压裂的煤储层无堵塞,破胶迅速彻底,易于 CH_4 的返排。
(4) 表面化学伤害低,与煤储层配伍性好,易于激发煤层气的解吸。
(5) 滤失量小,抑制性强,能防止煤岩的软化和膨胀。
(6) 稳定性好,不易变质,对环境污染小,货源广,便于配制,经济合理。

注入井内的压裂液在不同的阶段有各自的作用,所以又分为:①前置液——其作用是破裂地层并造成一定几何尺寸的裂缝,同时还起到一定的降滤失和降温作用。②携砂液——它起到将支撑剂(一般是陶粒或石英砂)带入裂缝中并将砂子放在预定位置上的作用。③顶替液——其作用是将井筒中的携砂液全部替入到裂缝中。

1. 清水、盐水、活性水、清洁水压裂液

清水作压裂液的成本低、来源广、配制方便,对非敏感煤层的渗透率伤害小。盐水压裂液则可以更有效抑制对水敏等储层的伤害。活性水、清洁水压裂液进一步具备洗涤污垢乃至激发 CH_4 解吸的能力。

但是,这类压裂液的粘度很低,携砂能力有限,且在煤层中的渗滤量较大。用它们压裂一般易形成交叉沟通状的体积型裂缝网,难以形成较单一的大长度裂缝。通常只能采用大排量、低砂比的方式进行压裂。一种较简易的盐水压裂液的配方如下:

$$清水 + 1\%KCl(防膨剂) + 0.2\%BZP-2(助排破乳剂) \qquad (9-12)$$

2. 聚合物压裂液

水溶性聚合物压裂液多以大分子聚合物与交联剂等在水中混溶而形成(目前煤层气压裂很少用油基的),粘度高(200mPa·s 以上),携砂能力强,渗滤量少,形成长距离主裂缝的收效显著。为消减高粘物质在煤岩天然裂隙中的阻滞伤害,一般需在压裂液中添加可使大分子聚合物后期断链溶化的降解剂(例如缓慢降解剂生物酶、破胶剂过硫酸铵等)。

主要采用 3 类水溶性聚合物作为稠化剂,即植物胶(瓜胶 HPG、田菁 SG、魔芋 AK 等)、纤维素衍生物(钠羧甲基纤维素 CMC,羟乙基纤维素 HEC 等)及合成聚合物(聚丙烯酰胺 PAM 及其衍生物等)。这些高分子在水中成溶胶,通过交联剂的"点粘"网联形成粘度极高的冻胶,再辅配以粘土稳定剂、降解破胶剂、清洁助排剂等形成压裂液体系。

配方 1:0.4%羟丙基胍胶(稠化剂)+0.03%有机钛(交联剂)+0.1%过硫酸铵(破胶剂)+0.2%聚季铵盐(稳定剂)+0.1%碳酸钠+亚硫酸盐(活性剂)+0.2%含氟型助排剂 (9-13)

配方 2:0.3%羟丙基田菁胶+0.03%有机硼(交联剂)+生物酶(降解剂)+0.2%有机铵盐 BCS-851(稳定剂)+0.1%碳酸钠(活性剂)+0.3%阳离子活性剂 1227(杀菌剂) (9-14)

弱凝胶压裂液和线型胶压裂液是聚合物压裂液的类型拓展。它们的粘度比冻胶压裂液低($10 \sim 200 \mathrm{mPa \cdot s}$),流动减阻性能更好,对返排的伤害性也较小。对于一些宜于压造沟通煤层裂缝网的压裂,对于旨在重点解决煤岩双微孔隙结构的解吸附问题上,这两类压裂液则比冻胶压裂液更为有利。材料配方上,它们部分沿用冻胶压裂液的稠化剂等,但在加量上减少并引进新功能剂种。

3. 泡沫压裂液

泡沫压裂液是 N_2 或空气以气泡形式分散于酸液、聚合物等液相中形成的一种两相混合体系,其密度低、返排能力强、滤失小、对储层伤害小、携砂能力强,特别适合低压、低渗及特低渗、水敏性煤层的开采,但泡沫压裂的造缝流动压力控制要求高,施工难度较大、成本较高。常用的泡沫压裂液体系有:①水+起泡剂+N_2 或 CO_2;②水+发泡剂+稳泡剂+空气;③酸+起泡剂+N_2;④甲醇+起泡剂+N_2。

4. 减阻水压裂液

减阻水压裂液是使用大量水和少量减阻剂等添加剂而形成的一种新型压裂液,将润滑、剪切稀释和降低紊流度 3 项机理协同发挥,使压裂液的流动阻力显著减小,减阻率可达 80%以上。由于摩阻大大减小,所以该压裂液的造缝沟通能力很强,特别有利于煤层网状体型裂缝的生成。减阻水压裂液的粘度略高于清水或盐水压裂液,但明显低于凝胶压裂液,既有一定的携砂能力,又有较强的低阻滞、防伤害、有利于返排的性能。其配方举例如下:

0.04%Hex-158(减阻剂)+0.04%GM-Y(助排剂)+0.16%JZ-1(清洁剂)+1%KCl(防膨剂) (9-15)

该体系的主要性能:pH 值为 7,粘度为 $5 \mathrm{mPa \cdot s}$,减阻率为 80.11%(75℃),表面张力为 $26 \mathrm{mN/m}$。

四、支撑剂

支撑剂是用以形成地层裂缝间的高渗透导流夹层的"砂"粒群。它们具有恰当的密度、粒径与较高的强度,随着压裂液铺嵌在被压开的煤裂缝中,停压后支撑缝壁不合拢,构成大孔隙度的砂床垫,使返排的煤层气能顺利地通过其从煤层汇流向井眼。压裂时支撑剂的选择非常重要,它是提高煤层气井产量的重要环节。

支撑剂的材料有石英砂、高强度陶砂、高强塑料粒、河砂等多种。在选择支撑剂时，主要应考虑的因素是：①构成最有效的导流孔隙；②均匀稳定地分布在携砂液中；③支撑剂应能深侵煤层；④避免被挤碎；⑤防止支撑剂回流；⑥能够降低煤粉回流阻塞；⑦大量使用时的成本控制。

1. 支撑剂的密度

通常情况下，支撑剂的密度应尽量与压裂液密度接近（约 $1g/cm^3$），以利于均布高效携砂。特殊情况下，如应用于改向造缝时，砂的密度也会更高或更低。

2. 支撑剂的粒径

大粒径的支撑剂孔隙度高，渗透性好，嵌入煤层量小，防回流能力强，有利于提高砂床的导流能力；小粒径的易进入到地层深部，使更多裂缝相连，且在低粘度携砂液中能够减少沉降，也有利于减少煤粉运移。因此需要权衡利弊，综合确定最优粒径。其一般经验值为 20~100 目。大、小粒径的支撑剂还可以先后搭配或级配混合使用，发挥各自所长。

3. 支撑剂的强度

因为支撑剂最终要承受煤层闭合压力而不能碎裂，所以其抗压强度必须在几十兆帕以上。另外，支撑剂在经过射孔眼时产生极高的流速（可达 50m/s 以上），其抗冲击强度也要求高。

4. 支撑剂的圆度、化学惰性与添加浓度

圆球体支撑剂获得的孔隙度要比其他形状的明显高，所以从高导流率这一基本要求出发，应该选用圆度高的支撑剂。支撑剂应该是化学惰性的，在压裂液中不会因为化学反应而导致支撑剂自身和压裂液性质变坏，也不会因为长期嵌在煤层中产生化学反应而伤害煤层气解吸。

支撑剂混合在压裂液中的浓度（又称砂比）应该足够大，以利于铺嵌出多层厚度的导流砂床，但浓度过高又会造成砂卡和泵送困难。合适的砂比应控制在 25%~45% 之间。

五、压裂泵注规程

煤层气井场压裂设备主要组成于多个液灌与砂罐、多台压裂车、混砂车、仪表车，由高压管汇连接到井口。整个压裂过程分两个主要阶段。前阶段泵注不含砂的压裂液（前置液），以其压开裂缝并扩展裂缝；继而泵注加砂的压裂液（携砂液），以其铺就导流砂床垫。

压裂液的注入排量，应根据煤层渗透性、煤岩力学性质、地应力以及压裂液粘度等因素，以能够形成足以压开煤层并使其扩展的压力来确定。一般规模的煤层水力压裂，注入排量约在 $4\sim15m^3/min$。

压裂泵注时间，视所设计的裂缝规模和泵注排量而定。裂缝延展越长，需要的压裂时间也就越长。一般煤层压裂的时间控制在 20~90min 之间。考虑煤层的渗透累计会使成缝速度逐渐降低，因此不宜超时而做低效乃至无效泵注。

前置液注完之后,不改变泵排量,用混砂车按设计的加砂程序加砂。通常开始时加入低浓度支撑剂(例如按砂在液中的含量从 5% 开始),不断增大砂比,一般最终维持在 35%～45% 左右,将预定的携砂液泵注完为止。接着,用顶替液将井筒中的携砂液正好完全顶入煤层。顶替液注完后应憋压一段时间,以使支撑剂充分嵌铺于煤层中。

六、压裂诊断与效果评价

煤层压裂的效果综合评价由压裂压力曲线分析、裂缝检测诊断和宏观效果评价组成,用以对压裂设计方案进行技术分析、改进和完善,进行生产效果(产能)和经济效果评价。

裂缝检测与诊断通常采用微震检测、压裂参数仪实时监测、测井跟踪和压力恢复分析等方法,了解裂缝发育情况及分布形态,包括缝高、缝长、方位与扩张能力。宏观效果评价主要掌握压裂措施产生的作用和影响,通常采用生产测井、地层测试等方法,获得煤层压裂后的流体流动特性参数和煤层特性参数等。

压裂压力曲线分析和诊断是压裂成缝效果的写照。在煤层气井水力压裂过程中,作业压力随时间的变化反映在地面泵压表的数据记录上。利用实测压裂压力曲线对压裂效果进行分析、判断和计算,可以得到破裂压力、延深压力、闭合压力,推演压裂液流动摩阻、渗漏情况、裂缝性状与尺寸等,对压裂效果和成功程度作出评价。

图 9-16 为煤层气井压裂压力变化规律(以形成单一裂缝为例)。正常成功的压力曲线在前部有骤升至破裂压力 P_F 后的突降,反映此时煤层被瞬时压开,压力迅即得到释放。然后随着裂缝发展,延伸裂缝的总压力 P_E 连续累计,缓缓升高。停泵后的曲线还能反映出管内摩阻 P_E-P_T、净裂缝延伸压力 P_T-P_C 和地层压力 P_S。

如果延伸总压力曲线在中途急剧上升,则诊断为:①裂缝进入高应力高强度区;②产生煤粉堵或砂堵;③压裂液粘度升高;④地层渗透性降低。如果压力曲线在中途突然下降,则诊断为:①裂经原有的大裂隙、大溶洞或裂缝进入高渗区;②又产生了新的煤层裂缝;③裂缝突然进入低应力低强度区;④压裂液粘度迅速变低。若压力曲线前部没明显瞬

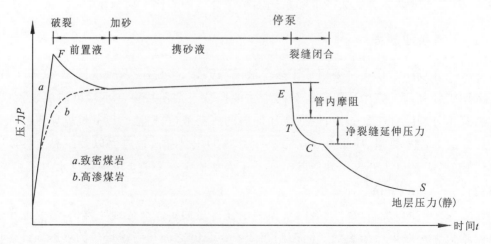

图 9-16 煤层压裂压力曲线分析示意图

间峰值,则还可能诊断为:①排量不够,煤岩软弱、蠕变,压出球泡状空穴;②裂缝很宽短;③固井水泥环虚弱,被压穿;④压裂液向软弱的顶底板弥漫。

第四节 裸眼洞穴完井

裸眼洞穴完井是一种煤层气开发的较特殊的完井技术。在井底裸眼孔段,通过煤层自然压力的改变、人工大压差诱导、机械和水力切割扩孔、爆破等方法引发煤层开裂并向井筒内崩落,然后用压缩空气、泡沫等循环或抓筒提举将煤渣清除,最终造成一个能够使应力场重新分布的大洞穴,以此提高煤储层裂隙的有效渗透率来提高气井产能。它是针对煤层的多裂隙、性脆易碎的特点而开发出来的。

20世纪80年代中期,美国在圣胡安盆地首先成功应用煤层裸眼洞穴完井技术,单井产气量超过 14 300m³/d。迄今,国内外在一些煤层气区块采用裸眼洞穴完井,可以使产气量高达水力压裂方法所获产气量的 2 倍以上。

裸眼洞穴完井技术适用于围岩强度大、地层倾角平缓的较厚煤层或层间距小的煤层组的煤层气开发,对于易于在动压差下诱发裂隙网和碎塌的煤层更为有效。此类方法的不利之处是井筒维护困难,作业风险大(井眼坍埋)。裸眼洞穴完井按不同的作业机制可以分变流压诱导裸眼洞穴完井、水力旋喷裸眼洞穴完井、机械扩底裸眼洞穴完井和爆破裸眼洞穴完井 4 种方式。

1. 变流压诱导裸眼洞穴完井

这是用大变幅的注入流体压力(压差)扰动井下煤层,使之裂碎、崩塌、成穴,是目前主体裸眼洞穴完井方法。作业时,钻井套管封隔至目的煤层的上部,其底下煤层井眼裸露。利用煤层抗拉强度低、易脆碎的特性,不仅靠其自然崩落并排出碎屑来扩大井底煤层的洞穴;更主动地是对煤层洞穴施加交变流体压强,以瞬变的脉动压力差来有效破碎穴壁煤体,形成较大直径(3~4m)的井底煤层洞穴。由此,构成裸眼洞穴完井的增产原理如下:

(1)形成比原井眼大得多的井底煤层洞穴,其暴露的煤壁面积大大增加,从而提供了煤层气解吸释放的更广的面积。

(2)洞穴的加大可以促使近穴煤层的应力失衡与释放,扩展和增加多裂缝体系,影响域可达几十米以上,增建和改善逸气条件。

(3)洞穴直径的增大,可以减少甚至消除被钻井液侵渗污染的近井区域,使煤层气储层原先被伤害的程度大大降低。

(4)裸眼洞穴完井作业中的压力激动和升举排屑的共同作用,能将堵塞煤粉冲动、清除,非常有利于疏通排气通道。

一个较典型的煤层裸眼洞穴完井情况如图 9-17 所示。首先是钻完一口三开结构井。其表层用直径 ϕ244.5mm 套管固井;技术套管直径 ϕ178mm,下至煤层段顶部以上

18m 固井；裸眼段用 ϕ152mm 钻头钻穿煤层；井底再留 20m 深的沉渣口袋。接下来的造穴作业可以有以下 3 种方法。

(1) 动态抽排法——大排量抽汲井液，快速降低井内液位即降低井中的液压力，使井底裸眼段煤层受到较大且较快的相对负压差，从而使井壁产生网状张裂以致破碎、坍塌，然后再用低密度流体循环排渣，或提桶抓捞清底，形成较大的裸眼洞穴。

(2) 注入/排放法——首先向井内注入可压缩流体（多为空气或气水混合物），憋起压力至较高数值（7～14MPa），然后瞬间打开液动阀，使井中流体的压力突然得到释放且返喷出井

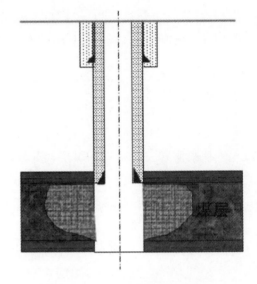

图 9-17 裸眼洞穴完井技术

口，由此产生强大的上返惯性力使井底迅即形成巨大的相对负压差，诱导煤岩大面积发生龟裂、碎坍，随后再行排渣清底，形成井底洞穴。这种方法比动态抽排法的诱裂至碎能力更大，因而形成洞穴的效果也更强，只是设备和机具要复杂一些。

(3) 负压循环法——对钻完的底部煤层裸眼的井，直接采用低密度流体介质（如空气、泡沫和气水混合雾）进行循环洗井。由于此时的井液密度低，可以自然建立地层压力与井筒中压力之间的显著压力差，从而引发煤层井壁的失稳破坏，形成裂碎坍落。同时，循环介质直接将坍落煤屑带出井筒，自然就清理出了洞穴。可见这种方法比较前两种方法具有"一步到位"的优点。

以上几种方法所造出洞穴的形态和尺寸可以用机械井径仪及声幅测井等手段检测，也可以通过计量排采出的煤屑来估算洞穴体积。

目前，对裸眼洞穴完井技术的理论分析还处于起步阶段。在什么样的煤层条件下实施洞穴完井，可以获得多大的穴体、沟通强度和煤层气增产量，尚无十分明确的量化模型。造穴作业的合理施工规程、高效的设备和材料以及优化控制参数也还待研究完善。就近井煤层的应力应变状态而言，裸眼洞穴完井自里向外造成了煤岩的破坏区、塑性区和弹性区。对造穴影响可以建立煤层力学性质、应力变化和不同影响域半径之间的关系如下：

$$\sigma = \sigma_0 + 2C\ln\left(\frac{r}{r_0}\right) \tag{9-16}$$

式中：r——距井轴的水平方向半径，m；

σ——半径 r 处的应力，Pa；

C——煤层内聚力，Pa；

r_0——煤层破坏区的半径，m；

σ_0——r_0 边界上的平均正应力，Pa。

井底造穴引起原地应力的失衡,可以使煤岩由弹性变形过渡到塑性变形,最终发展为碎裂与坍落。产生塑性变形的区域处在半径为 r_f(塑性区的边沿半径)以内的区域中。因此在式(9-16)中, $r_0 < r < r_f$。在该区以外的煤层则表现为弹性变形。在煤层中,当内聚力一定时,内摩擦角越小,塑性区就越大。塑性区半径还取决于破坏区的大小, r_0 越大,地层塑性区也越大。造穴作业参数的设计应该力求形成大的压力激动,使在煤岩中产生较大的破碎区与塑性区。

在洞穴形成后的煤层排水产气过程中,相反的要使井眼稳定,防止井壁继续坍塌,避免井底堵塞,这时就要限制压力激动在一个临界值以下。Risnes 等(1982)通过将流体压力梯度模拟为一个体积力,得到了一个井眼稳定性极限,引申后得出煤层中采液条件下的稳定条件:

$$\frac{\mu Q}{2\pi H K_c} \leqslant S_c \tan\left(\frac{\pi}{4} + \frac{\varphi}{2}\right) \tag{9-17}$$

式中: μ ——流体粘度,Pa·S;

Q ——排采流量,m^3/s;

H ——生产层高度,m;

K_c ——塑性区渗透率,μm^2;

S_c ——煤的抗剪强度,MPa;

φ ——煤的内摩擦角,弧度。

公式(9-17)中除了 Q 以外的其他量均为煤层自然固有参数。按此,要使洞穴稳定,人为的主观控制措施主要就是限制排采的流量。

裸眼洞穴完井还可以借助于水力旋切、机械扩腔和洞穴爆破来实现。它们既可以单独实施,也可以与上述变流压诱导裸眼洞穴完井联合作业。

2. 水力旋喷裸眼洞穴完井

该工法是将高速射流水枪下到井底煤层部位,通过其旋转喷射来破碎周侧的井壁煤岩。同时,上下移动该枪具,以水力旋切出大直径的井底洞穴。这种工法目前已能在一些煤层中形成约 6m 直径的洞穴。水力喷扫下来的煤屑可由钻井液循环或桶斗抓提升举至地面。洞腔的扩大无疑为近井区域煤岩裂隙的诱发和再扩展提供了有利条件,是增强沟通从而提高煤层气井产能的有效手段。

图 9-18 为一种水力旋喷机具的工作原理示意图。可以直接采用低粘度(冲刷动力强)的钻井液作为喷射介质,用地面高压泵经过钻杆泵送至井底。该机具中的径向喷嘴是影响水力造穴效率的关键部件,是将液压势能骤然转换为高速流动能的载体。它的内锥径、长度等结构参数本质性地决定了喷射流的射程及其对煤壁的打击冲刷力。必须指出,由于要经受高速液流长时间的冲刷,喷嘴的材质必须具备较高的耐冲蚀性。喷射碎岩的效能可以参考第四章第八节中的相关公式进行估算。

煤层的水力旋喷洞穴完井在工法上与矿山领域的钻孔水力采矿和基础工程领域的高

压旋喷颇具相似性。

3. 机械扩底裸眼洞穴完井

该工法是在井底煤层段用特殊的机械钻头进行扩孔,形成井下局部的大直径柱状洞穴,扩孔比(扩大的井径与原井径之比)可达 5 倍以上。对于机械扩削下来的煤屑,相同于水力旋喷洞穴完井中的方法,可由钻井液循环或桶斗抓提升举至地面。

采用径向可伸缩式机械结构是这类钻头工作的一种技术特征。扩孔钻头按翼板张开方式分为上开式、下开式、外推式和滑降式多种类型。图 9-19 是其中下开式扩孔钻头的工作原理。应用机械上的曲柄滑块结构运动方式,被钻柱下压的翼板(圆周上均布 3 个或 4 个)在下部撑杆的反力作用下可以撑展开来,翼板的外端部镶有超硬切削刃,以径向力抵压侧部井壁煤岩,并在钻杆带动下回转切削井壁煤岩。在扩削达到大直径洞穴后,上提钻柱,由回位弹簧和自重迫使翼板收缩,收缩后的钻头直径小于原井径,便可顺利提出地面。

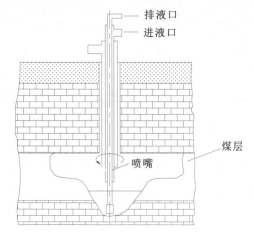

图 9-18 水力旋喷洞穴完井示意图

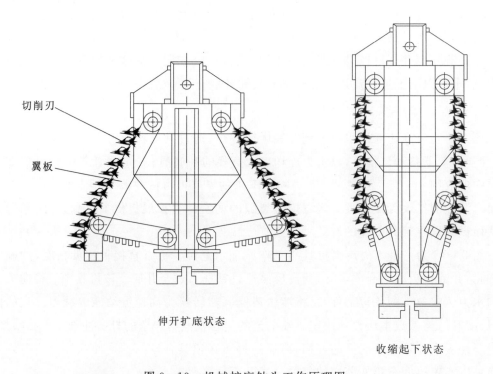

图 9-19 机械扩底钻头工作原理图

从上述原理可以分析出,这类机械扩底钻头需要具备足够的径向力才能破碎井壁煤岩,而伸缩式连杆所能提供的径向力却较为有限。因此,机械扩底钻头用于裸眼洞穴完井,目前仅适于比较松软的煤层条件。

4. 爆破洞穴裸眼完井

这是把炸药放置于井底,炸碎煤层而形成较大洞穴的一种煤层气井洞穴完井方法。比较其他裸眼洞穴完井法,它可以避免液体侵入污染,保护煤层气储层,获得较大的碎岩能量,并且可以大大缩短造穴周期,是大幅度提高煤层气井产能的一种潜在的新型完井方法。但是,由于与煤层气的燃爆性直接相关,该方法的采用必须慎重考虑安全因素,确认不会发生爆燃事故才可行。爆破洞穴裸眼完井工艺主要由洞穴爆破成形、洞穴形态检测、捞屑清穴3个环节组成。

(1)洞穴爆破成形:包括炸药选择与定量、药柱成型与定位连接传输、起爆。

根据爆破造穴理论和煤层具体地质特点,选择液体或固体炸药;根据井径和煤层厚度设计药卷直径及药柱长度,计算出逐次递增直至达到要求的洞穴尺寸为止的多次爆破装药量。装药结构采用密实结构,以利于运输、下井、安装等作业,而且可以提高炸药的装填密度。药柱压装时穿在特制拉杆上,采用薄壁塑料管或是橡胶皮对导爆索和炸药柱进行整体包覆,起到防水、防摩擦、药柱定位的作用;药柱可采用电缆传输或油管传输,要尽量减小爆炸威力对井口方向的破坏;起爆方式采用磁电雷管或投棒引爆药柱。

(2)洞穴形态与尺寸检测:采用声幅测井、井径仪等手段检测爆破后的洞穴形态和尺寸,也可以根据爆破后排采出的煤屑量来估算洞穴的体积。

(3)捞屑:具体方法有缆绳提桶捞屑、钻井液(泡沫液最宜)循环清洗煤屑、钻杆加捞屑筒捞屑以及部分下推残留井底等多种。通常辅助以钻具划眼来清理井底煤屑。

主要参考文献

蔡记华,乌效鸣,谷穗,等.煤层气水平井可生物降解钻井液流变性研究[J].西南石油大学学报(自然科学版),2010(5):126-160.

蔡记华,乌效鸣,刘世锋,等.自动降解钻井液在水井钻进中的应用[J].煤田地质与勘探,2005(5):52-54.

陈平.钻井与完井工程[M].北京:石油工业出版社,2005.

邓敬森,等.原位化学灌浆加固材料[M].北京:中国水利水电出版社,2010.

邓绍云.普通硅酸盐水泥水化特性研究综述[J].科技创新与生产力,2015(02):68-70.

董守华,张凤威,王连元,等.煤田测井方法和原理[M].徐州:中国矿业大学出版社,2012.

杜丙国.井下作业技术规范[M].东营:中国石油大学出版社,2007.

范运林,乌效鸣,吴智峰,牟培英.浅部煤层水力压裂缝态研究[J].甘肃科技,2014,12:62-65,89.

高申友,杨金东,王金,等.S75-SF中深孔绳索取心钻具结构及应用[J].探矿工程(岩土钻掘工程),2012,39(5):45-48.

高正夏,龚友平,杨光中.钻探与掘探[M].北京:地质出版社,2013.

葛延明,隆威,宋会娟.水泥基注浆材料的性能研究[J].土工基础,2018,32(4):437-439,448.

胡友林,乌效鸣.煤层气储层水锁损害机理及防水锁剂的研究[J].煤炭学报,2014(6):1107-1111.

黄声树.煤矿瓦斯治理适用新技术[M].徐州:中国矿业大学出版社,2008.

黄喜贵.瓦斯抽放工[M].北京:煤炭工业出版社,2003.

江天寿,周铁芳,刘励慎.受控定向钻探技术[M].北京:地质出版社,1994.

金业权,刘刚.钻井与完井工程概论[M].北京:石油工业出版社,2015.

雷群,王红岩,赵群,等.国内外非常规油气资源勘探开发现状及建议[J].天然气工业,2008,28(12):7-10.

雷群.中国煤层气开发与利用[M].北京:石油工业出版社,2008.

李嘉.水泥外加剂配方与制备手册[M].北京:化学工业出版社,2014.

李瑞,乌效鸣,李炯,王生维,吴川,梅永贵,张峰.煤层气井两相流多参数探测技术[J].煤炭学报,2014(9):1862-1867.

李田军.PDC钻头破碎岩石的力学分析与机理研究[D].武汉:中国地质大学,2012.

梁春苗,姚宁平,何玢洁,等.矿用定向钻机ZDY6000LD(F)的人机工程学和安全性设计[J].煤矿机械.2018,39(2):1-3.

刘广志.中国钻探科学技术史[M].北京:地质出版社,1998.

刘嘉才.化学注浆[M].北京:中国水利水电出版社,1987.

刘强国,刘应忠,刘岩. 录井方法与技术[M]. 北京:石油工业出版社,2017.

刘祥顺. 建筑材料[M]. 北京:中国建筑工业出版社,1997.

龙芝辉. 钻井工程[M]. 北京:中国石化出版社,2010.

倪小明,苏现波,张小东. 煤层气开发地质学[M]. 北京:化学工业出版社,2010.

彭春洋,祁丽莎,柯文丽,等. 煤层气钻井储层保护新技术研究[J]. 中国煤层气,2012(3):35-37.

申瑞臣,田中兰,乔磊,等. 煤层气钻井完井工程技术[M]. 石油工业出版社,2017.

苏俊,等. 煤层气勘探开发方法与技术[M]. 北京:石油工业出版社,2011.

苏现波,等. 煤层气地质学与勘探开发[M]. 北京:科学出版社,2001.

苏现波,马耕. 煤系气储层缝网改造技术及应用[M]. 北京:科学出版社,2017.

汤凤林,A. Г. 加里宁,段隆臣. 岩心钻探学[M]. 武汉:中国地质大学出版社,2009.

田中岚,张芳. 适用于煤层的新型完井技术——裸眼洞穴完井技术[J]. 煤田地质与勘探,1998,26(4):69-72.

万仁溥. 采油工程手册[M]. 北京:石油工业出版社,2000

王达,何远信. 地质钻探手册[M]. 长沙:中南大学出版社,2014.

王国际,等. 注浆技术理论与实践[M]. 徐州:中国矿业大学出版社,2000.

王国清,王小凤,张宗宇. 化学灌浆技术的应用与发展[J]. 河北水利,2007(1):42.

王建学,万建仓,沈慧. 钻井工程[M]. 北京:石油工业出版社,2008.

王中华,何焕杰,杨小华. 油田化学实用手册[M]. 北京:中国石化出版社,2004.

王柱军等. 煤层气井爆破式洞穴完井工艺方法[P]. 200610047360.2,2008-11-19.

乌效鸣,蔡记华,胡郁乐. 钻井液与岩土工程浆材[M]. 武汉:中国地质大学出版社,2014.

乌效鸣,胡郁乐,贺冰新. 钻井液与岩土工程浆液[M]. 武汉:中国地质大学出版社,2002.

乌效鸣. 煤层气井水力压裂计算原理及应用[M]. 武汉:中国地质大学出版社,1997.

吴川,乌效鸣,文国军,等. 液动冲击器孔底振动测试系统[J]. 煤矿机械,2014(4):129-131.

吴川,乌效鸣,赵珊珊,等. 涡轮钻具孔底扭矩测量系统的研制[J]. 煤炭技术,2014(9):305-307.

吴翔,杨凯华,蒋国盛. 定向钻进原理与应用[M]. 武汉:中国地质大学出版社,2006.

吴振虎,孔凡平. 矿井钻探综合技术,[M]. 徐州:中国矿业大学出版社,2012.

谢浚昌. 喷射钻井工艺技术[M]. 北京:石油工业出版社,1987.

鄢捷年. 钻井液工艺学[M]. 东营:中国石油大学出版社,2012.

鄢泰宁,段隆臣,P. K. 波格丹诺夫,等. 提高金刚石钻头在深孔硬岩钻进中寿命的途径[J]. 金刚石与磨料磨具工程. 2010,30(05):32-37.

鄢泰宁. 岩土钻掘工艺学[M]. 长沙:中南大学出版社,2014.

阳泉矿务局. 煤矿抽放瓦斯[M]. 北京:煤炭工业出版社,1997.

曾祥熙,陈志超. 钻孔护壁堵漏原理[M]. 北京:地质出版社,1986.

张惠,等. 岩土钻凿设备[M]. 北京:人民交通出版社,2009.

张琰. 合成基钻井液发展综述[J]. 钻井液与完井液,1998(3):29-33.

张志刚,崔立平,王磊. 煤层气裸眼洞穴完井工艺技术与实践[J]. 断块油气田,1999,6(6):63-65,67.

赵大军. 钻探设备[M]. 北京:地质出版社,2018.

赵雄虎,王风春. 废弃钻井液处理研究进展[J]. 钻井液与完井液,2004,21(2):45-50,66-67.

中华人民共和国地质矿产部. 立轴式地质岩心钻机系列(DZ 19—1982)[S]. 北京:中国标准出版社,1982.

中华人民共和国国土资源部. 地质岩心钻探钻具(GB/T 16950—2014)[S]. 北京:中国标准出版社,2014.

周世宁,林柏泉. 煤层瓦斯赋存与流动理论[M]. 北京:煤炭工业出版社,1999.

Lakatos I,Bodi T,Lakatos Szabo J,et al. Mitigation of formation damage caused by water-based drilling fluids in unconventional gas reservoirs[R]. SPE 127999,2010.

Wu Xiaoming. Optimal design of hydraulic fracturing in CBM wells[M]. The Kingdam of the Netherlands:A. A. Balkema Publishers,1996.